小島レイリ
Reiri Kojima
芸術・文化コンサルタント

白井良邦
Yoshikuni Shirai
編集者
株式会社アプリコ・インターナショナル 代表取締役
慶應義塾大学 SFC特別招聘教授

須田英太郎
Eitaro Suda
scheme verge株式会社 Co-Founder
Chief Business Development Officer

高橋俊宏
Toshihiro Takahashi
株式会社ディスカバー・ジャパン
表取締役社長／Discover Japan統括編集長

ei Nishiyama
会社CUUSOO SYSTEM 代表取締役社長

i Hashimoto
ライター／公益財団法人小田原文化財団
山美術館 開館準備室長

eaki Fukutake
会社ベネッセホールディングス 取締役
財団法人福武財団 理事長

uya Matsuda
会社広島マツダ 代表取締役会長兼CEO

松田敏之
Toshiyuki Matsuda
両備ホールディングス株式会社 代表取締役社長

御立尚資
Takashi Mitachi
ボストン・コンサルティング・グループ 元日本代表
京都大学 経営管理大学院 特別教授
株式会社熟と燗 代表取締役会長

フェリー篇ゲスト

井坂 晋
Shin Isaka
株式会社瀬戸内ブランドコーポレーション
代表取締役

岡 雄大
Yuta Oka
株式会社Staple 代表取締役
株式会社Azumi Japan 共同代表

高野由之
Yoshiyuki Takano
株式会社ARTH 代表取締役社長

藤本壮介
Sou Fujimoto
建築家

宮田裕章
Hiroaki Miyata
慶應義塾大学 医学部 医療政策・管理学教室 教授

目次

船

ニューローカル

スクール

オフグリッド

プレゼンテーション

海の上は可能性の坩堝

瀬戸内デザイン会議――2
INTER-LOCAL DESIGN CONFERENCE――2

2022 フェリー篇

瀬戸内デザイン会議メンバー

※フェリー篇開催時点（二〇二二年七月）

ファウンダー

石川康晴
Yasuharu Ishikawa
イシカワホールディングス株式会社 代表取締役社長
公益財団法人石川文化振興財団 理事長

神原勝成
Katsushige Kambara
蟄居中（陶芸家 放牛窯 窯元 号は勝山）

原 研哉
Kenya Hara
デザイナー
日本デザインセンター 代表

メンバー

青井 茂
Shigeru Aoi
株式会社アトム 代表取締役社長

青木 優
Yu Aoki
株式会社MATCHA 代表取締役社長

伊藤東凌
Toryo Ito
臨済宗建仁寺派両足院 副住職
株式会社InTrip 代表取締役僧侶

梅原 真
Makoto Umebara
デザイナー
梅原デザイン事務所 代表

大原あかね
Akane Ohara
公益財団法人大原美術館 代表理事
株式会社三楽 取締役副会長

大本公康
Kimiyasu Omoto
株式会社Big Book Entertainment 代表取締役

加計 悟
Satoru Kake
倉敷芸術科学大学 副学長

神原秀明
Hideaki Kambara
株式会社せとうちクルーズ 取締役会長

黒川周子
Chikako Kurokawa
株式会社esa 代表取締役社長

桑村祐子
Yuko Kuwamura
高台寺和久傳 女将

イントロダクション

海の上は可能性の坩堝

原 研哉

イントロダクション

海の上は可能性の坩堝

原 研哉

デザイナー
日本デザインセンター 代表

水の上のかたち

第二回瀬戸内デザイン会議は岡山・フェリー編となります。船、バス、タクシーなどの交通インフラから、不動産開発、システムエンジニアリングなど多岐にわたって瀬戸内エリアを支えている両備ホールディングスの松田敏之さんが主役となり、瀬戸内海を航海する宿泊型フェリーについて皆さんと考えていきたいと思います。

日本の高級ホテルや客船の嗜好はどれもほぼ同じようなものですが、客船旅館「ガンツウ」はそれらと異なる方向性で構想されました。瀬戸内海には小豆島や直島をはじめ、七〇〇を超える数の島々があり、そのエリアには歴史、食、アート、自然などの様々な可能性が渦巻いています。「ガンツウ」はそこに着眼し、瀬戸内を周遊しながら旅人に海景や海の幸、高度なおもてなし、緻密な空間を提供する移動体として考えられました。

たしかに考えてみれば、僕たち人間が水の上に滞在する際、様々な可能性が考えられると思います。例えば筏（いかだ）。中国の川や湖がある観光地には竹の筏を浮かべた休憩所があります［図1］。日本にも山に道が整備されていなかった時代、山から伐り出した木材を運搬するための「筏流し」［図2］が行われていま

【図1：陽朔の休憩所】

【図2：筏流し】

した。廃材を再利用してつくった筏で、アドリア海を航海したアーティストもいます［図3］。

世界を見渡すと水の上に浮かぶ公共施設もあります。ナイジェリアには気候変動による海面上昇や洪水被害で学校に通えない子供たちのために水上の学校がつくられました［図3］。北イタリアには湖の上に浮かぶ公共の広場もあるようです［図4］。

他にも、海上コテージ型のバー［図5］や巨大なメガヨット［図6］など、船を扱ったツーリズムは勿論、海や川、湖にボートハウスをつくって定住するなんてこともよくあります。

このように水の上での過ごし方とその形は様々ですが、日本の場合、水の上に浮かぶものを見ていっても、どれも同じようなものばかりです。海に囲まれた島国に暮らす日本人の我々だからこそ、波が静かな内海でどんな過ごし方ができるかを真剣に考えてみてもいいでしょう。

【図3：Makoko Floating School】
ナイジェリアの首都ラゴスにつくられた水上の学校。頻発する浸水によって子供たちが学校に通えない問題への解決策として、オランダの建築事務所NLÉが提案、設計した。建物自体を浮かせているため、洪水で海面が上昇しても浸水しない仕組み。

【図4：Arcipelago Ocno】
北イタリアのマントヴァの湖に浮かぶ蓮のような群島型の浮島。公共の広場として機能し、コンサートや舞台、講演会など、催されるイベントに応じて円形のモジュールを拡張且つ再構成できる。

【図5：水上バー「Cloud 9」】
南太平洋の島国フィジーにある、近くの島から船でアクセスする海上コテージ型のバー。水上飛行機やジェットスキーでも立ち寄ることができる。

【図6：Ken Freivokh Designが提案するメガヨット】
Ken Freivokh Designがデザイン案を発表したメガヨット。ヘリコプターを2機も待機可能な140m規模の大型船で、船尾にはテンダーボート用のフローティングドックがあり、最大6隻のリムジンテンダーを収容できる。

【図7：ロナルド・レーガン】
横須賀の米軍基地を拠点とする原子力空母「ロナルド・レーガン」。約5000人が乗船可能で、全長333メートルある甲板には最大90機前後の搭載機を乗せて運搬できる。

例えば、航空母艦［図7］のような陸の一部を海に持ち出すような考え方も、新しい海上ホテルを考える上ではありうるでしょう。航空母艦は航空機を沢山積んで離着陸させる拠点ですが、航空機でなく宿泊施設を積んで海上に浮遊させてみてもいいかもしれません。

神原勝成さんも実際にフロート対応セスナを飛ばして人を運ぶサービスを展開していたし、僕も「半島航空」［図8］を構想しています。フロート対応の小型旅客機を用いれば、離着陸する地方の小さな漁港は空港へと変容します。日本中の半島の先っぽを結び、西回りと東回りに新たな航空路をつくることで、現在は最も行きにくい場所として孤立している半島の先もリゾートホテルの立地候補となる。移動インフラから日本の次の観光のかたちをつくる構想です。

昔、地中海沿いにあるモンテネグロに滞在していた時、泊まっていたホテルの横を十階建てビルのように巨大な客船が通り過ぎて驚いたことがあります［図9］。海面の下にもその船体が沈んでいるとなると、まるで高層ビルのようなヴォリュームが海を動いていることになる。松田さんのお父さんである両備の小嶋光信会長も客室が一三〇室ある大型クルーズ客船を計画されていているそうです。おそらくは僕がモンテネグロで見たような客船を構想してい

Shiretoko Peninsula
Shakotan Peninsula
Shimokita Peninsula
Oga Peninsula
Ojika Peninsula
Noto Peninsula
Shimane Peninsula
Haneda airport
Izu Peninsula
Shima Peninsula
Itoshima Peninsula
Kunisaki Peninsula
Muroto Cape
Shimabara Peninsula
Satsuma Peninsula

半島航空
PENINSULA AIRWAYS

【図8：半島航空】

らっしゃるのではないでしょうか。第二回瀬戸内デザイン会議では、その小嶋会長のクルーズ船構想を更新する、更なるアイデアを皆さんに考えていただきたいと思います。

船も産業の交差点

僕は「HOUSE VISION」という展覧会を通して、家の可能性について考えてきました。家とは住宅産業だけでなく、エネルギーや通信、医療、物流、観光、コミュニティなど、様々な産業の交差点となるものです。家を基軸に考えることで、それまで各産業が個別で考えていた未来を交差させることができるかもしれない。つまり、家を考えることは未来を考えることでもあります。「HOUSE VISION」は二〇一三年、二〇一六年に東京で二回、二〇一八年に北京で一回、二〇二二年には韓国のソウル郊外で開催し、建築家と共に十年間で四〇近くの家をつくりました。

東京で催した「HOUSE VISION 2 2016 TOKYO EXHIBITION」では、今回の瀬戸内デザイン会議に参加している建築家の藤本壮介さんが、賃貸マンションなどの開発をしている大東建託と組み、「賃貸空間タワー」[図10]

【図9：原氏がモンテネグロで見た巨大客船】

を設計しました。賃貸住宅をつくる際、プライベートなスペースである各住戸の占有面積を最大化すると、自ずと共用部は狭くなり、最低限の廊下やエレベーターしか残らなくなります。一方「賃貸空間タワー」では、各住戸の占有空間を最小化することで、共用部を広く豊かにするという発想でつくられました。大きなスクリーンで映画鑑賞できるシアタールームや、客人を招き入れられる広いダイニングルーム、蔵書が沢山ある図書室など、一般的な賃貸マンションでは個々で持ち得ない機能とスペースを、住民が共有部とし

【図10：賃貸空間タワー】

て自由に利用できるようにしたのです。そんな共用スペースと個人のプライベートスペースを積み上げていき、小さな街のような場所、街に開かれた賃貸住宅をつくりました。「賃貸空間タワー」のような発想は今回の構想にも適用できるだろうし、そもそも客船とは「賃貸空間タワー」のような場所なんだろうと思います。

北京で催した「HOUSE VISION 2018 BEIJING EXHIBITION」では、建築家の青山周平さんと中国の家具メーカーのHuariが組み、家具の中に住み、家具の外のコミュニティで暮らす家「新家族的家」［図11］をつくりました。この家はベッドや収納、デスクなどの最低限のプライベートな機能を内側に搭載した箱型の家具として設計され、下部にキャスターがついていて自由に移動可能です。箱型家具を用いて、使われなくなった空きビルの数フロアを街のようなコミュニティ空間にリノベーションするという提案でした。箱型家具の外側にはキッチンや本棚といった他人と共用できる機能が配され、掃除機やスーツケース、楽器、アイロンなど、毎日必ず使うわけでもなく全く使わないわけでもない使用頻度の生活用品もこのコミュニティ内でシェアされます。この「新家族的家」もキャスターを固定さえすれば、船にも適用可能でしょう。船上での滞在においてプライベートなものと他人と

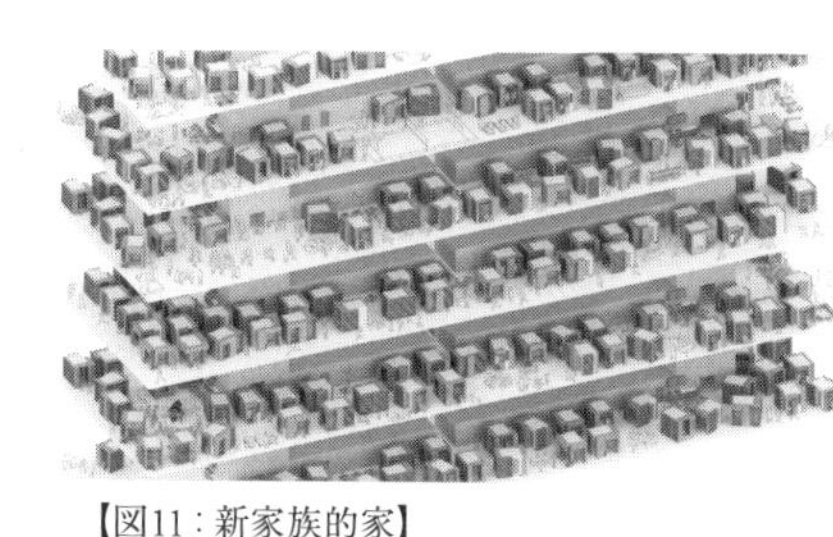

【図11：新家族的家】

シェアできるものが何かを考えるヒントになればいいと思います。

同じく「HOUSE VISION 2018 BEIJING EXHIBITION」で、建築家の長谷川豪さんは無印良品と組み、「無印良品の社宅」［図12］をつくりました。大都市への人口集中と地価高騰による住宅不足は中国全土の問題であり、若者たちは都市部に住むことができず、郊外から長い通勤時間を経て都市部に働きにきています。そんな社会問題に向けた一つの解答として、上海の無印良品に働く若いスタッフのための社宅が考えられました。上海の古い集合住宅の高層階には、一層でも二層でも扱いづらい階高四メートル程度のフロアが多く、上手に活用できていないケースがあるそうです。このプロジェクトはそんな天井高のフロアを効率的に活用する提案でした。かつて中国でよく見られた地面と縁を切る家具「架子床（かししょう）」のように、個と共の空間を分節したL字型のユニット［図13］をつくり、その中に寝室などの最低限の生活機能を格納しています。ユニットの下部には冷蔵庫や洗濯機などが備え付けられ、周辺にある浴室やダイニング・キッチンと同様に他者とシェアしながら利用します。この家のアイデアも船に転用できるかもしれません。

今回の会議では、無人島などのインフラが整備されていない環境下でも電気と水を供給するオフグリッドの仕組みを事業として展開しているARTH

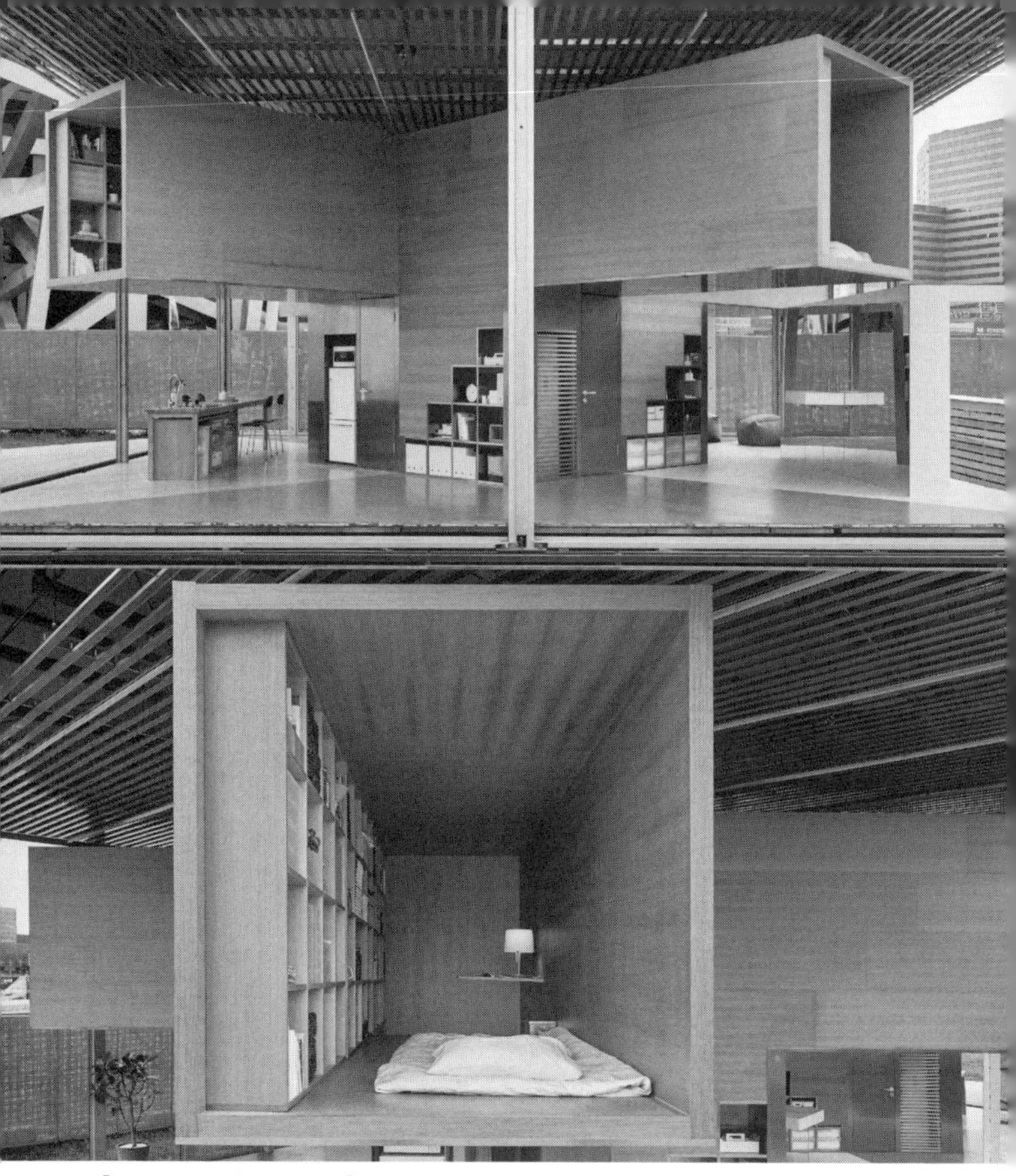

【図12：無印良品の社宅】

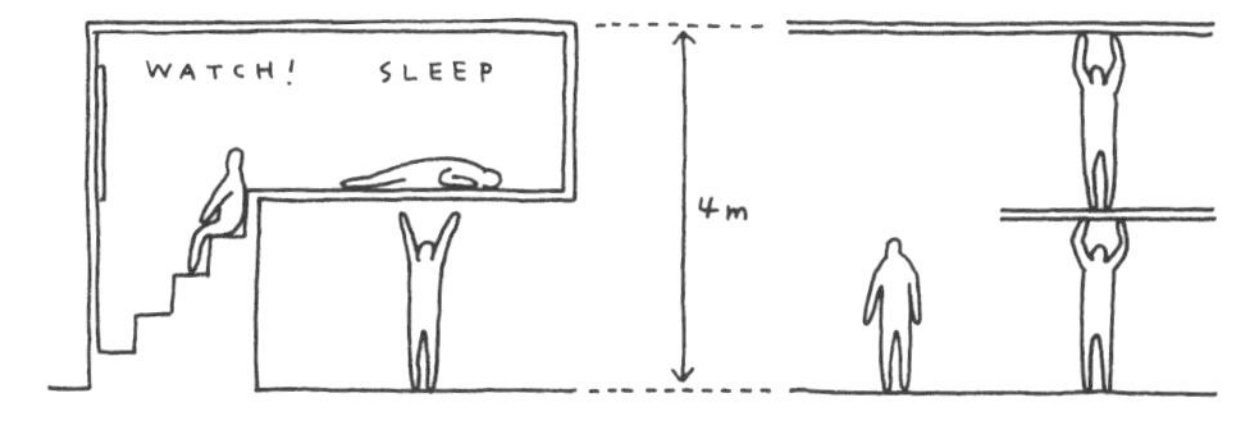

【図13：「無印良品の社宅」のダイアグラム】

の高野由之さんにも講演いただきます。つまり、船という移動体やその船上の機能を考えるだけでなく、船を基軸として航海する瀬戸内海にある無人島や、寄港する街がある地域についても考えていく必要があるでしょう。

船の再定義

拙著『低空飛行』(二〇二二年、岩波書店)[*1]でも宿泊機能をもったフェリーの構想[図14]について書きました。僕らはコロナ禍を経て、必ずしも仕事とはオフィスだけでするもの、オフィスでしかできないものではないとわかりました。例えば、フェリーで移動しながら仕事し、その合間に寄港した街を訪れるといった、オンとオフを混在させた瀬戸内海を巡遊する暮らしを望む旅人もいるでしょう。単に移動や観光のためだけでなく、ワークスフィアとして瀬戸内海を利用してもいいかもしれません。つまり、船とは必ずしも移動体という用途だけではない。そこに大きな可能性が潜んでいると思っています。僕が教えている武蔵野美術大学でも、新しい船の在り方について考える課題を学生に出したところ、京都の伊根湾を周遊する屋形船[図15]や、琵琶湖に浮かぶキャンプ場搭載の船[図16]など、おもしろいアイデアが幾つも出てき

1——原研哉が日本各地に足を運んで、自身の目で選りすぐった日本の深部を紹介していくウェブサイト。場所の選定、写真、動画、文、編集のすべてを原自身が手がけることで、情報の独自性と純度を維持している。観光の解像度を上げ、新たなツーリズムに備えていく試み。

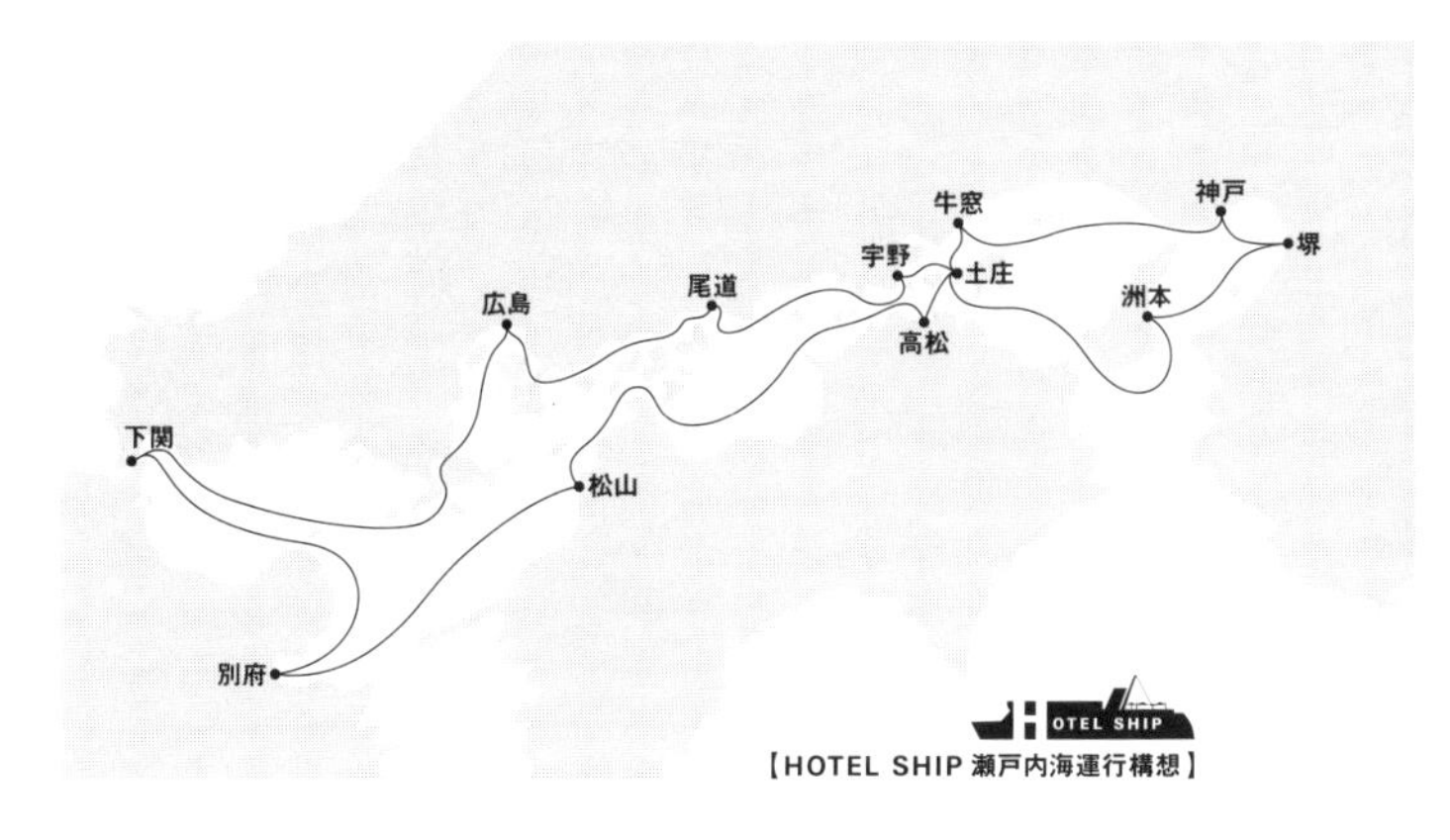

【図14：HOTEL SHIP 瀬戸内海運行構想】

【図15：伊根湾を周遊する屋形船「NAZUSAI」
（作・麻生禅、影山楓采、佐藤渓葉、ドウハン、星崎響花）】

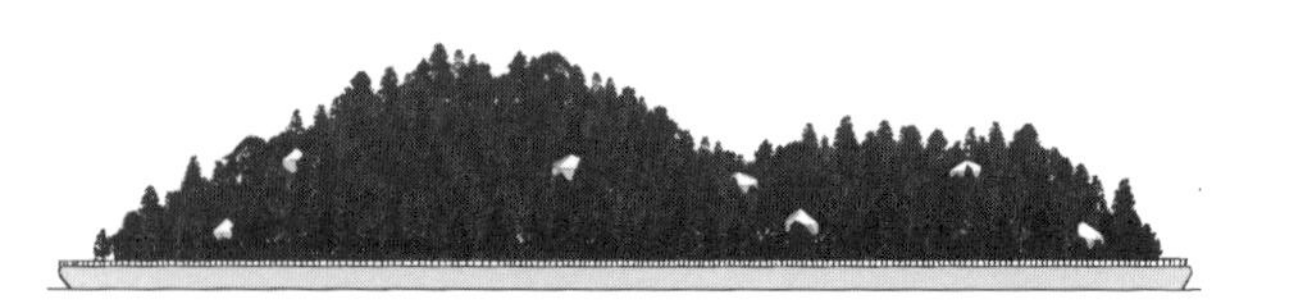

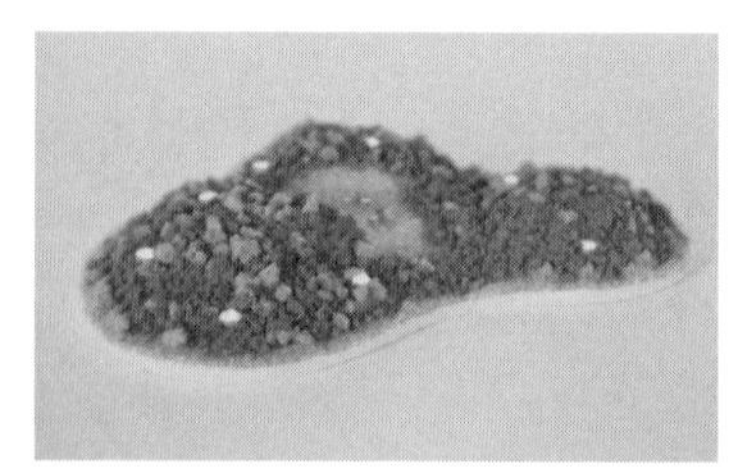

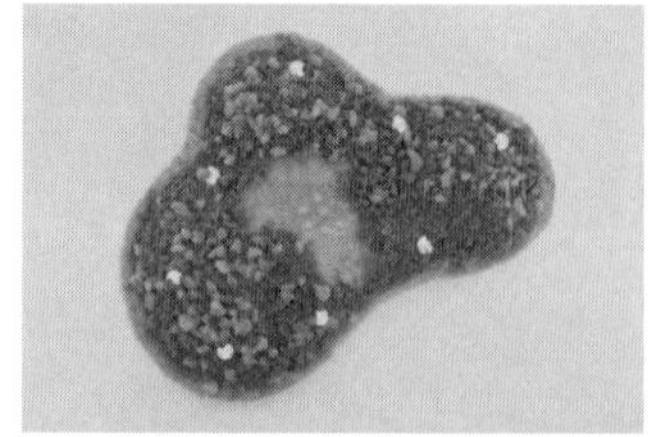

【図16：琵琶湖に浮かぶキャンプ場搭載の船「森船」
（作・伊澤花、コウカセン、飛沢野々香、橋場怜央、吉田彩乃）】

ました。このように船の在り方にはまだまだ様々な可能性があるはずです。この瀬戸内デザイン会議では、船を再定義してみてはどうでしょうか。

ただし、現実では船とは我々の想像を超えた建造物でもあります。例えば、既存の船のエンジンをガソリンから電気によるモーター駆動に切り替えるとコストがかかりすぎるため、新造船の方が現実的だそうです。まずはそんな新しく造船する際の与件や瀬戸内のフェリー事情に関して、両備の松田敏之さんからオリエンテーションがあります。その後、小豆島の地域が抱える課題についてscheme vergeの須田英太郎さん、瀬戸内エリアの歴史について橋本麻里さんにオリエンテーションしていただいた上で、今回のフェリー構想について議論を始めていきたいと考えています。

では、第二回瀬戸内デザイン会議を開催します。みなさん、よろしくお願いします。

この本の見方

二〇二二年七月二五～二七日

第二回 瀬戸内デザイン会議

議題 「新しい宿泊型船舶」をいかに構想するか

参加者をチーム分けする

チームA 白井良邦＋小島レイリ＋青井 茂＋高橋俊宏＋橋本麻里＋福武英明＋原 研哉

チームB 青木 優＋西山浩平＋松田哲也＋御立尚資＋神原勝成

チームC 須田英太郎＋伊藤東凌＋梅原 真＋大原あかね＋桑村祐子＋石川康晴

ゲストを交えたワークショップ

イントロダクション

造船 オリエンテーション：松田敏之

小豆島 オリエンテーション：須田英太郎

歴史 オリエンテーション：橋本麻里

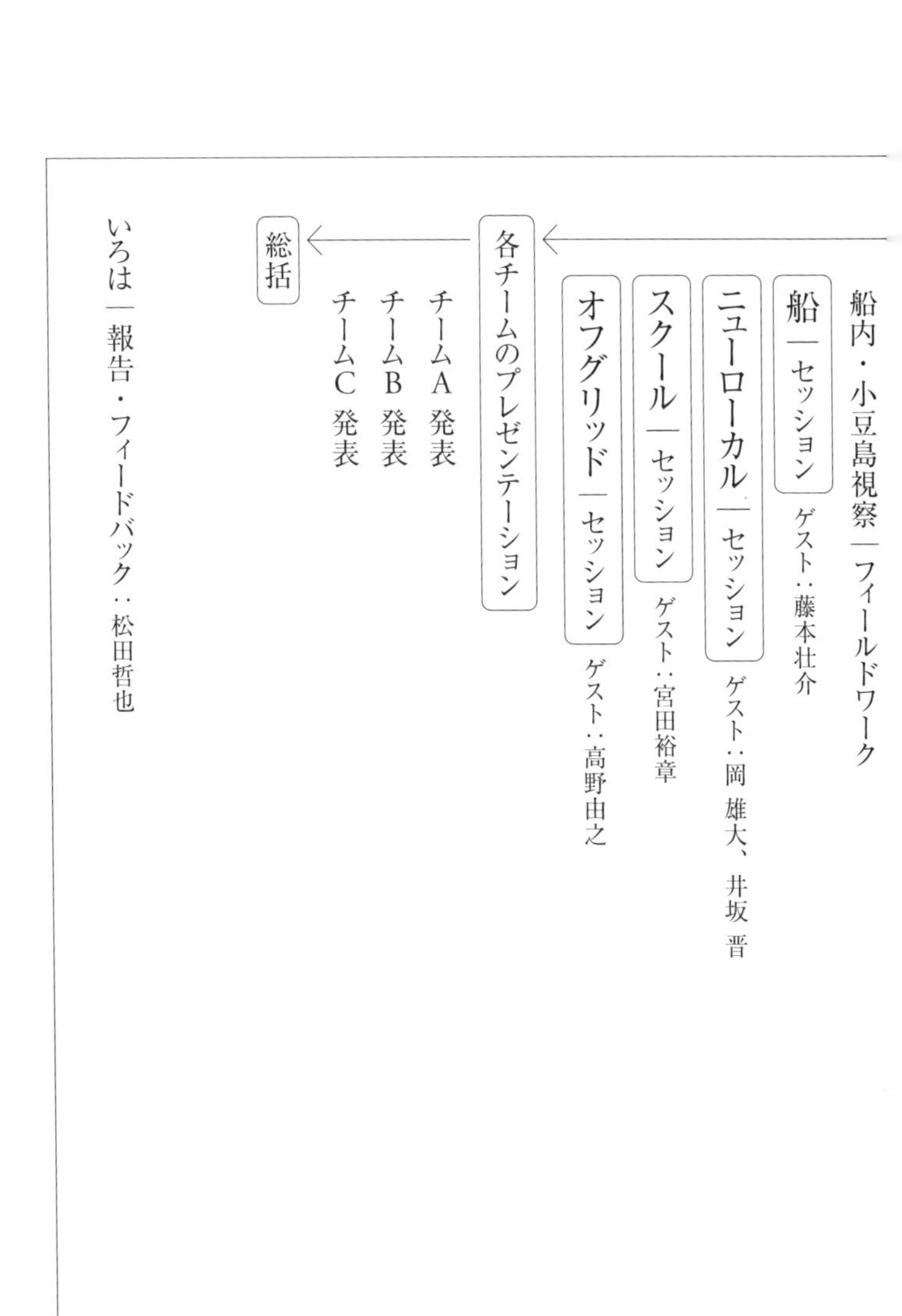
船内・小豆島視察―フィールドワーク
船―セッション
ゲスト：藤本壮介
ニューローカル―セッション
ゲスト：岡 雄大、井坂 晋
スクール―セッション
ゲスト：宮田裕章
オフグリッド―セッション
ゲスト：高野由之
各チームのプレゼンテーション
チームA 発表
チームB 発表
チームC 発表
総括
いろは―報告・フィードバック：松田哲也

造船

オリエンテーション　シン造船に向けて

松田敏之

シン造船に向けて

松田 敏之
両備ホールディングス株式会社
代表取締役社長

瀬戸内のフェリー事情

私たち両備グループで現在計画している新造船は、私の父であり両備グループ会長の小嶋光信の夢でもある世界一周できるクルーズ船です。既に構想してから五年ぐらい経ちますが、造船業界が忙しいこともあり、つくってくれる造船所を日本では見つけられず、現在、父はヨーロッパの造船所に視察に行っています。そんな父が考えている船の構想は元来からある大型クルーズ船で、今回の瀬戸内デザイン会議ではそのクルーズ事業をどうするべきかも含めて、皆さんに新造船構想を提案いただくことになります。本来なら膨大

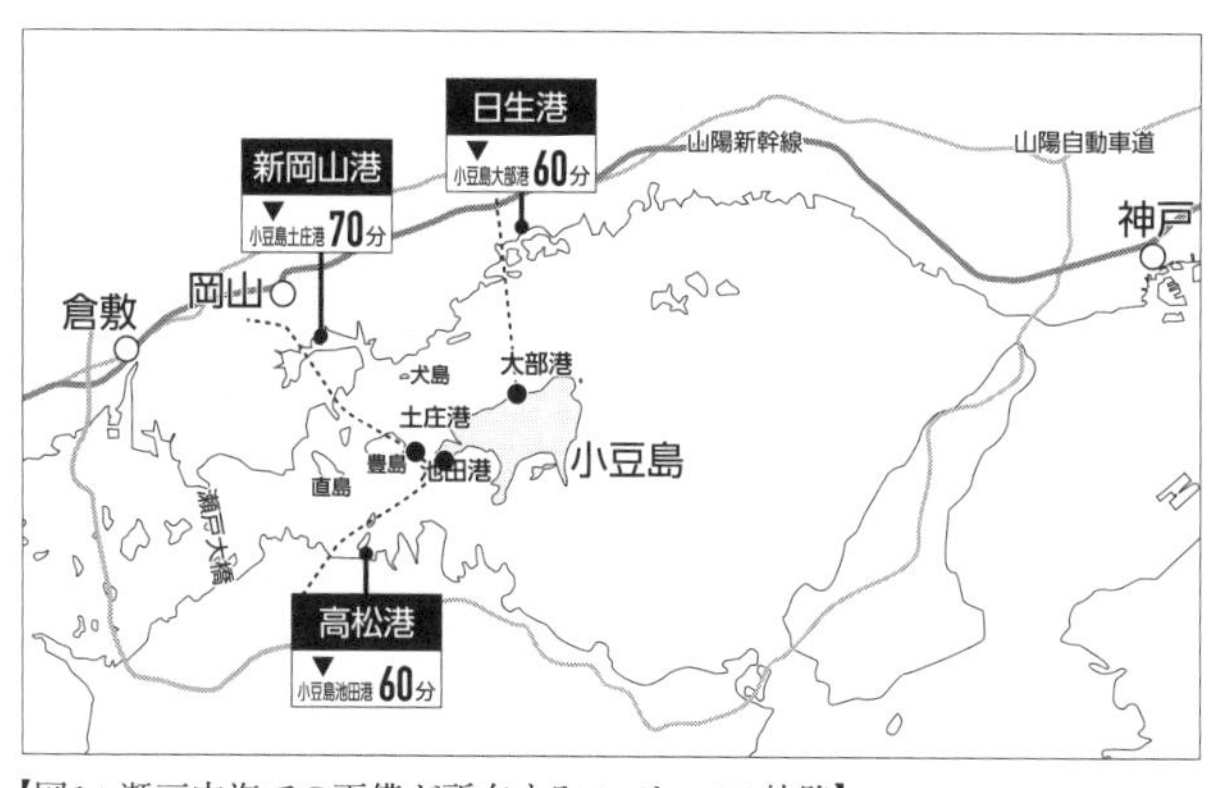

【図1：瀬戸内海での両備が所有するフェリーの3航路】

なコンサルタント・フィーが発生する中、大変ありがたい機会をいただいたと思っています。

私たち両備グループは、バスやタクシー、フェリー、鉄道などのトランスポーテーション部門をはじめ、都市開発や情報通信技術などの事業にも取り組む企業です。このオリエンテーションでは、弊社の船舶事業について説明しながら、新造船に関する最低限の知識や情報を皆さんに共有したいと思います。

両備が瀬戸内海で所有しているフェリーの航路［図1］は、岡山県の日生港から小豆島の大部港、新岡山港から小豆島の土庄港、香川県の高松港から小豆島の池田港といっ

小豆島関連フェリー事業　P/L

国際両備フェリー　単位：円

	2017	2018	2019	2020	2021
売上高	1,483,083,813	1,480,584,959	1,510,354,334	923,825,432	1,181,554,358
売上原価	1,211,343,402	1,207,192,620	1,284,159,584	1,043,054,218	1,210,705,642
売上総利益	271,740,411	273,392,339	226,194,750	**-119,228,786**	**-29,151,284**
販管費及び一般管理費	196,389,658	204,260,517	228,495,852	192,564,326	266,698,773
営業利益	75,350,753	69,131,822	**-2,301,102**	**-311,793,112**	**-295,850,057**
営業外収益	13,608,341	21,325,959	21,864,626	111,036,403	96,576,977
営業外費用	2,075,920	533,889	1,659,829	7,252,398	7,177,766
経常利益	86,883,174	89,923,892	17,903,695	**-208,009,107**	**-206,450,846**

瀬戸内観光汽船　単位：円

	2017	2018	2019	2020	2021
売上高	299,537,431	305,509,121	354,954,246	214,311,516	189,652,261
売上原価	247,120,058	262,917,501	282,846,514	233,859,151	233,244,563
売上総利益	52,417,373	42,591,620	72,107,732	**-19,547,635**	**-43,592,302**
販管費及び一般管理費	57,158,682	65,516,702	77,194,054	79,505,251	65,199,595
営業利益	**-4,741,309**	**-22,925,082**	**-5,086,322**	**-99,052,886**	**-108,791,897**
営業外収益	6,964,389	6,805,064	6,274,918	30,583,634	26,687,764
営業外費用	691,990	203,580	600,408	3,302,340	5,135,713
経常利益	1,531,090	**-16,323,598**	588,188	**-71,771,592**	**-87,239,846**

神戸ベイクルーズ　単位：円

	2017	2018	2019	2020	2021
売上高	148,289,838	155,649,772	153,007,356	64,195,555	100,988,253
売上原価	123,107,195	134,020,040	138,300,301	127,445,832	132,229,104
売上総利益	25,182,643	21,629,732	14,707,055	**-63,250,277**	**-31,240,851**
販管費及び一般管理費	24,205,851	23,672,152	24,532,124	20,918,601	13,051,903
営業利益	976,792	**-2,042,420**	**-9,825,069**	**-84,168,878**	**-44,292,754**
営業外収益	1,533,182	1,586,504	1,340,103	27,089,345	13,521,966
営業外費用	61,775	69,419	55,237	72,814	135,693
経常利益	2,448,199	**-525,335**	**-8,540,203**	**-57,152,347**	**-30,906,481**

津APL　単位：円

	2017	2018	2019	2020	2021
売上高	626,015,080	626,269,878	601,313,965	53,783,046	63,345,043
売上原価	405,842,448	450,973,998	397,103,453	200,723,551	185,917,910
売上総利益	220,172,632	175,295,880	204,210,512	**-146,940,505**	**-122,572,867**
販管費及び一般管理費	141,941,207	146,875,305	153,804,727	121,793,832	129,141,164
営業利益	78,231,425	28,420,575	50,405,785	**-268,734,337**	**-251,714,031**
営業外収益	33,963,486	11,385,255	10,140,399	115,436,558	133,494,623
営業外費用	1,826,258	452,653	1,541,162	7,135,770	421,196
経常利益	110,368,653	39,353,177	59,005,022	**-160,433,549**	**-118,640,604**

【図2：両備が運営しているフェリー事業のP／Lほか】

た三航路です。これらの小豆島をつなぐフェリーはバスや乗用車を数十台乗せ、人も五〇〇名程度乗船できるカーフェリーと言われるもので、およそ一〇〇〇トン未満の船になります。船の総トン数によって求められる機能をはじめ、造船費や運航費も変わってくるため、小豆島へ移動される利用者数を鑑みると一〇〇〇トン未満が効率的だと私たちは考えています。

直近五年の船舶事業のP／L［*1・図2］の営業利益をみてみます。国際両備フェリーは高松〜小豆島間の高松航路と新岡山〜小豆島の岡山航路に分かれていて、高松航路はこのエリアで暮らす人々の生活航路となります。小豆島から高松に毎日働きに出る人が使うことが多いのですが、小豆島から岡山に働きに出る人は少ないため、生活航路となる高松航路は利益体質ですが、観光航路である岡山航路ではなかなか利益が出ません。

瀬戸内観光汽船もその名の通り観光航路のため、コロナ禍とは関係なく以前からあまり利益が出ていません。神戸ベイクルーズは、唯一船に乗る文化がある街の船なので、コロナ禍前は利益がありました。当日に「一二〇〇円で四〇分の船旅はいかがですか」と呼び込みをして、乗りにきてくださるお客様がいる街が神戸です。津APLは津市から名古屋のセントレア空港を結ぶ高速船です。陸路より速い移動手段ですが、現在はセントレア空港の便

1——損益計算書（Profit & Loss Statement）の略称。企業の収益と損失を比較し、一定期間の経営状況・成績を示したもの。

数が減っているため、こちらの航路もなかなか厳しい状況です。

また、弊社は神戸では観光船事業もやっていますが、そもそも日本には船に乗って遊ぶ文化がありません。あるとしても神戸と横浜だけです。小豆島で遊覧船を企画しても人は集まらないし、東京の芝浦でも試してみたのですが、全くお客様が集まりませんでした。日本では「今日は、仕事を終えたら船に乗って夕ご飯でも食べようか」なんて会話は生まれず、あっても屋形船のお座敷で天ぷらをいただく宴会くらいでしょう。

そもそも、日本人はなぜ船に乗らないのかを考えてみると、まず船酔いされる方が圧倒的に多いです。おそらく日本人は船酔いに弱い身体構造なのではないかと、私たちの業界では言われています。そして、顧客側に船旅＝退屈というイメージが定着していることも観光船事業の阻害要因の一つでしょう。また、夏は気持ち良いけれど冬は寒いですし、年中安定しない環境ということも挙げられます。

顧客側以外にある阻害要因としては、漁業者や他の事業者との調整が挙げられます。日本で新たに航行ルートをつくるとなると、漁業者や既存事業者との調整がものすごく大変です。実際、私たちも他の事業者が弊社のルートに入ってこようとしたら全力で止めますからね（笑）。事業者競争がとても激しいのです。そして、錨泊やテンダーサービスについても港湾施設になかなか許可をいただくことができません。日本の観光船事業はどこもとても苦戦しているという実情があります。

小豆島の現実

我々が所有しているフェリーの航路の拠点となっている島が小豆島です。この後に須田英太郎さんからも小豆島に関するオリエンテーションがありますが、私からも小豆島が抱えている観光の課題について紹介させてください。

小豆島は、コロナ禍以前は毎年一〇〇万人を超える人々が訪れていた島でしたが、現在は来島者数が七〇万人くらいに減っています。年間のピークは五〜十一月くらいで、他の時期はかなり厳しい状況です[図3]。私たちも小豆島を盛り上げていくというより、徐々に弱っていく島を支えるという意味で、島をつなぐ移動産業だけでなく、ホテル

小豆島　月別観光推定客数

年	2019		2020		2021		2022	
月別	推定客数	対前年同月比(%)	推定客数	対前年同月比(%)	推定客数	対前年同月比(%)	推定客数	対前年同月比(%)
1	73,637	96.0	73,315	99.6	40,291	55.0	49,871	123.8
2	68,849	96.5	67,130	97.5	42,854	63.8	39,348	91.8
3	93,544	94.2	64,274	68.7	64,803	100.8	65,814	101.6
4	91,896	101.6	28,452	31.0	49,234	173.0	62,762	127.5
5	120,608	95.5	25,577	21.2	47,666	186.4	84,706	177.7
6	83,030	104.5	42,724	51.5	42,248	98.9	59,669	141.2
7	96,861	88.4	52,011	53.7	62,146	119.5		
8	128,634	96.2	67,109	52.2	60,018	89.4		
9	93,892	97.8	62,756	66.8	48,473	77.2		
10	105,913	101.3	67,641	63.9	64,705	95.7		
11	120,480	97.9	87,416	72.6	81,635	93.4		
12	76,180	103.1	49,115	64.5	64,744	131.8		
	計1,153,524	平均 97.5	687,520	計 59.6	668,817	97.3		

【図3：小豆島の月別観光推定客数】

やキャンプ場、プライベートビーチ、サイクリングステーションなど、島内の観光業に携わっていますが、なかなか厳しい状況が続いています。そんな小豆島を、沖縄県の石垣島とギリシャのサントリーニ島といった国内外にある人気の離島と比較してみました［図4］。

まず飛行機による最寄りの空港へのアクセスに関しては、小豆島は岡山空港と高松空港の両方を利用できるため、とても便利です。島へのアクセスも高松や岡山、関西圏からの合計八航路もあり、小豆島への旅客船も一日七三便もあるため、かなり豊富と言えるでしょう。また、近くの高松空港は民営化に伴って全国三位の国際線の伸び率です。石垣島への来島手段は飛行機のみですし、サントリーニ島の場合はアテネのピレウス港からフェリーで八〜一〇時間、高速艇で五時間近くかかってしまいます。しかし、移動手段としてはこんなに不便なのに、観光客数を見てみると大変多くの人々が訪れていることがわかります。

受け入れ環境を見てみると、小豆島は離島でありながら島に住んでいる方も多いため、宿泊施設が約八〇軒、総収容人数は約四五〇〇人です。一方、石垣島は宿泊施設が約二〇〇軒、一万人近くの観光客を受け入れることができます。

離島名 (所在地・空港名)		小豆島(香川県・高松空港)	石垣島(沖縄県・南ぬ島石垣空港)	サントリーニ島　エーゲ海(ギリシャ・ティラ空港)
観光客数(推計)		1,153,000 (2019年)	1,471,092人 (2019年)	宿泊者　5,500,000人 (2017年)
人口		28,764人(2016年)	49,552人(2022年)	13,402人
面積		153.30km^2	222.54km^2	76.19km^2
海岸線長		126km	162.2km	
最高峰		星ヶ城　816.7m	於茂登岳　525.5m	369m
① アクセス	空港会社	AIRSEOUL 春秋空港 チャイナエアライン 香港エクスプレス	香港エクスプレス チャイナエアライン 日本航空(JAL)	ボロテア空港 ライアンエア エーゲ航空 スカイエクスプレス 他
	路線	ソウル・上海・台北・香港	香港・台北	イギリス・フランス・ドイツ・イタリア・オランダ・スイス他 13カ国 33路線 ※アテネから約50分
	旅客船	小豆島への旅客船は、高松港・新岡山港・宇野港・岡山日生港・姫路港・神戸港から1日73便のフェリー及び高速艇が運航	石垣島への来島手段は飛行機のみ 周辺離島航路は充実	サントリーニ島へはギリシャ・アテネ「ピレウス港」から、フェリー8〜10時間、料金15,000円程度、週数便。高速艇5時間、料金20,000円前後、1日数便 ※ギリシャ本土から約200km
②受け入れ環境 (宿泊施設)		宿泊施設数:81軒・総客室数:1,289室・総収容人員:4,484人 離島でありながら居住インフラが整備されており、大・中規模ホテル、キャンプ施設など幅広い宿泊施設あり	宿泊施設数:203軒・総客室数:4,048室・総収容人員:9,999人	宿泊客のみ5,5000,000人／年間(2017年)
③固有の観光資源		醤油(約400年)・素麺(約400年)・オリーブ(約110年)・佃煮(約70年)といった地域固有の食文化、寒霞渓・エンジェルロードといった景勝地、また山岳霊場や日本遺産に登録されている「石の島」といった歴史資源を有する	那覇から南東へ約400km、沖縄本土よりも温暖な気候、透明度の高い海や本州では見られない星空、南国特有の食文化、国指定名勝地の川平(かびら)湾や世界屈指のサンゴ礁が広がる白保など多くの観光資源を有する	トリップアドバイザー「世界の最も人気の島トップ10」の第5位、島を象徴する、青いドーム屋根の教会と断崖絶壁に佇む白く美しい街並みや目前に広がる青いエーゲ海の景色が絶景

【図4：小豆島と国内外の人気離島の比較】

観光資源はどうでしょう。小豆島には四〇〇年の歴史を持つ醤油や素麺、一一〇年のオリーブ栽培、七〇年の佃煮など、地域固有の食文化があります。また、寒霞渓やエンジェルロード（土庄町銀波浦）などの景観が非常に豊かな自然環境もあるし、小豆島は日本遺産にも登録されている「石の島」ということから、大坂城の石垣にも使われている石材を切り出している石切場もあります。つまり、歴史、文化、自然などを見ても、他の島にあまり引けをとらない観光資源が小豆島には揃っているにもかかわらず観光客数が少ない現状は、何らかの問題があるのでしょう。我々両備グループも一一〇年近く事業を続けている中で半世紀近く小豆島に携わっているため、ずいぶん反省しないといけないと思っていますが、小豆島の地域を支えるためにも、今回は皆さんから知見やアイデアをいただければと考えています。

直島、豊島(てしま)、犬島など、七〇〇以上の島がある瀬戸内海は多島美と言われるエリアで、そのハブとなる島が小豆島です。海外では島々を周遊するアイランド・ホッピング・ツアーのようなクルーズが人気ですが、瀬戸内海もそのようなポテンシャルも持っていると言えるでしょう。また二〇二一年には小豆島が「日本版持続可能な観光ガイドライン（JSTS-D）」のモデル地区、「世界の持続可能な観光地 TOP100選」に選定され、国内での離島人気ランキングでも石垣島や宮古島を押さえてナンバーワンになっています。

一方で、そんな観光に関する期待値がある小豆島の現実とのギャップについてお話しします。まず島民の意識としては、醤油や素麺、オリーブといった地場産業が盛んであるため、観光への依存度がとても低い。観光客にあまり島に来てほしいと思っていない可能性があります。それゆえに他の観光地と比べて、地域内連携やバスやタクシーなどの二次交通の整備がほとんどされていません。更に言えば、滞在型個人旅行の受け入れ体制と来島後の観光客のケア体制も整っていません。例えば、小豆島のツアーも団体客に頼る傾向が強く、個人旅行客を受け入れるツアーがあまりないし、富裕層向けのコンテンツも少ないです。

また、寒霞渓やエンジェルロード、オリーブ公園、映画村、醤の郷（ひしおのさと）、皆さんも聞いたこともあるような場所はありますが、世界で見た時に圧倒的なナンバーワンになれるようなコンテンツには育っていません。このあたりを世界に誇れるようなコンテンツとして育てていくことも重要ですし、瀬戸内海という場所をうまく活用したコンテンツ、例えば、今回皆さんに提案いただく宿泊型客船のようなものを新しくつくる必要があるでしょう。

造船のいろは

新しい宿泊型客船を構想するにあたり、造船に関する基本的な知識を共有します。まずは既存の宿泊型客船にはどういったものがあるのか。実は瀬戸内海を航行するクルーズや漂泊を目的とした船の多くには宿泊機能が備わっていません。宿泊施設がある船は「ガンツウ」と「フェリー さんふらわあ 昼の瀬戸内海クルーズ」くらいです。一方、中距離移動を目的としたフェリーには宿泊機能が備わったものが幾つかあります。ちなみに海外の事例を挙げると、ベトナムのハロン湾では一九八九年から観光船事業を開始し、現在では宿泊施設なしの観光船が三三一隻、宿泊施設有りが二〇二隻、合計五〇〇隻を超える船が短期間でつくられ、地域活性化の起爆剤になりました。

次に船舶種別と航行資格についてです。船には日本国内の港だけ航行できる内航船と、外国の港も航行できる外航船の二種類があります。内航船のメリットは造船コストが比較的に安い点で、デメリットはスタッフの国籍が日本人限定になってしまうことです。一方、外航船のメリットはスタッフに外国人も雇用可能になりますが、国際ルールが適用されるため造船コストが大幅に高くなってしまいます。私たち船舶業としては、法規により内航船と外航船のメリットを融合できないという制約が昔から悩みの種になっています。また、国内二地点間の移動をするためには日本船籍が必要になります。

そんな中、瀬戸内海を航行する船をつくる上で最大のポイントは、瀬戸内海が平水区域［*2・図5］であることです。簡単に言ってしまえば、平水区域とは湖

2——播磨灘周辺が沿海区域となり、播磨灘を除き瀬戸内海のほぼ全域は平水区域。

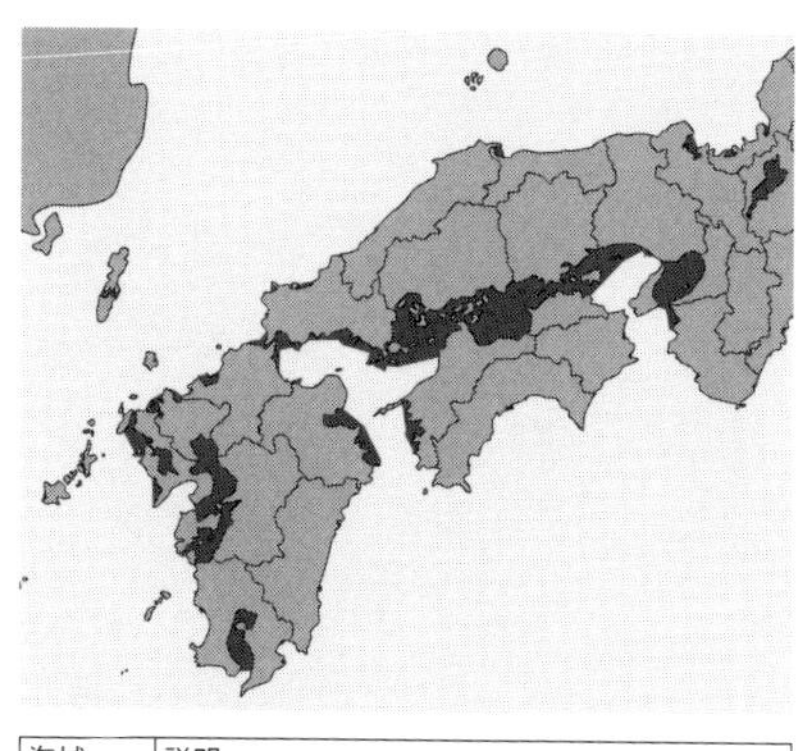

海域	説明
平水区域	湖、川及び港内等の水域。例えば東京湾の北部や大阪湾の大部分、伊勢湾、瀬戸内海の一部も含まれる。※参考図の黒い部分
沿海区域	おおむね日本、樺太の一部、朝鮮半島の海岸から20海里以内の水域。なお領海は最大12海里。
近海区域	東は東経175度、南は南緯11度、西は東経94度、北は北緯63度の線により囲まれた水域。マラッカ海峡からカムチャツカ半島までが含まれる。
遠洋区域	すべての水域。

<区域による船への影響>
平水、限定沿海、沿海、近海、遠洋と資格が上がるにつれて安全基準は厳しくなる。一概に表現はできず、複雑なルール設定の中で、復元性や安全備品（救命設備等）について順次厳しくなっていく。

【図5：瀬戸内海周辺の海域区分】

や川のような扱いで、その区域を航行するだけなら、大きな波がある海を航行する船の仕様にしなくていいのです。巨大な躯体をつくらず、喫水が浅い平たい船でも問題ありません。船とは平水、限定沿海、沿海、近海、遠洋と航行する海域の資格が上がるにつれて、求められる性能や安全基準が厳しくなります。例えば、船の鋼板の厚みから乾舷の高さ、もし倒れたときに戻ってくる復元性、救命設備など、あらゆる性能が変わってきます。つまり、同じサイズの船をつくったとしても、区域ごとに一〇億円、二〇億円、三〇億円、五〇億円といったように造船コストが変わってくるのです。

また、新造船する上でカーボンニュートラルを含めた環境負荷をどう軽減するかも課題の一つに挙げられます。例えば、「ガンツウ」はポッド船［＊3］と言われるハイブリッド船です。エンジンで電気をつくり、その電気で船を走らせるといった環境に優しい仕様になっています。しかし、現在、完全な環境負荷ゼロの電気推進仕様の客船は世の中に存在しません。水素船は一隻だけありますが、航続距離について調査中で、また通常の船に比べると五倍ぐらいの造船コストとなり、そんな高価な船をどうやって事業化するのかも課題となるでしょう。

3――電気式ポッド推進器を従来のディーゼル推進システムと組み合わせて、プロペラを駆動させるシステムを搭載した船。

収支シミュレーションと与件

試しに総トン数三〇〇〇トン、長さ八〇メートルといった「ガンツウ」と同程度のサイズの船を新造船したとして、カジュアルからラグジュアリーまでの仕様でそれぞれのP／Lを試算してみました［図6］。まずカジュアル仕様として客室数五五室、一人一泊二万五〇〇〇円では大赤字。次にプレミアム仕様として客室数五五室、一人一泊三万六〇〇〇円でもまだ赤字。ラグジュアリー仕様として客室数三四室、一人一泊八万六〇〇〇円でほぼトントンです。もしくはプレミアム

収支シミュレーション
想定船型：全長80m、総トン数3000トン（ガンツウと同じぐらいのサイズ）
収支試算の前提条件：年間345日稼働、客室稼働率70%

（単位：百万円）

コンセプト		基本案 プレミアム＋ ／ラグジュアリー	バリエーション① ラグジュアリー	バリエーション② プレミアム	バリエーション③ カジュアル＋
想定船価		4,000	4,300	3,500	3,300
客室数/旅客定員		44室/88名	34室/68名	55室/110名	55室/125名
乗船料平均単価（人・泊）		57千円	86千円	36千円	25千円
乗組員数		33名	37名	30名	25名
売上高		1392	1500	1025	809
運航費	燃料費	120	120	120	120
	船員費	306	340	278	232
	その他運航費	314	346	314	312
	（運航費小計）	740	806	712	664
販管費		251	270	225	210
資本費		369	387	323	304
営業収支		32	37	-235	-369

※船自体の償却は15年

＜泊単価（／人）及び稼働率＞
ガンツウ：25万円（オールインクルーシブ）、稼働率不明
飛鳥Ⅱ：8.5万円（アルコール／ツアー別料金）、稼働率80〜85%程度（ビフォーコロナ）
にっぽん丸：7.5万円（アルコール／ツアー別料金）、80〜85%程度（ビフォーコロナ）
オレンジフェリー：1〜2万円（大阪ー東予、個室旅客料金のみ）、稼働率不明

【図6：「ガンツウ」と同規模の船をつくった場合の収支シミュレーション】

とラグジュアリーの間の仕様として客室数を四〇室以上に増やし、一人一泊五万七〇〇〇円にしてもトントン。つまり部屋数を増やすか、客単価を上げるかのどちらかになる。

「ガンツウ」の客単価はおよそ一人一泊二五万円で、一般の人はなかなか乗れない価格帯と言えるでしょう。「飛鳥Ⅱ」が一人一泊八万五〇〇〇円で、「にっぽん丸」が七万五〇〇〇円、このあたりが普通の人の憧れではないでしょうか。「オレンジフェリー」は一泊一〜二万円程度で乗船できますが、乗船客の許容率が高く、船内で皆で雑魚寝するような船です。

「ガンツウ」と比べると客層は別物になるため、どのような仕様に設定するかでCAPEX［＊4］だけでなくOPEX［＊5］も変わってきます。例えば、VIP対応する場合に客二人に対してスタッフ一人をつけるのか、または各客室ごとに一人ずつつけるかなど、どんなオペレーションにするかによってOPEXは変わってきます。その設定はつくる船の価値によっても左右されるでしょう。そのため、まずはCAPEXを考えた上でOPEXを考えていくことが新造船の構想の基本となるでしょう。

客室数やその販売単価、乗組員数などのOPEXのバランスを精査し、最適な船型を固める必要があるものの、収支シミュレーションを見る限り、販売

4――設備投資等のコストを指す、Capital Expenditureの略称。この場合は新造船にかかるコスト。

5――運営費等のコストを指す、Operating Expenditureの略称。

単価五万円以上のグレードを設定しない限り、事業性の確保は厳しいと思います。更に、たとえ販売単価五万円以上のグレードに設定したとしても、売上規模に対してCAPEX/OPEXの両者の負担が大きいため、年間フル稼働で客室稼働率七〇％の確保が必要となります。そこで、オフシーズンとなる冬場の稼働率を維持するための仕掛けをつくったり、客室や飲食、物販以外の売上を模索する必要があるでしょう。地元企業や行政と提携してCAPEXを軽減したり、地元の農家や漁業と連携して高品質低価格の食材を仕入れたり、寄港するエリアでの体験を充実させることでOPEXを軽減するなど、様々な課題解決の方法があると思います。

一人当たりの客単価は少なくとも十万円以上、客室数は六〇〜七〇室程度の規模にすると、収支としては合ってきます。勿論、日本一周する内航船か、世界一周する外航船か、瀬戸内だけ周遊する船なのかによっても、造船コストは随分変わってくるでしょう。

先ほどもお話しした通り、日本人は揺れに弱い体質のせいか、波が少ない平水区域の瀬戸内海は日本人にとって大変恵まれた海上環境と言えるでしょう。また、多くの島があるため、船によるアイランド・ホッピングも可能です。つまり、船の中にアミューズメントをつくらなくても船旅の魅力を体験できるエリアはそこら中にあるため、「ガンツウ」のようにクルーズという既存の概念を変えていけると思います。また、原さんも提言されているように、働く場として船があってもいいでしょう。様々な場所を廻り、その土地からの学びを得て、人や文化と出合える交流の場になってもいい。ただ単に宿泊施設やクルーズという概念ではない移動体をどうつくり上げ、新たな市場を瀬戸内から世界に発信していくか。この瀬戸内デザイン会議という場で、皆さんと共に考えていきたいです。

小豆島

オリエンテーション

インターローカルに繋ぐテクノロジー

須田英太郎

インターローカルに繋ぐテクノロジー

須田英太郎

scheme verge 株式会社
Co-Founder
Chief Business Development
Officer

交通事故より、島がなくなってしまう方が怖い

私は元々、民主化が始まったばかりのミャンマーで開発人類学を研究していたのですが、その研究活動の中で、欧米のテクノロジーを途上国にそのまま持っていってもうまく機能しないことを痛感しました。地域の政治や経済、担い手の方々のビジネスモデルやオペレーションといったところまで視野を広げて気を遣わないと、いくら便利なテクノロジーとはいえ簡単に実用化できないことがわかったのです。そんな経験を踏まえて、現在は文化人類学×テクノロジーの知見を活かし、日本のまちづくりの現場に先端テクノロジー

を導入するエリアマネジメントの事業を行っています。

その活動の一環で、二〇一八年に内閣府の「SIP-adus」[＊1]という自動運転システムの研究開発プロジェクトに携わりました。そこで小豆島の婦人会の会長や高校の生徒会長、校長先生をはじめとする地元の島民の方々と、内閣府や自動車メーカーの役員の方々も交えて、ディスカッションする会をお手伝いしたことがあります。

内閣府や自動車メーカー側は当初、自動運転のような新しいシステムを根付かせようとすると地元から拒否反応が出るだろうと想定していたようです。しかし、いざ議論が始まると、地元の八〇代の婦人会の会長は「新しい技術で事故が起きる恐怖よりも、元々六万人いた人口が三万人近くまで減っていて、このまま島がなくなってしまう方が怖い」と話してくれました。また、高校生からも「島でモビリティの実証実験をすることで、島から出て行った人たちが戻ってきてくれる機会をつくれないか」など、思いも寄らない意見が出てきたのです。

翌年に、香川大学、群馬大学、明治大学と共に自動運転車の公道実証実験を小豆島のオリーブ公園で実施しました。乗車後のアンケート調査結果では、島民の八〇％以上が自動運転の導入に積極的で、フェリーなど他の交通

1――SIPとは、内閣府総合科学技術・イノベーション会議が、科学技術のイノベーション創造のために省庁や旧来の分野を超えて設立した、戦略的イノベーション創造プログラム。adusはAutomated Driving for Universal Service（自動運転システム）の略称。

手段との連携や、飲食店やホテル、商業施設と連携したサービスの必要性が明らかになりました。自動運転車が走るだけでは不十分で、他の交通や目的地となる観光・商業施設と連携したサービスをつくり上げる必要があるとわかったのです。

第一回瀬戸内デザイン会議では、「モノをつくることから価値をつくること」への転換が謳われました。「ローカルな資源と資源をインターローカルに繋ぐことで、価値をつくる」という第一回会議で見えてきたヴィジョンを実現するために、私から提供したいテーマが二つあります。一つは、少ない人手で「価値をつくる」ためには、地域資源同士の連携が不可欠であるということ。もう一つは、地域のどの資源を押し出していくかを、来訪者の反応を見ながらデータドリブン［*2］に決めていくことの重要性についてです。

六〇年後の日本の縮図

例えば、大阪万博の開催時に大阪を訪れた外国の人たちが、周遊しながら小豆島、高松、直島、岡山、倉敷と廻り、尾道や広島に抜けていくとします。道中には「ベネッセハウス」や「ガンツウ」のような洗練された宿泊施設もあ

2――経験則や勘ではなく、売上データやマーケティングデータ、ウェブ解析データなど、様々な種類且つ膨大な量の情報を収集し、その分析結果を拠り所に意思決定や課題解決を行うプロセス。

りますが、一方で価値をうまく伝えきれずに受け入れ体制も不十分な地域資源も沢山存在しています。松田敏之さんがオリエンテーションでも言及されていた通り、小豆島にも農村歌舞伎や素麺の製麺場など、魅力的な地域資源が溢れていますが、いきなり訪れても施設を見学させてもらうことはできません。多くの地域資源が、人手不足の中で管理・運営されており、施設の案内や入退場の管理には手間がかかる実情があります。しかし、こういった地域資源の中には、見せ方次第で「ベネッセハウス」や「ガンツウ」に泊まるようなハイエンドのお客様にも刺さるものが多くあります。

小豆島の人口動態を見てみると、戦後は約六万三〇〇〇人いた人口が現在は約二万六〇〇〇人まで減ってきています［図1］。日本の人口のピークは二〇〇七年と言われ、小豆島の人口のピークは一九四七年なので、六〇年分の差があります。現在、小豆島の人口はピーク時の半分を切ってしまったため、六〇年後には日本の人口も半分になるかもしれません。まさに日本の最先端の事例、六〇年後の日本の縮図と言えるような場所が小

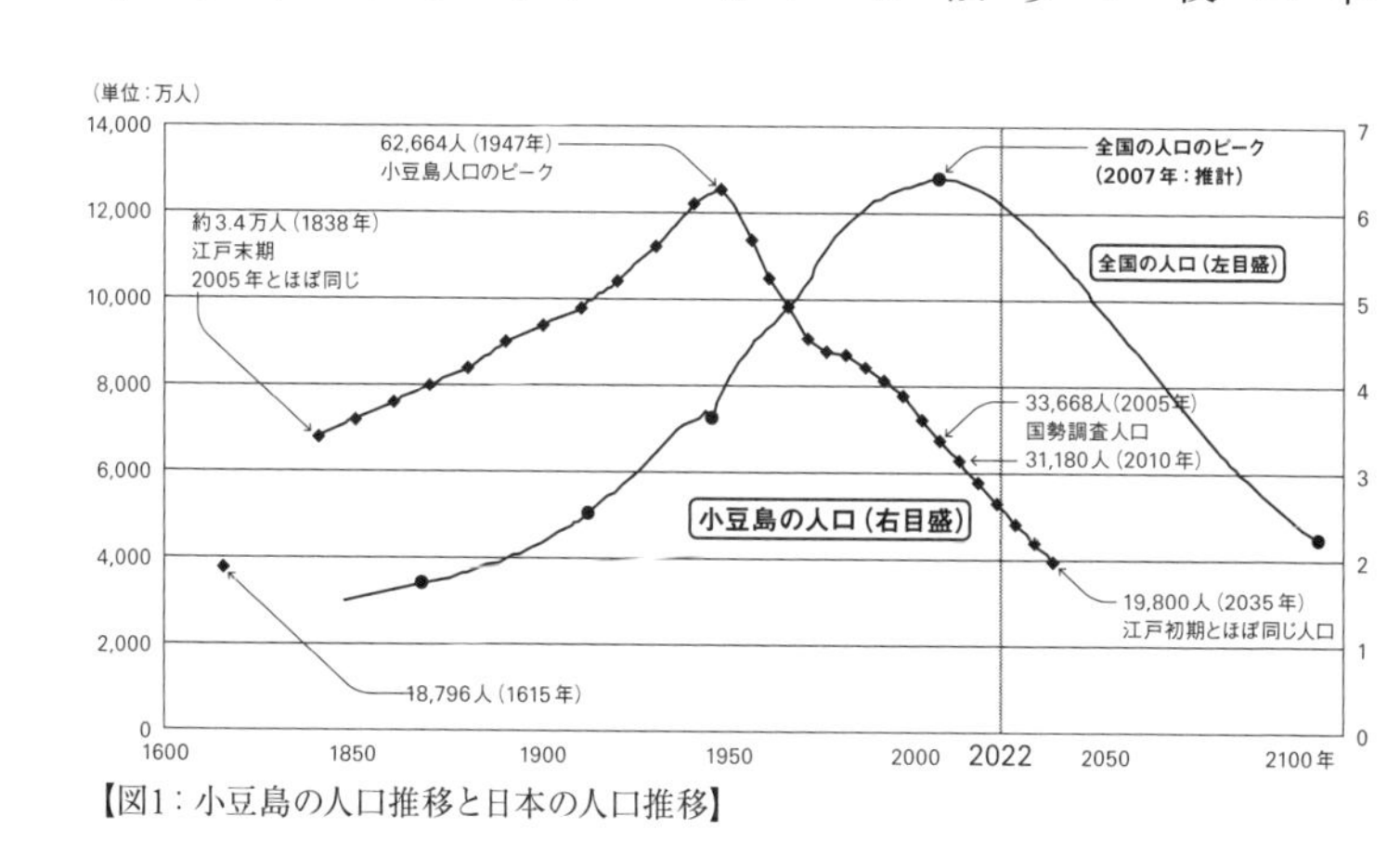

【図1：小豆島の人口推移と日本の人口推移】

豆島とも言えるわけです。

人口減少からの担い手不足の問題は、目的地となるスポットだけでなく、バスやタクシー、フェリーなどの交通手段についても同様です。ローカルな観光資源同士や交通が連携し合うことで地域の付加価値を高めようとしても、ただでさえ人手が足りない中でやりくりすることは難しく、後回しになってしまうのが現状ではないでしょうか。勿論、これは小豆島に限った話ではなく都市部も含めて、日本全体が抱える課題になっています。

更には人気スポットに来訪者が集中してしまうオーバーツーリズムも問題になっています。特定の場所への来訪者の過集中によって混雑や交通渋滞が発生するため、迎え入れる側からも「観光客が増えすぎていて困っている」「写真を撮ってSNSにアップしたいだけの人にはあまり来てほしくない」などの意見も出ているし、一箇所に人が集中すると、旅行者が地域全体に落とすお金も減ってしまいます。旅行者が一つの場所に固まらず、その地域内の複数のスポットを訪れてくれるようにするためには、地域の観光資源や交通が連携して混雑状況を共有したり、複数のスポットを巡りたくなる商品造成や情報発信をしていくことが必要になるでしょう。

そういった商品造成や情報発信を行っていく際に、来訪者の反応を見ながらデータドリブンに施策を改善していくことは簡単ではありません。地域のサービスを継続的に改善するためには、自治体や観光事業者、交通事業者などが実際にどのようなお客様がどのスポットを訪れたのかといった情報を共有・管理して、地域内での来訪者の行動を総体的に把握することが必要になります。

原研哉さんとも協働して弊社が開発した瀬戸内国際芸術祭の公式アプリでは、利用者の位置情報を取得して分析しています。瀬戸内国際芸術祭に来たお客様がどのような移動手段でどのスポットを訪れたのかというデータを基に、地域のサービスを改善できるような仕組みになっています。

地域に根差すテクノロジー

瀬戸内で四年間活動させていただき、地域で「価値をつくる」上での課題が徐々にわかってきました。その考えを基に実用化したものが、私たちが提供する「Horai エリアマネジメント」というプラットフォームです。アプリやウェブで来訪者がアクセスできるプラットフォームを用意し、観光資源や交通手段を所有する事業者がそこに自分たちの情報を公開できます。更に周遊

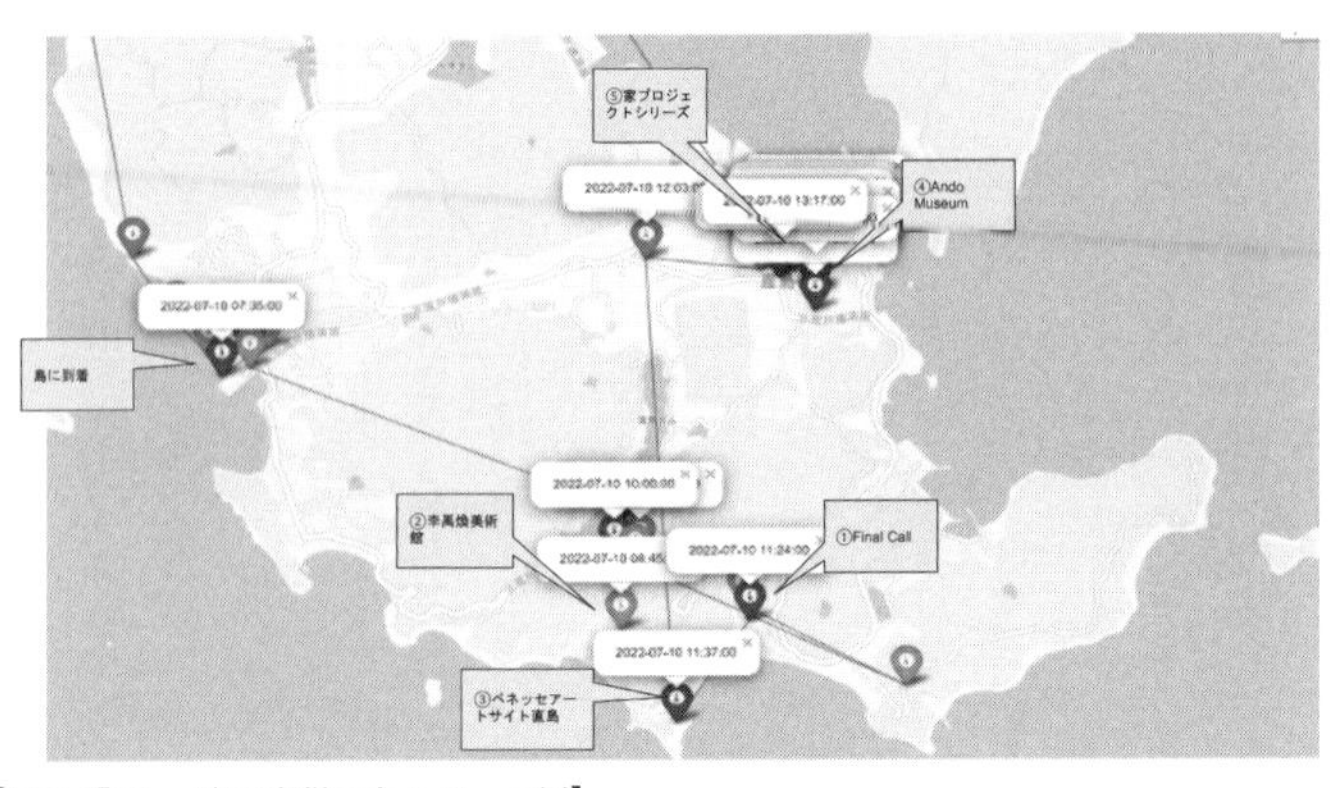

【図2：「Horai」で取得できるデータ例】

パスや企画きっぷといった、業種を越えた事業者間で連携した施策も簡単に始めたり、改善することができます。来訪者の周遊データ解析も行えるため、事業者のデータ管理の負担を減らし、得られた情報を皆で共有し、最終的にはエリア全体での観光客の受け入れやすさを高め、受け入れ体制を整備することができるようになっています。

「Horai」は原研哉さんとも協働している瀬戸内国際芸術祭の公式アプリにも使われています。位置情報の取得を許可した方については、アプリ利用中の位置情報が記録されるため、どの経路を使って島に渡ったか、どの美術館に寄ったか、その美術館に行く前にどこで昼食をとったかなどがわかります［図2］。つまり事業者としては、自分の店に来る前にどこに寄ったのか、自分のホテルの宿泊客はその前後にどこに行く傾向があるかなどを把握できるわけです。それがわかれば、自分たちの店と一緒に行かれがちなスポットと連携して新しいキャンペーンを打ち出せるし、自分たちのホテルへの経路としてよく使われる船会社やバス会社と連携してセット券をつくることもできます。「Horai」はこのように事業者が自分たちで企画を実行しデータに基づいて改善する手助けをする仕組みになっています。

二〇三〇年にインバウンドの国内消費を十五兆円にすることを政府は目指していますが、地域の観光客の受け入れキャパシティをより高めていけなければ、その地域はキャパオーバーになってしまうでしょう。ローカルな資源と資源を繋ぐことで世界の富裕層にも通用する価値をつくるためには、人手不足に悩む地域の事業者同士が簡単に連携して付加価値の高い商品をつくれるツールと、そこで集まったデータを基に地域全体でサービスをチューニングしながら改善していく仕組みが必要になります。今回の瀬戸内デザイン会議では船というフィールドでの新しい観光の実践について議論していくと思いますが、そのアウトプットは複数のローカルな資源を繋ぎ合わせるインターローカルな機能によって瀬戸内の魅力を更に深めるものになるだろうと期待しています。

瀬戸内は昔から人々が集まり、移動しながら様々なスポットを見て回っていくような交通の要所でした。そんな場所で新しい挑戦をしていけたら、きっとおもしろいことが起きるはずです。私たちも「Horai」のような地域に根差すツールを使いながら、テクノロジーと現場力でこの会議で生まれてくるアイデアを実現するお手伝いをさせていただきたいと考えています。

歴史

オリエンテーション　私たちは瀬戸内を起動する海賊になれるか

橋本麻里

歴史

オリエンテーション

私たちは瀬戸内を起動する海賊になれるか

橋本麻里

美術ライター
公益財団法人小田原文化財団
甘橘山美術館 開館準備室長

瀬戸内海の成り立ち

ある一節から瀬戸内海の歴史に関するオリエンテーションを始めたいと思います。文政九年（一八二六年）に医師・博物学者のフィリップ・フランツ・フォン・シーボルトが長崎から江戸へ向かう道のりで記していた『江戸参府紀行』（平凡社、一九六七年）の一節です。

「船が向きを変えるたびに魅するように美しい島々の眺めがあらわれ、島や岩島の間に見えかくれする日本（本州）と四国の海岸の景色は驚くばかり。」
「この海域を形成している海岸の地形は甚だ不規則で、あるところでは細長い岬と険しい前山となって海峡に向かって突出し、あるところでは入り込んで湾や入江となっている。周囲の大きい島々は海岸と海岸の間に横に広がった無数の海峡を形成し、そのため外国船にとってはこの迷路を通って危険な航海をすることは、今日まで不可能であった。」

江戸時代に日本を訪れた外国人シーボルトの目から見ても、瀬戸内の風景とは非常に美しいものであったと同時に、その航海の難しさは身に迫るものであったことがわかります。

そこから時代を飛んで二〇世紀半ば、日本史家の奈良本辰也による『瀬戸内海の魅力』(淡交新社、一九六三年)の中の一節です。

「瀬戸内海の相貌がすっかり変わってしまったのは、あの山陽線が全通して[*1]、また帆船が汽船に変わるというようなことがあってからである。そうなると瀬戸内の港はまるで水から引き上げられた

1——山陽本線は神戸・下関間が一九〇一年に開通し、全線は一九四二年に開通。ここでは一九〇一年のこと。

切り花のようにしぼんでしまった」

この嘆きは、当時の瀬戸内に暮らす人々が多かれ少なかれ抱いていたものではないかと思います。その後の時代を生きる私たちは、瀬戸内に限らず、交通と言えばまず陸上交通を想像し、島国である日本の交通が元々は水上中心に発展してきたことをつい忘れています。特に戦後は、陸上交通中心の世界が築き上げられてきましたが、「その先」の未来を構想することが、この瀬戸内デザイン会議の役割ではないでしょうか。

話を進める前に一旦、瀬戸内海と自明のように言っている海域が一体どこであるかを確認しておきましょう。「瀬戸内海環境保全特別措置法第二条第一項」で規定された本州と四国、九州に囲まれた図中の海域が瀬戸内海です［図1］。面積で言えばもっと広いところもありますが、瀬戸内海は世界でも有数の豊かさを持った閉鎖性水域です。

では、瀬戸内海はどのようにできあがったのか。氷河期にあたる約二万年前の古瀬戸内海では、陸と海の割合が今とまるで違います［図2］。海面が現在よりも一三〇メートルほど低く、瀬戸内エリアの多くは陸地でした。大きな川が備前の瀬戸あたりを境に西と東へ流れ、紀伊水道と豊後水道を抜け

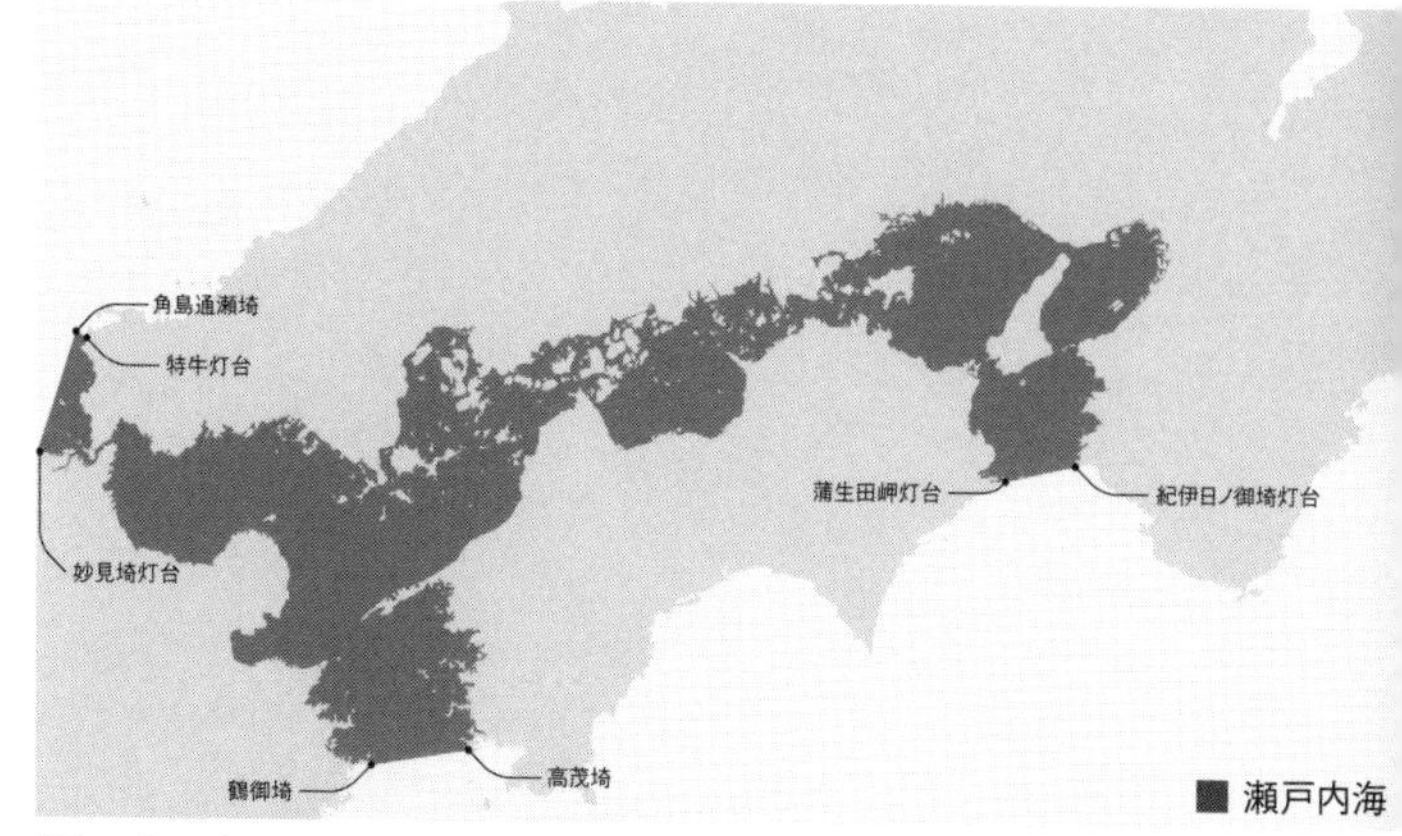

【図1：瀬戸内海と規定されている海域】

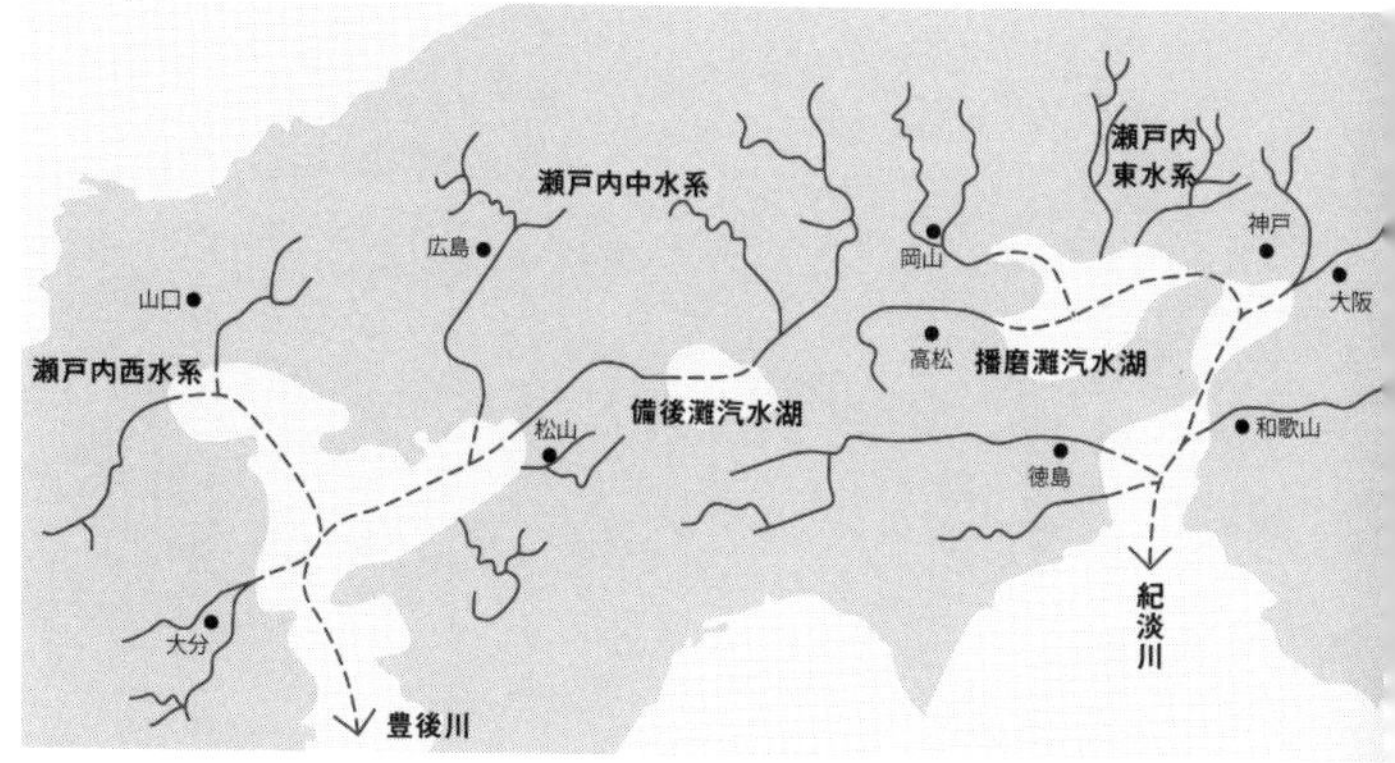

【図2：氷河期の古瀬戸内海】

て太平洋に注いでいたのではないかと考えられています。その頃、日本列島と中国大陸も陸続きですし、陸が多いエリアはここに限った話ではありません。その後、気候が温暖化して氷河が溶け、海水面が上昇していき、約一万年前の縄文時代にはほぼ現在の、私たちの知る瀬戸内海が完成するのです。

また、文字に歴史が記される以前から瀬戸内海では人々の行き来があったと考えられています。古墳時代の中期初頭（四世紀後半〜末）につくられた船形埴輪が大阪の長原高廻り（ながはらたかまわ）古墳群から見つかり、当時からかなり立派な船で人々が航海していたこともわかっています。

見え隠れする海

古代日本には二つの文化的な中心がありました。まず北九州に初期国家が生まれ、そこから少し遅れて、畿内（現代の奈良）を中心に大和王権が形成されていきました。その二つの文化的・政治的な中心を結びつけていたものがまさに瀬戸内海だったのです。

時代を経て政治の主導権は畿内の大和王権に移っていきます。大和王権は稲作を中心とした国の仕組みづくりを進めていき、自ら「瑞穂の国」と名乗りました。その神話体系もアマテラス（天照大御神）と呼ばれた太陽神を中心としているため、海のイメージは正直希薄かもしれません。実際、彼らが文明の先達として範とした中国も内陸国家であったため、どうしても統治の仕組みや制度などは内陸志向のものになりました。しかし、もしかすると、その内陸志向が実際の自然条件を無視したものであったのかもしれないという話を紹介いたします。

大和王権では太陽神が神話の中心と説明しましたが、『古事記』を少し紐解いてみれば、世界の起源、世界はどのようにどんな場所から始まったのかを語る際に「海」が現れます。原初の世界は非常に混沌とした海のような場所で、神々が最初につくり出した淤能碁呂島という島が浮いていたとされます。ちなみにこの島は現在の淡路島、あるいはその近隣の島であったのではないかと考えられています。その淤能碁呂島において国生みの神であるイザナギ（伊弉諾尊）とイザナミ（伊弉冉尊）が結婚し、現在の国土である大八洲を生み出しました。大陸ではなく、島々を生み出したわけです。

その島に高天原の支配者たちが降り立ちます。アマテラス自身も、イザナギが筑紫の日向の檍原［*2］という場所で海水で禊をした時に、その禊の水が体から溢れて生まれ落ちた神だとする記述が出てきます。あるいはアマテ

2――筑紫は九州、日向は宮崎県を指し、現在の宮崎県宮崎市阿波岐原町とされている。

ラスの孫であるニニギ（瓊瓊杵尊）が地上に降臨後、その息子であるホオリ（火遠理命・山幸彦）はワタツミ（海神）[＊3]の宮を訪ね、その娘であるトヨタマヒメ（豊玉姫）を娶ることで王者となる力、権力を手に入れることができました。さらにその山幸彦の息子であるウガヤフキアエズ（鸕鶿草葺不合尊）もワタツミの娘であるタマヨリヒメ（玉依姫）を娶り、二代続けて海神の血が天孫[＊4]の中に入っていくことで、初代天皇である神武が生まれてきたとされています。

つまり、内陸志向、瑞穂の国、高天原の神など、陸だ陸だと言いながらも、その背後には確実に海の響きが聞き取れる。そこには日本を行き来していた海の民たちの姿や、彼らの思想や神話が含まれているのではないかと考える研究者も少なくありません。

海上交通の復活

神話上では海の存在が見え隠れしていましたが、先述の通り、当時の政権は陸志向でした。大和王権が終焉を迎え、七世紀頃の律令制国家となった日本では、五畿七道[＊5・図3]と呼ばれる行政単位を定めます。五畿は都の周辺に

3——日本神話における海の神。

4——日本神話におけるアマテラスの子孫たち。

5——現在の日本の地方区分の基本となるもの。五畿とは、都の周辺にある大和、山城、摂津、河内、和泉の五国を指し、それらは畿内とも呼ばれる。七道は、東海道、東山道、北陸道、山陽道、山陰道、南海道、西海道といった陸上道路を軸にした地域。

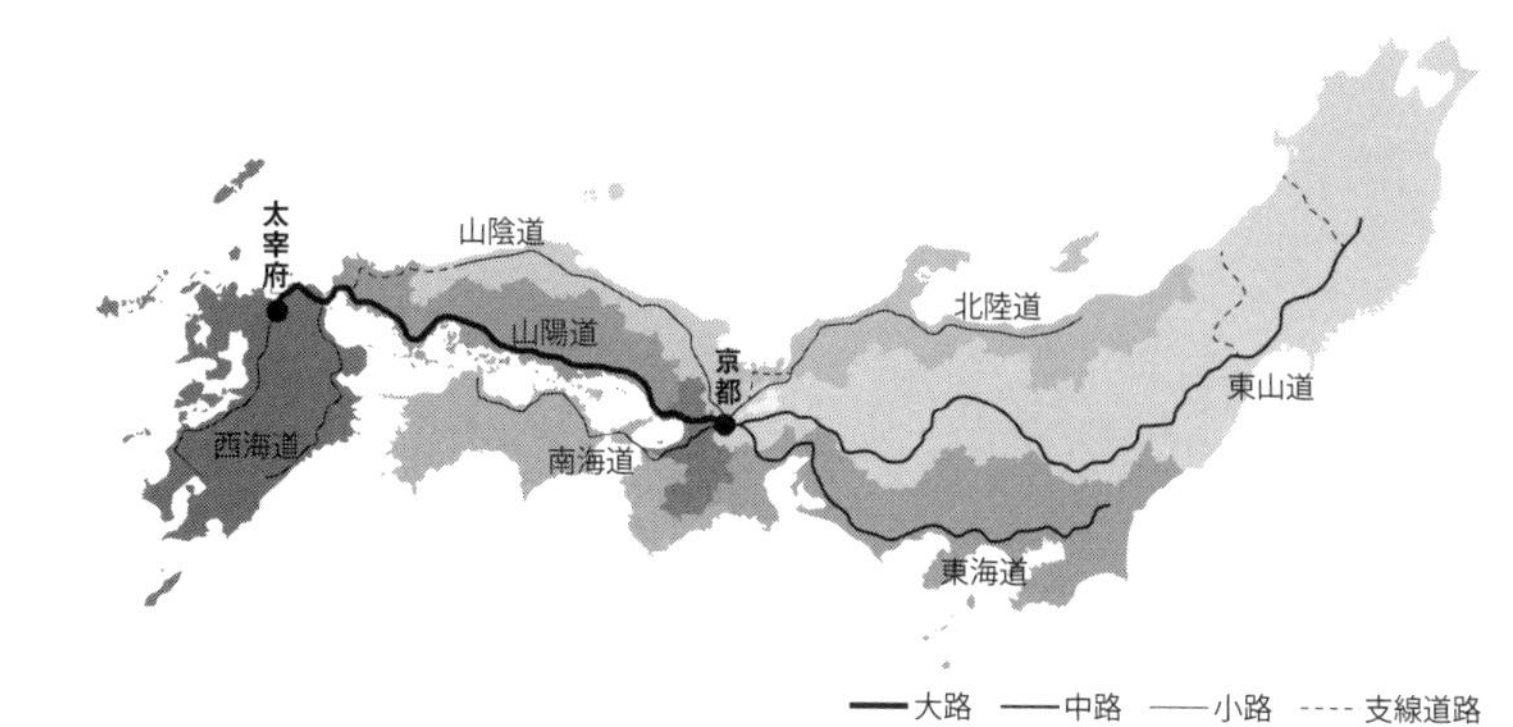

【図3：五畿七道】

ある五つの地域で、七道は都から放射状に発する幹線道路であると同時にそこに属する国々をひとまとまりにする地方行政上の地域区分です。その行政単位ごとに地方行政官を派遣したり、政策が伝達されるなどして、統治が行われていたのです。

七道の中でも、都から九州の太宰府へ向かう山陽道は唯一、「大路」という扱いでした。瀬戸内の本州側を走っている道です。現在最も交通量の多い東海道や北まで延びる東山道は中路、その他は小路、太宰府に至る山陽道のみ大路として格別に重く扱われ、実際にそこを行き交う人や情報の規模も大きかったことがわかっています。

しかし、陸路を貢納品や地方巡察使が行き交っていた時代は、実は古代の一時期だけで、交通は合理的な方向へ変化していきます。八世紀前半には物資の輸送や人の行き来も含めて、移動時間が陸路に比べて速い海路が利用されるようになります。速さだけでなく、効率的に多くの物資を運ぶことができたため、元々主流であった海上交通に主導権が移っていき、海運として瀬戸内が再び活況を取り戻すのです。

海上交通が活況を呈していくにつれて、その運送や交通を担う様々な業者が出現し、政治的あるいは経済的な力を持つようになります。そんな瀬戸内の交通を担う人々の経済力や軍事力を象徴する存在が藤原純友(すみとも)であり、十世紀に起こった藤原純友の乱です。

九州と四国の間にある伊予の日振島(ひぶりしま)に拠点を置く海賊の頭領であった純友は、一〇〇〇隻以上の船を支配し、二五〇〇人以上の海賊たちを束ねるとされた大勢力でした。しかし、九三六年に追捕され、伊予守の紀淑人の下に投降します。彼が投降したことで一旦は海賊の動きは沈静化しますが、九三九年に再び反乱を起こします。奇しくも同時期の東国でも平将門の乱が起き、あたかも東西で呼応するように兵乱が起こったため、朝廷の人々は大事件だと震撼するわけです。

純友がどのような目的を持って反乱を起こしたかについては様々な解釈がありますが、将門のように東国で自立しようとしていたわけではないと言われています。現在の日本史研究では、純友自身は京都の公卿に近い血筋でもあったため、当時の天皇を中心とする公家の政権にも繋がる彼を、新しい勢力である瀬戸内の交通を担う人々が担ぎ上げ、自分たちの政治的な要求を通したり、彼らの地位を認めさせて新しい歴史的位置づけを得ようとして起こした事件だったのではないかと考えられています。

また、このように平安末期に横行する海賊を追捕することで功績を上げて台頭してきたのが平清盛を中心とする平氏一族でした。彼らが自分たちの氏神としてアイデンティティを託し、その象徴として巨大な社殿を造営した場所が、第一回瀬戸内デザイン会議の舞台にもなった厳島です。

ここまでで一旦まとめておきましょう。瀬戸内海は古来、海運の大動脈として非常に開けていた場所でした。八世紀の半ばには山陽道と南海道の米が瀬戸内海の海路を通じて京都に運ばれ、さらに十世紀頃になると山陽道の諸国の貢納物の多くがこの海路を辿って運ばれていきました。貢納物を各国から集めてくる瀬戸内海の海上交通は、律令国家にとって非常に重要な位置を占めていたのです。

瀬戸内の海賊たち

平安時代が終わり中世に入ると、今度は荘園制の発達に伴って瀬戸内海の沿岸に都の貴族や寺社の荘園が沢山つくられていきます。その荘園から輸送される年貢のための積み出し港、中継する港、年貢を受け入れる港といった新しい役割を担う港町が、古代律令国家時代に国が定めていた港に代わって発展していきます。荘園の年貢だけではなく穀物や塩、魚、あるいは木材や麻などの商品輸送も活発に行われ、諸国の産物を積んだ船が瀬戸内海沿岸から島々の間を縫って東西を盛んに往来していました。

また、瀬戸内海は国内物資の輸送だけでなく、日宋貿易や日明貿易など海外貿易の経路としても重要な役割を果たすようになっていきます。例えば室町幕府が行った日明貿易の遣明船は、瀬戸内の港町に所属する船を徴発して、船団を構成していました。このように外国からの公式な使節や商人など、海外交易を担う多様な属性の人々が瀬戸内海を行き交っていたわけですが、その実態はどんなものだったのでしょう。

例えば、山口県上関町には朝鮮通信使が立ち寄るための港が、幕府によっ

【図4：朝鮮通信使船上関来航図】

て設けられました。そこに船が寄港している様子を描いたものが江戸時代の『朝鮮通信使船上関来航図』〔図4・左〕です。この絵図を拡大すると、村上衆と書かれた乗船〔図4・右上〕が朝鮮通信使の警護、あるいは物資の輸送などを担っていたことがわかります。朝鮮通信使の案内役であった対馬藩主が乗る御座船〔図4・右下〕もおり、この船団が唐人橋と呼ばれる桟橋に向かっている様子が描かれています。

村上衆とは、中世から瀬戸内海西部海域に幾つもの島や氏に分かれて活躍していた村上一族です。朝鮮通信使を送迎したり、北九州付近に跋扈（ばっこ）する海賊から遣明船を警護していました。つまり、海賊が海賊と戦っていたわけです。自分たちが持っている水上輸送力と軍事力を使って、海賊から警護するか、もしくは海賊行為を働くかは彼らにとって表裏一体。その時々の雇い主によって対応を変えます。村上一族は非常に有名ですが、必ずしも瀬戸内海だけではなく、瀬戸内を超えた広域で活動していました。

そんな海賊衆たちから瀬戸内独特の地域権力の在り方が生まれてきます。香川県から岡山県にかけて二八の島々が連なる塩飽(しわく)諸島の中の本島に、塩飽勤番所跡という役所跡があります。ここでは室町時代以降、近世にかけて塩飽諸島にある二八の島々の行政を指揮していました。そこには『塩飽島中共有文書』という不思議な文書が残されていて、現在も石櫃に収められています。島々が共有する文書として他に例がなく、複数の文書がある中で特に重視されていたのが、織田信長や豊臣秀吉、豊臣秀次、徳川家康、徳川秀忠による朱印状です。つまり、この文書は塩飽の海賊衆と統一権力との結びつきの始まりということになります。

ではそこに何が書いてあるか。天正十八年(一五九〇年)の検地[*6]の結果を受けて、一二五〇石と認められた島々の土地を船方衆六五〇人に領地させるという内容でした。つまり、大名がその地域を治めるのではなく、なん

6――自分の領地にある田畑の面積や収穫量などを調査すること。

と六五〇人の船持ちの人々、いわゆる塩飽の海賊衆が所領支配の権利を代々受け継ぐという体制ができていたわけです。それがよく言われる「塩飽の船方衆は、大名にあらず、小名にあらず、人名なり」という言葉の意味するところです。大名ではなく、人の名と書いて人名株と呼ばれる領地支配の権利を海賊衆が持っていた。彼らは統一権力である幕府の保護下に置かれ、権力に対して水軍力を提供する代わりに、統一権力の支配下での航行の自由を保障されていました。そして江戸時代以降、彼らは幕府の御用船方として組織化され、大坂夏の陣や島原の乱では兵糧米や武器輸送に貢献するのです。

人や物が行き交う内海

江戸時代初期には、全国の藩から年貢米を効率的に運ぶための航路として、東廻り航路と西廻り航路［図5］が開発されます。既に瀬戸内や北九州など地域ごとの航路は整備されていましたが、それらの断片的だった

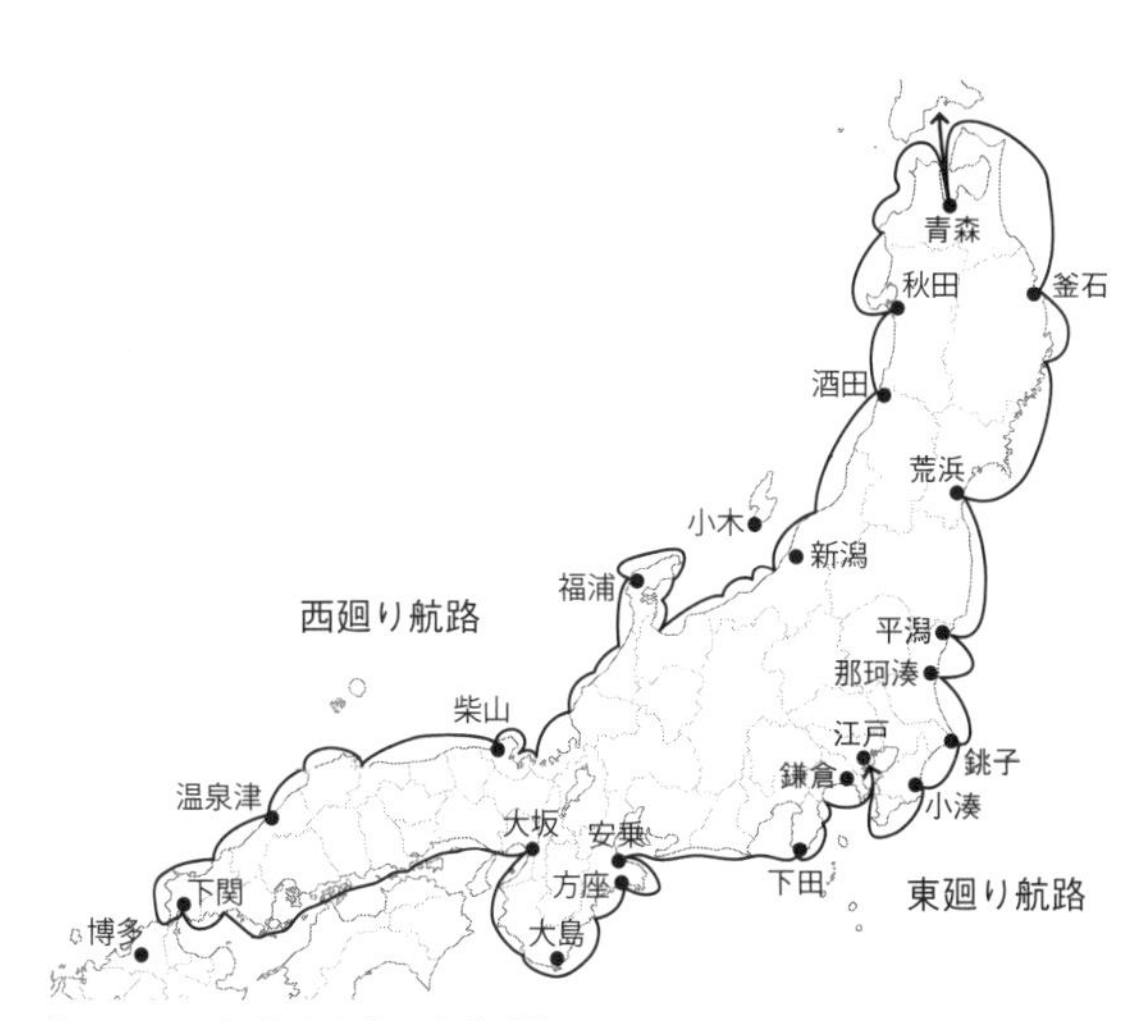

【図5：西廻り航路と東廻り航路】

海運を一つに繋いで日本全国を回る航路の整備は江戸時代以降でした。まずは東廻り航路が整備され、続いて西廻り航路が整備されます。この西廻り航路の整備に活躍したのも塩飽の船方衆でした。

十七世紀後半から十八世紀前半が塩飽の船方衆の最盛期で、幕府の直雇(じきやとい)という特権、非常に高度な航海技術、多数の堅牢な大型船という軍事力を用いて活躍します。しかし、徐々に幕府による直雇という方式が崩れてくる。民間の廻船問屋が増えて発展してきたのです。同時に各地で商品作物が活発につくられるようになり、年貢米だけではなく一般商品の輸送も西廻り航路を利用し始めました。これがいわゆる北前船で、主に蝦夷地（現在の北海道）からぐるっと日本海を回って瀬戸内海を通り、物資の集散地である大坂まで運ぶ経路です。その全盛期は幕末から明治にかけてになりますが、十八世紀以降も多くの物が運ばれていきました。

瀬戸内海を通過する時は、安全優先のため沿岸側を航海する地乗りと呼ばれるコースが盛んに利用されていました［図6］。この時期には沿岸にある尾道や宮島、竹原といった港町が栄えていきます。ところが時代が下るにつれて航海技術が発展してくると、より早く効率的に進むことができる沖乗りと呼ばれるコースが主役になっていきます。そうなると今度は、沖側にある

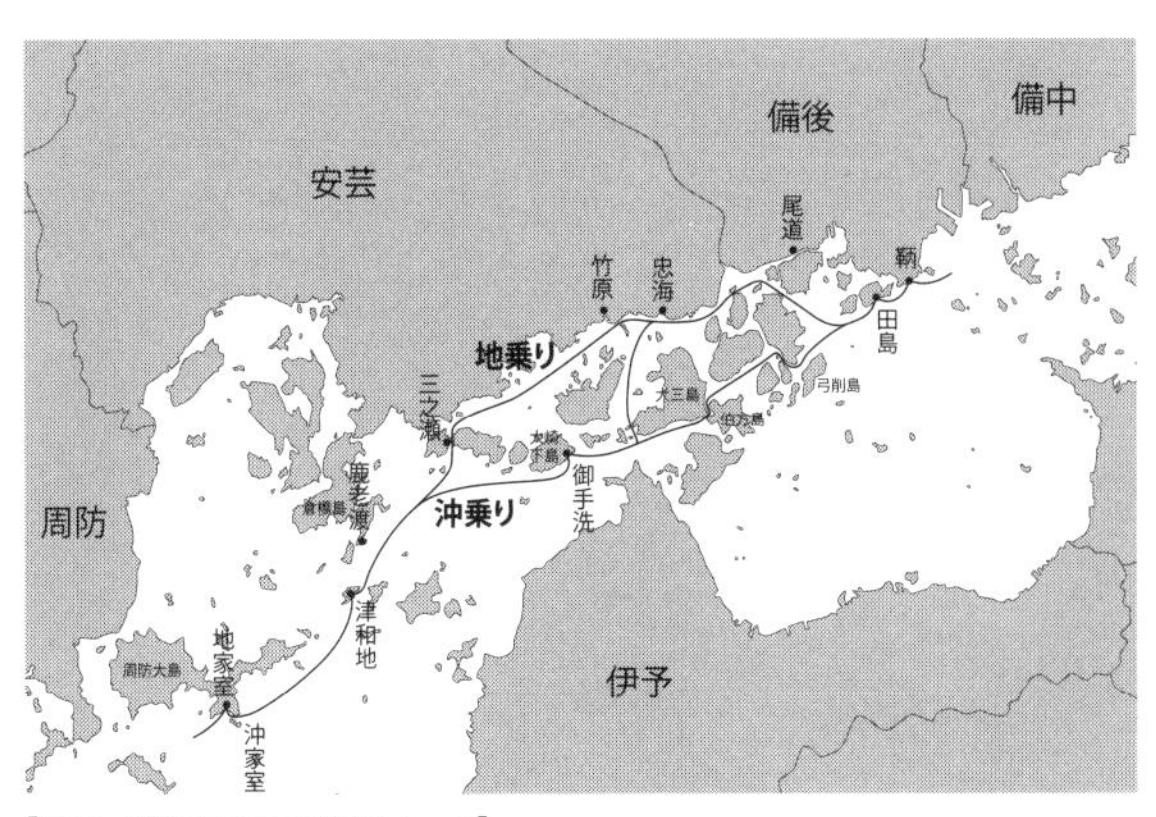

【図6：瀬戸内海の航海コース】

島々に風待ちや潮待ちをするための寄港地が必要になってくる。その寄港地が今度は港町として大きく発展し、人が集まってくるわけです。

近世に船方衆として台頭した塩飽の衆は、幕府の年貢米の輸送特権と結びつき、優れた海運力を育みました。彼らはその海運力を利用して、幕府の御用船方として西廻り航路の整備にも尽力し、瀬戸内の地域だけに留まらず活躍しました。一方、近世後期に北前船をはじめとする西廻り航路の民間利用が盛んになり、更には瀬戸内海の沖乗りコースが発展してくると、風待ちや潮待ちとして使われる自然条件を備えた港町が寄港地として発展する。外からお金や人が集まる活動の場となり、力を持つ港町が沿岸部から新しいエリアへと移っていき、奈良本辰也が「瀬戸内海の相貌がすっかり変わってしまった」と嘆いた以前の、非常に多くの人々や船、物が行き交った瀬戸内海が完成を迎えるわけです。

現在、瀬戸内という地域は水から引き上げられた切り花のように萎んでしまったと嘆かれていますが、そんな瀬戸内が切り拓くべき新しい局面がいかなるものか、この瀬戸内デザイン会議で話し合っていければと思います。

船

ゲストスピーチ

船の再発明　藤本壮介

セッション

「もうひとつの島」構想、始動　藤本壮介＋原 研哉＋福武英明＋白井良邦＋松田敏之＋神原勝成＋石川康晴＋御立尚資＋宮田裕章＋西山浩平＋高野由之

船の再発明

藤本壮介
建築家

モンペリエ、前橋、パリ、ブダペストでの実践

北海道の田舎で育ったこともあり、僕は自然と建築をどう関係づけるかをよく考えています。その上で敷地の気候や文化、建物の用途、これからの時代性といった歴史背景など、あらゆることを踏まえながら、建築を新しく再発明することを心がけています。幾つかの近作を紹介しながら、それが具体的にどういったことなのかを説明します。

フランスのモンペリエで集合住宅「L'Arbre Blanc」（二〇一九年）〔図1〕を設計しました。地中海沿いにあるモンペリエは冬でもテラスで昼食が取れるよ

【図1：L'Arbre Blanc】

【図2：白井屋ホテル】

うな温暖な気候です。この地域に住む人々は外で食事や昼寝、友人知人と会話するような大らかなライフスタイルのため、モンペリエという街が持つ風土や伝統を維持しながら、新しい「集合住宅」をつくることを考えました。

建物全面にバルコニーを大量に飛び出させた全景のインパクトに目がいきがちですが、これらのバルコニーは地中海性気候とそのライフスタイルを最大限に楽しむための居住空間「外部の部屋」の提案です。バルコニーを介して、親密でありながら適度な分節を伴った隣近所との関係性を生み出し、隣人同士が緩やかに繋がるようになっていて、新しいコミュニティの在り方だけでなく、集合住宅の新しいタイポロジーとして提案できたと思っています。

群馬県の前橋市では「白井屋ホテル」（二〇二〇年）［図2］を設計しました。RC造四階建ての既存建物の改修でしたが、設計中に施主が北側に隣接した敷地を取得し、新築棟もつくっています。

南側の既存棟では、元々あった床や壁を抜いて、四層に及ぶラーメン・グリッド［＊1］が露出した大きな吹き抜けをつくりました。その吹き抜けにはブリッジ状の廊下や階段を配し、宙空にレアンドロ・エルリッヒの「Lighting Pipes」が巡らされています。北側の新築棟は緑化した丘のようなヴォリュームで、外側の斜面が立体的に歩ける街路のようになっています。

1――ラーメン構造とは、柱と梁によって四角形または門型のフレームを構成し、その接合部が変形しないように一体化させて接合（剛接合）する構造。接合部を一体化せずに接合（ピン接合）する日本の在来軸組工法は別物。ここで言われるラーメン・グリッドとは、ラーメン構造のフレームをグリッド状に各水平方向に配置した状態のこと。ラーメンとはドイツ語で「額縁」を意味する。

【図3：Mille Arbres】

既存建物の吹き抜けと新築棟の街路によって、街のリビングのような場所をつくりました。

パリでは、凱旋門から超高層ビルが林立したビジネスエリアのラ・デファンスへ向かうシャンゼリゼ通りの延長線上となる歴史的な都市軸線にある敷地に、複合施設「Mille Arbres」［図3］が現在進行中です。「森を浮かべる」というコンセプトで、パリの高さ制限でもある三〇メートルの高さに森をつくろうとしています。

逆ピラミッド型のこの建築には、屋上や上層階に住居を設け、すぼませた中間層にはオフィス、ホテル、商業、バスターミナルなどを配することで、地上階を都市公園としてパブリックに開放しています。公園とはこのエリアでの快適な暮らしの要素であると同時に、パリとその郊外の間を緩やかに繋ぐものです。つまり、屋上と地上部に森をつくる「Mille Arbres」は、都市の境界をなくすといったグラン・パリ（パリ大都市圏構想）[＊2]の方針にも即したプロジェクトになっています。

先日、ハンガリーのブダペストに音楽ホール兼博物館「House of Hungarian Music」（二〇二二年）[図4]が完成しました。敷地はリゲットパークという歴史ある公園の豊かな木々が生い茂る森の中にあります。森に開かれ且つ森の中で音楽を聴くような場所をつくれないかと考え、森の木々の雰囲気や様相をそのまま建築に置き換えました。

直径約八〇メートルの大屋根を浮かせて穴をあけ、自然光が木漏れ日のように差す空間になっています。大屋根の下は、半外部空間を十分に取ることで周囲の森と繋がり、内部空間の大部分もガラスで囲われているため、常に視界に周囲の森が広がります。音楽ホールという建築でありながらも、庭や公園、光あるいは木陰でもあり、そして森である。そんな多義的な場所をつくれたと思っています。

大屋根の天井は三種類の金色のアルミパネルで覆われています。ブダペス

2――二〇一〇年に制定されたパリを中心とした都市圏の国際競争力強化に向けた都市政策。具体的には、公共交通網の整備、住宅建設、パリ郊外の十カ所の経済・科学拠点の整備などが挙げられる。

【図4：House of Hungarian Music】

トは音楽の街で、設計が始まってすぐにリスト音楽院という歴史のある音楽ホールと音楽学校に行く機会があり、メインホールの金色の装飾がとても素晴らしく、インスピレーションを得ました。また、新緑の季節や葉がなくなる冬場など、四季によって様々に変化する森の風景を考慮した時、どの時期にも調和する華やかな色としても金色が最適だと考えたのです。

本質的で且つ新しい「何か」

岐阜県の飛騨市では、この会議にも参加している宮田裕章さんが学長候補である「Co-Innovation University（仮称）」（以下、CoIU）[図5]を計画中です。「CoIU（仮称）」は日本各地十一箇所に地域拠点を設け、地域連携による共創（Co-Innovation）ネットワークを構築し、学生の興味や関心、取り組みたい地域課題に合わせて、自由に各地の地域拠点を選べるカリキュラムを実践する大学です。そのハブとなる本校キャンパスを飛騨につくります。飛騨というローカルに根ざしながら各地域とも連携し、更には世界中とも繋がることを同時に行える場所を目指しています。

建築は巨大な丘のような広場が屋根になっていて、すり鉢を半分に切った

【図5：Co-Innovation University（仮称）】

ような形状です［図6］。そのため、斜面が下がっている方角を向けば飛騨の街並みの風景が広がっていますが、その反対側を向くと、視線が切れて山しか見えなくなる。つまり、見えない故にその先を予感してしまうような感覚を起こす風景が広がっています。

飛騨の街は山に囲まれた盆地で、初めて行った時、自然と街に一体感とも言える親密さを感じました。まるで一つの広場にいるような感覚と同時に、山の向こうを常に意識させるような場所だったのです。ローカルという地域に向き合うことと周囲にある山の先の世界を予感させること、その二つをうまく建築に取り込

【図6：Co-Innovation University（仮称）】

みたいと考えて、この半すり鉢状の丘が生まれました。

この大学には図書館という決められた場所はありません。各機能以外の共用部となる回遊空間が図書館として機能する予定です［図7］。研究室から一歩出ると図書館になっているし、トイレに行こうとする時も図書館を通る。授業が終わって講義室を出ても図書館だし、エントランスから建物内に入ったらすぐ図書館……あまねく図書館が広がっているわけです。あらゆる場所が学びや刺激の出合いの場になっています。

また、その回遊空間は本が置かれているだけでなく、宮川という河川に開かれた場所もあれば、中庭に開

【図7：Co-Innovation University（仮称）】

【図8：飛騨古川駅東共創拠点施設】

かれた場所、ゼミ室の扉が列して人通りがある場所など、キャンパスの何処にいてもディスカッションできたり、インスピレーションに出合える。本が並ぶだけの読書や勉強する場だけでなく、様々なコミュニケーションを生むような場所こそが、これからの時代の図書館と言えるのではないでしょうか。

また、飛騨では「CoIU（仮称）」とは別に、飛騨古川駅東側に地域活性化を目指す共創拠点施設［図8］をつくっています。このプロジェクトも宮田さんと一緒に進めていて、「CoIU（仮称）」とも連携しています。飛騨古川駅周辺は、南西側にいわゆる伝統的な飛騨の街並みがあり、線路を挟んだ反対側には大きな公共施設が幾つか並び、この施設の敷地も大きな工場跡地になります。商業施設、温浴施設、子供の遊び場、「CoIU（仮称）」の地域拠点、学生寮、アート関連の機能などが複合した一〇〇メートル角の規模の大きな施設となる予定です。

飛騨の街の魅力の一つに、伝統的なエリアにある路地空間があります。そのため小さな路地の風景は街の中に沢山あるけれど、逆に大きな建築がある風景はこの街にありません。この駅東共創拠点施設と「CoIU（仮称）」で伝統的な街並みを挟むことで、人々のアクティビティを促して回遊性を向上させ、街全体の価値を高めることを目指しました。直径約一〇〇メートルの楕円形状の器のような屋根を載せ、飛騨には珍しい大きな建築の風景をつくりながら、同時に様々なヒューマンスケールの機能を内部に収めています。

屋根の下には機能別に分棟したヴォリュームを配し、その棟の間が路地となり、人々が自由に歩き回れるようになっています［図9］。中央付近に行くと屋根の勾配が地上付近まで下がっていて、そのまま屋根に上がることができ、巨大な屋外空間が広がっています［図10］。広大な丘のような屋根の広場は、飛騨の周囲の山並みに連続していく地形でありながらも、くりぬかれた穴からは多様な機能と活動が顔を出してくる。一つの器の中で様々なアク

【図9：飛騨古川駅東共創拠点施設】

【図10：飛騨古川駅東共創拠点施設】

【図11：2025年日本国際博覧会（大阪・関西万博）「大屋根」】

ティビティが共存し、関係し合い、響き合うような場所をつくりたいと考えました。

最後に、「2025年 日本国際博覧会（大阪・関西万博）」のマスタープランについて紹介します。

現在、建築面積（水平投影面積）約六万平米、内径約六一五メートル、一周約二キロメートル、外側の高さが約二〇メートル、内側が約十二メートルといった、巨大円形リング状の「大屋根」を木造で計画しています［図11］。「大屋根」は、万博会場に訪れる多くの来場者を夏の暑い日差しや雨から守りながらも、世界各国から集まったパビリオンを繋げて循環をつくり出す動線整理の役割も

3――懸造りは格子状に組まれた木材が互いに支え合い、衝撃を分散し高度な耐久性を保つことができる。

果たす必要があるため、形状はリング状を採用しました。

この世界最大級の木造建築は、柱同士の間に水平材を差し込んでくさびを打ち込む「貫」と言われる伝統工法を再解釈し、現代的にアレンジして成立させようとしています[図12右]。所謂、清水寺の舞台のような懸造り（かけづくり）[＊3]のイメージです。万博閉幕後の解体や移設、材の再利用を考慮すると、「貫」が有効だという結論に至りました。

リング状の「大屋根」の上は、万博の会場を見下ろすことができる公園のようになっていて自由に歩き回れます。最も外側は展望台のようになっていて、瀬戸内海の豊かな自然や夕日を浴びた風景などを眺めることができます。外周と内周で高さが異なるため、屋根面にはバンク（横傾斜）がつき、内側から外側への視界には余計なものが消え、ただ空だけが切り取られます[図12左]。その開けた空が円形であるかのような錯覚を起こし、あえて一つの空を意識させることで、来場者に世界中が空で繋がっているという感覚を持ってもらうことを期待しています。

幾つかの近作や現在進行中のプロジェクトについて簡単に説明しましたが、僕は常にその状況ごとに本質的で且つ新しい何かをつくれないかを考え、建築をつくっているのです。

【図12：2025年日本国際博覧会（大阪・関西万博）「大屋根」】

動く環境としての再解釈

今回の瀬戸内デザイン会議に誘っていただいた際、「船について考える」くらいのふわっとした話でしたが、僕は建築しかつくったことがなかったのでおもしろそうだと思い、早速ですが幾つか案を考えてきました。

まず瀬戸内といえば、やはり海に浮かぶ美しい島々でしょう。そこで、その島々を行き交う船も一つの島のような在り方になれないかと考えました。つまり、船のデザインではなく、「もうひとつの島」［図13］を考えたわけです。

海に浮かぶ「もうひとつの島」の上には緑の木々や山のような地形がつくられ、風景としては島の一部が洋上を移動している。あくまで島なので、形としては一般的な船よりも幅が広い方が理想です［図14上］。島の中には湖のようなプール、森の中の東屋(あずまや)、散策できる道、海に開いた入江、木々に囲まれた小さな広場、生い茂る森、プレイグラウンドがあり、船として最低限必要な操舵室や客室、ホールなども「白井屋ホテル」のようにランドスケープと複合させながら地形の中に収めていく［図14下］。船をデザインするというより、移動していく環境そのものをつくりたいと思いました。

【図13：もうひとつの島】

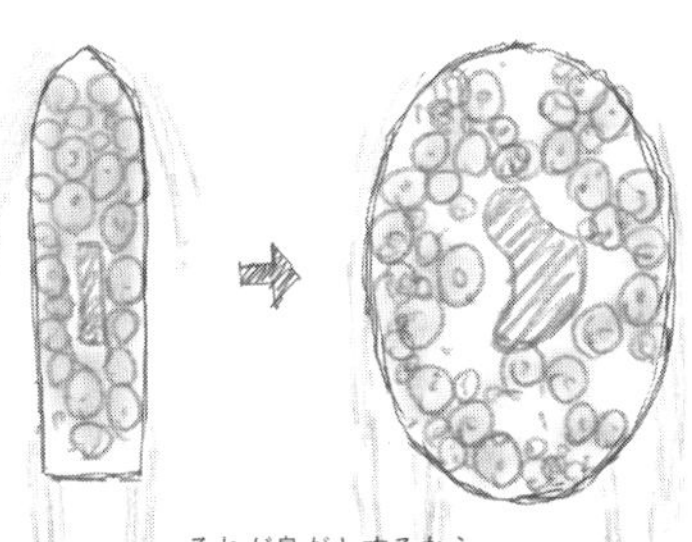

それが島だとするなら
もっと幅が広くて、丸い形の方が良いかもしれない

【図14：もうひとつの島】

【図15：もうひとつの海】

二つ目の提案として、瀬戸内の美しい海に「もうひとつの海」[図15]をつくってみてはどうかと考えました。規模としてどの程度のものがつくれるかはわかりませんが、浮いている島型の船の上に水面が広がっているイメージです。一般的に船とは、水の上を動いているのに、船内にいる時はあまり海を感じませんよね。だから、滞在中も海の近くに居られる移動体をつくってみようと考えたのです。勿論、「もうひとつの海」を見たり触れたりするだけでなく、外の海と両方を繋げるようなつくり方もありえるでしょう。

この場合はおそらく、船の形は丸い皿のような形状が良いと思います

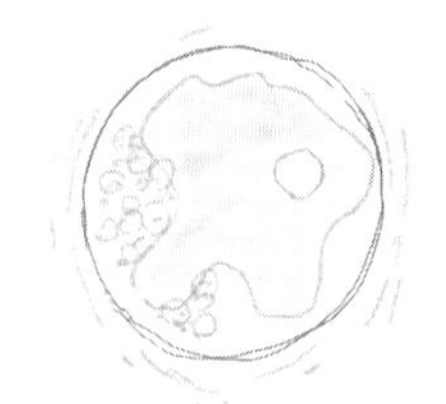

【図16：もうひとつの海】

［図16］。皿のような形の船体の中央に広大な水面がある。それを囲むようにビーチのような地形があり、そこに森などの自然もあれば、操舵室などの船の機能も設られています。内側の「もうひとつの海」には小さな島が浮いていて、そこがホールになっていてもいいでしょう。キャパシティの問題があれば、陸地に壁状に客室棟を立ち上げてもいいかもしれません。

今回、新しい宿泊型船舶というお題をいただき、船のデザインではなく、海に浮かぶ緑あふれる多様な環境として「もうひとつの島」、あるいは海に浮かぶ「もうひとつの海」といった動く環境を考えてみました。勿論、船の上にどんなアクティビティを載せていくかを考えることも重要ですが、言ってしまえばピザ生地をどうするのかをまず考え、船ではなく、むしろ海を滑るように動く環境を着想したのです。それが島のような環境なのか、水面とビーチなのか、あるいはそれらが合体した何かなのか……。このように宿泊型船舶を、船でなく動く環境として再解釈して考えていくと、発想の自由度が広がっていくのではないでしょうか。

セッション

「もうひとつの島」構想、始動

藤本壮介＋原 研哉＋福武英明＋白井良邦＋松田敏之
神原勝成＋石川康晴＋御立尚資＋
宮田裕章＋西山浩平＋高野由之

プロフィールはpp.382-396参照

未知に対する予感と期待

原　藤本壮介さんから提案された「もうひとつの島」構想に、皆さんもとてもインスパイアされたと思います。最初の著書を出された頃から藤本さんが描く構想の多くは、「森」というキーワードを出しながら、どちらかと言えば、混沌から秩序をつくっていくようなものが多かった。つまり、無秩序に見えるような森にも不確定な自然界の秩序があるように、混沌と秩序が同居するような建築の原理を再構築していく発想で、とても魅力的でした。

そんな藤本さんも今では、その発想が夢物語ではなく次々と実現している局面に来ているようです。その意味で、「もうひとつの島」のプレゼンテーションも、「こんなものがあったらいいな」という次元ではなく、「どうやって実現すればいいのか」とリアルにイメージしながら聞いていました。

瀬戸内国際芸術祭などで瀬戸内エリアは既に世界からも注目されていますが、新しい遊動の時代における「宿泊ゾーン」としての魅力は今一つ開花し切っていません。しかし、藤本さんが提案された「もうひとつの島」が実際にできると、島も海もまるで違うものとして見えてくるでしょう。日本の次の産業を考えると、この瀬戸内エリアは非常に大きな役割を果たしていくはずです。

例えば、瀬戸内国際芸術祭もベネッセアートサイト直島［＊1］の延長にありますが、その当事者でもある福武英明さんは瀬戸内エリアにおける船の役割についてはどのように見ていますか？

福武　まず、藤本さんのアイデアに感心したと同時に、この構想を実現するとなると松田敏之さんも大変だなと思いながら、プレゼンテーションを聞いていました（笑）。

僕らがこの十数年で実感した船の大きな役割の一つが「人の流れを生ん

1——瀬戸内海の直島、豊島、犬島を舞台に株式会社ベネッセホールディングス、公益財団法人 福武財団が展開しているアート活動の総称。

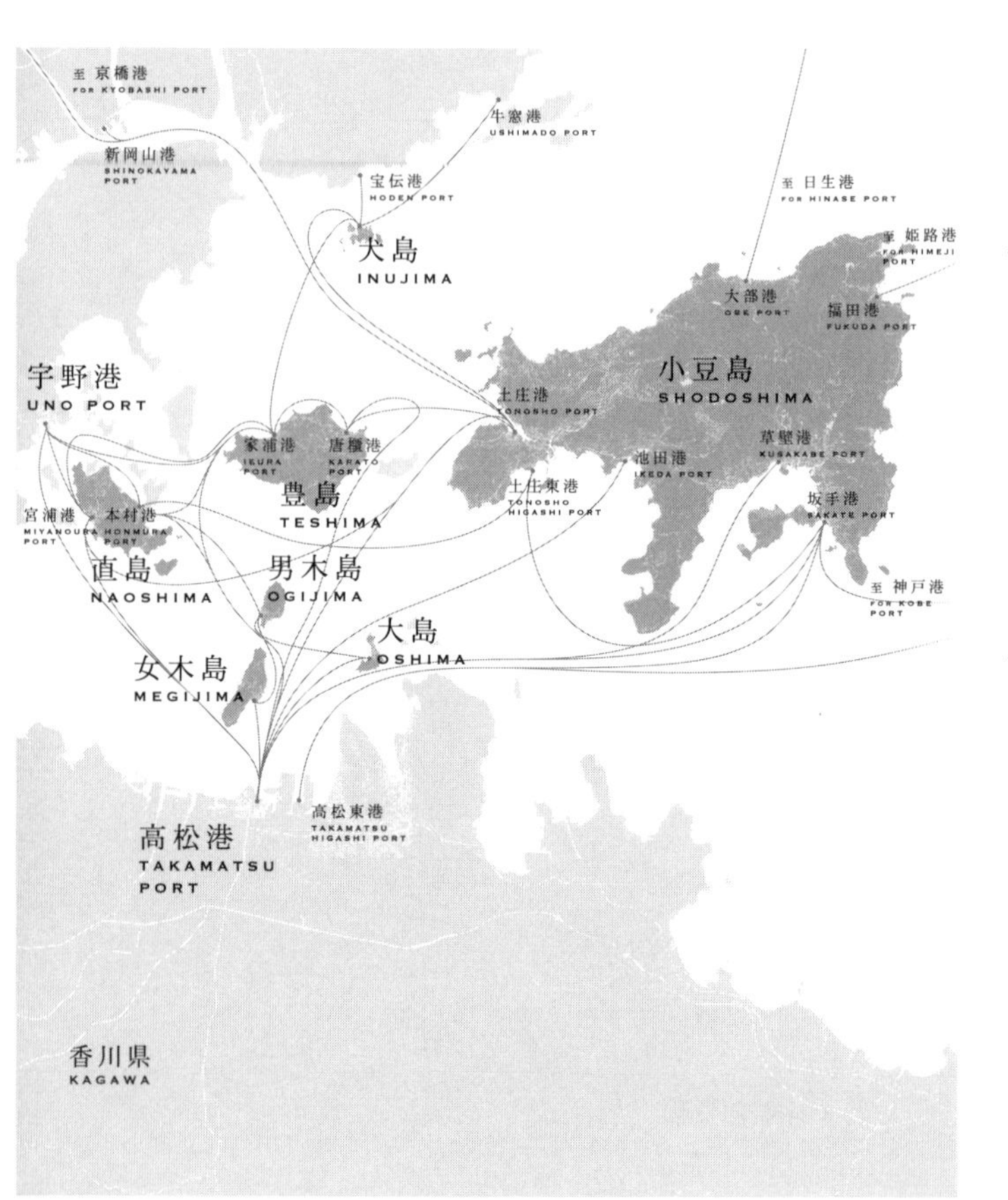

【図1：瀬戸内国際芸術祭に関わる、東部の島々を結ぶ主な航路】

だ」ということです。瀬戸内国際芸術祭が始まった二〇一〇年までの約二〇年間、「ベネッセハウス」や「家プロジェクト」「地中美術館」など、様々なアートプロジェクトを企画運営してきました。島がゆえに外界と一定距離を保った閉じた空間をポジティブに捉え、必然的に情報も制約される中でガラパゴス的に独自の文化醸成を目指してきました。それはそれで良かったのですが、瀬戸内国際芸術祭を始めた時に行政や組合に働きかけて臨時で船便や新規航路を増やしてもらうと、瞬く間に島間の周遊が生まれました[図1]。特に観光客だけでなく、住んでいる島民たちも周遊し始めたことが大きな変化でした。

島の人々は元々、自分たちの島でずっと生活しているため、例えば、直島の人はほとんど豊島に行かないし、豊島の人も直島に行かないといった物理的且つ精神的な隔たりがあったように思いますし、実際、島間の移動もほとんどありませんでした。しかし、瀬戸内国際芸術祭が始まって自分たちの島が主役になった時、他の島も芸術祭の島の一つであれば訪れてみましょうかと自然とプライドも氷解していき、同時に船が増えたこともあって大きな周遊が生まれたのです。

そのような船によって瀬戸内エリアに様々な新しい活動や経済が生まれて

きた経緯を見てきたから、今回構想される船がどのように人の流れを生む媒介になっていくのかには興味があるし、可能性が潜んでいると思います。

原　美術館だけではなく、場合によっては福武さんたちが船をつくるといった構想もありえますか？

福武　原さんのイントロダクションで「船を再定義しましょう」という話がありましたが、瀬戸内国際芸術祭を運営している中で実はあまり船を使った企画などには意識を向けていなかったと気づきました。皆さんのオリエンテーションや藤本さんのスピーチを聞きながら色々とアイデアは思い浮かんできたのですが、僕らは他人のふんどしで相撲をとりたいと思っているので、そのアイデアの船は松田さんにつくってもらおうと思っています（笑）。

原　『カーサブルータス』の編集に携わっていた白井良邦さんは前回の会議で、「グッゲンハイム・ビルバオ美術館」[＊2]について言及されていました。「ビルバオ」はその土地の人々から嫌われているけれど、その地方の経済を盛り上げた立役者でもあり、「失敗なんだけど成功なんだ」と。

2——建築家フランク・ゲーリーが設計した、スペインのバスク州ビルバオに建つグッゲンハイム美術館の分館。開館後の三年間で世界中から四〇〇万人がビルバオを訪れた結果、六億五〇〇〇万ユーロの経済効果がバスク州にもたらされ、二五％もあった失業率が六％まで減り、地域経済に大きな影響を与えた。

今回の藤本さんからの提案も、船という既成概念からすると明らかに異形です。島を浮かべるといったアイデアは学生から出てきた案にも近しいものがありましたが、海に海を浮かばせるというアイデアはさすがだと思いました。もし、そんな誰も見たこともない異形な移動体ができたら、世界はやはり瀬戸内海をもう一度見るでしょう。白井さんは藤本さんが提案した構想のリアリティをどのように感じられましたか？

白井　オリエンテーションで、数値に強い松田敏之さんがきちんとP／Lを見せ、バジェットは一五〇億円、客室は六〇～七〇室、一部屋あたりの客単価も十万円以上という我々に対する先制ジャブを撃っていたにもかかわらず、藤本さんが鋭いカウンターパンチを撃ち込んできたと思いました（笑）。

私も藤本さんがつくってきた建築をずっと見続けていますが、毎回必ず、人が想像する以上の建築や空間を実現されています。極論ですが、建築において構想を実現できるかどうかは与件次第です。特に施主の財力、気力、体力の全てが要求される。神原勝成さんも常石グループの社宅を藤本さんに依頼され、最初に出てきた案はバジェットを軽く超えて二転三転して今の形になったと聞きましたが、そういった施主の想像を超える構想を出してくる建築家が藤本壮介です。今回は試合開始早々に藤本さんと松田さんで互いに拳を交わされましたが、この二泊三日の会議を経て、皆さんからもどんな提案が出てくるのかを楽しみにしています。

今まで有名建築家が船を手がけた事例を思い返してみると、住宅の設計が多い建築家の堀部安嗣さんにあえて船を依頼するという「ガンツウ」のような稀有なケースを除き、あまりありません。世界を見回しても、ル・コルビュジエがつくった「アジール・フロッタン（浮かぶ避難所）」［図2・＊3］や、ザハ・ハディド・アーキテクツがイタリアの造船会社と共同で計画している小型のクルーズ船がありますが、それらは宿泊目的の客船というより、あくまでも難民救済船やプライベート・ユースでした。

藤本さんが提案された「もうひとつの島」を聞いて私が思い出した船は、ルイス・カーンがア

【図2：アジール・フロッタン】

3――救世軍の依頼により、ル・コルビュジエがコンクリートの石炭運搬船を、第一次世界大戦の影響でパリ市内にいた多く戦争難民を収容する船へと改修した。その後、世界恐慌や第二時世界大戦による難民の受け入れや、イベントなどにも利用されたが、一九九〇年頃には役目を果たして係留。二〇一八年にセーヌ川の増水によって沈没するも、二〇二〇年浮上され、復元工事される予定。

メリカ交響楽団のために設計したコンサート船「Point Counterpoint II」［図3］です。完成はカーン没後の一九七六年でした。船体中央がパカっと開くとステージが出てきて、港に横付けしてコンサートを催せるようになっています。

また、船ではありませんが、一九七五年の沖縄国際海洋博覧会で建築家の菊竹清訓さんが設計した「アクアポリス」［図4・＊4］も想起しました。最終的には中国に廃品として売られてしまったという経緯はありますが、日本政府が出展した「アクアポリス」は世界初の海上実験都市として世界中から注目されました。当時の人々が感じたであろう今までにないスケール、今までにない建築の用途への予感や期待は、私たちが藤本さんが構想した「もうひとつの島」から感じたものと同じようなものだったのではないでしょうか。

【図4：アクアポリス】

【図3：Point Counterpoint II】

4——菊竹清訓がメタボリズムの延長として人間環境の拡張を目指した構想「海上都市」を実現した、半潜水型浮遊式・海洋構造物。大きさは約一〇〇メートル四方、高さは三二メートル、総重量が一万五〇〇〇トンに及ぶ。

「もうひとつの島」のリアリティ

原　バジェット一五〇億円、客室六〇〜七〇室の船という与件を提示した松田さん自身は、藤本さんが提案した「もうひとつの島」をどのように受け止められましたか？

松田敏　勿論、素晴らしい提案だと思いました。今皆さんが乗船しているフェリーも水戸岡鋭治さんによる設計です。水戸岡さんに依頼する際も、予算や収容車両数、客室数などを事前に伝えて造船の計画を進めますが、予算で収まることはなかなかなく、いつも想定の一・二〜一・五倍になってしまいます。それまでのフェリーは車を乗せて運ぶことを主目的として、ついでに人も乗せていたようなものでしたが、水戸岡さんのデザインによって人が乗るための船に車もついでに乗せるという図式になりました。クルーズも楽しめるようなカーフェリーになっています。

そんな水戸岡さんと共に、両備のトップである小嶋光信の夢としてつくり始めたものが、今回の原案となるクルーズ船構想でした。その際に水戸岡さんから最初に出てきた提案のコンセプトが「ひょっこりひょうたん島」[＊5]です。海に浮かぶ島ということで、先ほど藤本さんから提案いただいたアイデアの一つに近いものでした。実際に船にどうやって木を植えるかも考え、私たちの船を使って木を載せて実験してみたのですが、意外にも海の上でも木が育つことがわかりました。つまり、藤本さんの構想も不可能ではないと思っています。

しかし、現実にはオーナーの思いだけでは事業を進めることができず、収支のバランスをうまく取らなければいけません。「もうひとつの島」は、まさに藤本さんが仰っていた「本質的で且つ新しい」ものです。今乗船しているフェリーも船でしかなく、決して想像の世界を超えるものではありません。「もうひとつの島」ができれば、先ほど私が提示した客単価一〇万円以上も二〇万円や三〇万円にできるかもしれないし、そうなれば客室数も六〇室でなく四〇室でいいでしょう。

原　ありがとうございました。力強いお返事だったと思います。しかし、藤本さんが提案された丸い形状の船を実際につくるとなると、きちんと接岸できるのか、船と認知されないのではないか、台風が来た時の安全性は

5——NHK総合テレビで放送されていた人形劇。劇中の舞台である漂流する島のモデルとされている一つに、広島県尾道市の生口島と愛媛県今治市の大三島との中間に位置する瓢箪島が挙げられる。瓢箪島は実際に瓢箪の形をした無人島で、国の登録記念物に指定されている。

どうするかなど、技術や法律に抵触してくる部分はあるようにも思えます。

神原　私も藤本さんの「もうひとつの島」構想はアイデアとしてぶっ飛んでいて、とてもおもしろいと思いました。原さんが指摘するように、漁業組合との関わりや沖で止めるときのアンカーをどうするかなど、気にする問題は多々ありますが、船としては成立すると思います。採算を考えずに言えば、技術的にも間違いなく実現できるし、瀬戸内海でも動かせるでしょう。

松田敏　船を考える際に、まずはどこを船で航行するかの前提が重要となります。オリエンテーションでもお伝えした通り、平水、限定沿海、沿海などの区域によって、つくる船のスペックが全く変わってきます。例えば、平水区域以外では木を使えないと考えていただいてもいいぐらいです。木を使用すると、例えば、航路を決める際にも、火事になった場合に燃え始めてからどのぐらいで近くの港に入れるかを計算して計画する必要があります。同様の理由で、遠くに航海もできません。つまり、「ガンツウ」のような木を使った船の仕様は裏技でしかなく、普通に考えたらあんな船は絶対につくれない（笑）。平水区域を航行する船であることは勿論、「ガンツウ」は常石造船の相当な技術力ゆえのミラクルと言えるでしょう。

一般的には、まずどんな航路を走りたいか、どんなサービスをしたいか、どんな船をつくりたいかを決めて、その可否を海事局に相談しにいく。新しいことをやろうとすると大概はダメ出しされますが、なんとか交渉して乗り切ったり、新しい技術を導入して解決していくしかありません。

構造、建造、航行などの現実的な問題をクリアすることが前提ですが、例えば、円盤状の船をつくるとしても、船底まで半球のように丸くする必要はありません。船底が丸いと前に進まないから、上部だけ空母

【図5：例えば、円盤状の船をつくるとしたら】

のように円盤にし、船底は通常の船のような躯体にすればいい〔図5〕。その場合、横に倒れた時に戻る復元性を担保するように、船底にヨットのような重りをつける必要があるでしょう。すると、喫水を深くする必要があるため、一〇メートル以上ある港でないと寄港できなくなり、小さな島の港には寄れなくなる……。このように形状や規模、区域によって制約が生まれ、その辺をどのように技術的に解決するかを検討や調整していかなければいけません。
造船所の船台が空いてることが前提ではありますが、神原さんたち常石造船が協力してくれるなら大丈夫だと思います（笑）。

原　接続する移動用の船にきちんと乗り替えることさえできれば、非常にゆっくり動く島でもいいわけですしね。「ガンツウ」以外にも海上で泊まれる施設ができると、瀬戸内は更におもしろくなりそうです。

船に乗って共に感動する

松田敏　先ほど福武さんが事業の機会を私にプレゼントしてくれましたが、せっかくの貴重な機会なのでそんなことを仰らず、両備だけでなく皆で一緒にこの計画を進められたらいいと思っています。

船は投資額が大きく回収期間も長いため、コロナ禍のようなリスクに晒されやすい事業です。しかし、例えば二〇〇億円で造船しても、ホテルのコンドミニアムのスキームのように、各部屋にオーナーを付ければ初期段階で投資回収できます。ニセコにある「パークハイアット」もそのような仕様になっています。今回も各客室にオーナーが付き、そのオーナーの方々が我々に客室を預け、使わない時だけ他のお客様を入れるというスキームにすればいい。それができれば、事業投資額やランニング費も変わってくるため、一気にハードルが下がるはず。つまり、皆さんが客室を買っていただけるのであれば、私としてはすぐにこの計画をやってみたいと思っています（笑）。

原　松田さんが考えられている経営スキームも、これから日本でたくさん出てきそうですね。

石川　松田さんから「一部屋どうですか」と提案がありましたけれど、本気でやるなら買いますよ。ただし、その際にはその客室には瀬戸内らしさを存分に感じられるようなものにすべきだと思います。

このプロジェクトにおいて、瀬戸内らしさとは何かと言えば、景色の変化でしょう。例えば、ニセコで素晴らしい絶景が窓から見える客室を買ったとしても、その景色は動きません。でも海に浮かぶホテルの場合、常に景色が変わってくる。固定されたフレームの中での季節という長い時間経過による移ろいだけではなく、景色そのものの変化に価値が生まれるでしょう。更に藤本さんが考えている森のようなホテルになれば、森の景色が刻々と変わっていくことになる。おそらく今まで人間が経験したことがない風景をつくることができるはずです。「海に浮かぶ海」も良いですが、個人的には「海に浮かぶ森」でも良いと思って聞いていました。

また、オペレーションを考えると、「ガンツウ」のような素晴らしいお酒と料理によるおもてなしをモノマネしても、おそらくコンセプトとして負けてしまいます。そこで例えば、自然環境の中で何かを学ぶといったサロンのような仕組みが入ってくると、宿泊拠点としても新しい方向性になるのではないでしょうか。藤本さんがつくる環境の中で、どんなオペレーションがありえるのかも、この二泊三日の会議の中で質の高いアイデアが出てくると期待しています。

原　船という概念から逸脱する部分に価値が生まれてくるのでしょう。つまり、海に浮かぶ不動産と考えてみる。ニセコの「パーク ハイアット」のオーナーであることも当然素晴らしいステータスになると思いますが、瀬戸内海に浮かんでいる島のオーナーとなると、ベンチャーに対する踏み出しが非常に勇敢である証しになり、また別の敬意を表してくれるかもしません。客室のオーナーだけでなく、この「もうひとつの島」にはお寺や学校があったり、あるいは酒蔵や温泉があったり、田畑もあって農業もできたりすれば、土地に対する投資の新しい可能性も開けていくでしょう。

もしそんな場所ができたら、宮田さんが学長候補の「Co-Innovation University（仮称）」（以下、CoIU）のサテライト拠点としても利用できるのではないでしょうか？

宮田　藤本さんの素晴らしい提案と、その提案に対する皆さんのポジティブな反応には感銘を受けます。原さんの仰る通り、「CoIU（仮称）」との連携も歓迎します。今から計画して急ピッチでつくれば、二〇二五年の大阪万博（日本国際博覧会）にも間に合うかもしれません。瀬戸内だけでなく、大阪も含めたこの海域のストーリーの延長線上に今回の構想を考えみてもいいでしょう。

一回性のある体験は強度のある感動を呼ぶはずです。石川さんが仰るように風景が変わっていく中で森の空間と夕日が溶け合えば、西方浄土信仰［＊6］のように、そこに広がる景色はまさに天国のように美しく、アートのような体験となるでしょう。大阪から瀬戸内に来る時にそんな景色を見ることができれば、その宿泊自体が強度のある体験となる。「ガンツウ」がそれまでなかった客船をつくった一方で、瀬戸内デザイン会議のコミュニティはアートに対して思い入れがあるハイクラスの方々なので、「ガンツウ」とは違うものができるでしょう。船に乗っていること自体がアートになるような体験をつくれれば、世界中を探してもどこにもない新しい体験が瀬戸内にあることになり、瀬戸内の財産にもなりえるはずです。

飛騨でも「CoIU（仮称）」や駅前施設を藤本さんに建築をつくっていただくわけですが、SNS映えだけを気にする人々が訪れる場所ではなく、その土地に暮らしている人々や先人たちが築き上げた文化を一緒に大切にできる人たちが集まるような新しいコミュニティをつくりたいと考えています。そんなコミュニティは学びを共にする中で培われていくことでしょう。この構想でも、船に乗って移動するだけではなく、船に乗って共に感動する、感動

6——人間の世界から非常に離れた西の彼方に極楽浄土（阿弥陀仏がいる安楽の世界）があるという仏教の考え方。

を共有するという価値が生まれてくればおもしろいと思います。

海の民は帰ってくるか

原　あっという間に話がガンガンまとまっていくあたりが、瀬戸内デザイン会議の素晴らしいところですね。

宮田さんから大阪万博にも間に合えばいいという話が挙がりましたが、たしかにおもしろい連携をつくれるかもしれません。場合によっては潤沢に間に合う必要もなく、今まで見たことのない未来が実際に完成すること自体が世界中の人々を鼓舞するわけだから、会期すれすれに完成するくらいの進行で、そのプロセスも世界中で共有できれば、投資意欲が一気に花開いていくかもしれません。このような構想を最短で具体的にまとめていくとすると、西山さんならどのような道筋を考えますか?

西山　二億円投資してくれる人を七〇人募ってみてはどうでしょうか。船の客室を所有したい人の予約リストをつくってみるのです。

松田敏 来月にでもオーナー候補となる方々に向けてアンケート調査をする予定です。例えば客室の広さはどれくらいがいいか、「ガンツウ」や「パークハイアット」のような客室の設えならどうか、どれくらいの予算なら投資する可能性があるかなど、どんな船の客室ならオーナーとして買いたいかをリサーチします。

土地は減価償却できませんが、船なら十四年ぐらいで全て償却できます。有効な節税対策としてモーターボートやヘリコプターを購入される方もいますが、はっきり言って所有しても初めの一、二回くらい乗ったら二度と乗っていないと思います（笑）。一方、きちんと運営されているホテルのコンドミニアムなら、年に一〜二回はリゾートとして利用すると思うので、利用しながら収益を生むことができるし、節税もできる。言ってしまえば、キャピタルゲイン［*7］も狙えるかもしれない。そんなスキームをつくった上で、アンケートの調査結果から、七〇%ぐらい部屋が埋まった瞬間に募集をかける方法を考えています。

西山 初回の七〇室の応募に間に合わなかった人たちには、二期や三期と、万博以降も島を増やすように計画してみてもいいでしょうね。ドイツのカッ

7——保有している資産を売却することによって得られる売買差益。

【図6：7000本のオーク】

セルでヨーゼフ・ボイス〔図6・＊8〕が参加型の植林プロジェクト「七〇〇〇本のオーク」を始めたように、瀬戸内海に皆で「もうひとつの島」をつくり続ける参加型の運動にしてしまう。環境負荷の少ない島を浮かべていくことを、不動産開発ではなく動産開発として考え、環境保全活動とも呼応しながら瀬戸内で活動してもいいかもしれません。

原　まず客室は何室ぐらい必要か、学校や畑、温浴施設をつくれないかなどのコンテンツを具体的に決めていく。その上で、移動体としては下部構

8――ドイツの芸術家であり社会活動家。「すべての人間は芸術家である」として、教育、政治、環境保護、宗教なども含んだ拡張された意味として芸術を扱った。ドクメンタ7（一九八二年）で発表した「七〇〇〇本のオーク」は、人々がオークと玄武岩をボイスから購入すると、カッセル市内にそのオークを植え、横に玄武岩を置いていくプロジェクト。環境保護に加え、人々の参加や経済の活性化という側面がある。ボイスは人間が自らの意思で社会に参与し、未来を造形することを「社会彫刻」と呼び、それこそが芸術であると提唱した。

造のみを船にして、上部は木を植えて森をつくり、真ん中には海をつくるといった構想のエンジニアリング面も詰めていく。それらが見えてきたら、西山さんが仰っていた二億円×七〇人で一四〇億円にするプランもあながち実現しそうな予感がします。

高野さんに伺いたいのですが、このような海に動く島型の独立した環境下においても、エネルギーの自給自足は可能でしょうか?

高野　さすがに島自体の動力エネルギーまでは難しいと思いますが、船上に載っている施設で使う電気や水に関しては、空さえあれば完全自給でき、ゼロエネルギーミッションの環境がつくれるはずです。船上に木を植えるのであれば、二酸化炭素を吸収して酸素を出してくれるため、この島が動けば動くほど地球が綺麗になるという仕組みになるのではないでしょうか。

御立　「もうひとつの島」そのもので採算をとるスキームは割と簡単に成立すると思います。

全ての大掛かりな地域開発は、不動産価格が資産になって儲かりますが、船の客室は残念ながら一〇〇年も保たないため、資産価格が上がり続けることはありません。どちらかと言えば、ワインみたいなものです。ではどうするか。まず皆でお金を出し合って、十個くらい無人島を買いましょう。それらの島には必ずアートを置き、船の航路はその十島を巡るように設定して、島の利用権と土地の値段を一〇〇倍にすればいいのです。

あるグローバルなホテルチェーンのビジネスモデルを見ると、大規模ホテルを開発する時は必要な敷地面積の倍の広さの土地を買っています。高質なホテルをつくったおかげで地域の価値が上がり、地価が上がった後に残っている半分の土地を売って益を得て、また次を買っていくというビジネスモデルです。このプロジェクトでも、島という資産価格が上がる要因をつくっていく必要があります。十島の無人島もオフグリッド化して完全自給できるようにすれば、その島の値段も上がるでしょう。

更に、できることなら島の周辺の経済まで見据えて、瀬戸内エリアを豊かにしたいですよね。例えば、海外のリゾート地によくある洋上で物を売りに来る小さな船のように、この地域の人々が船で「もうひとつの島」に商売しに寄れる仕組みをつくってもいいかもしれない。

もっと大きい夢を言えば、橋本麻里さんのオリエンテーションでも言及されていたように、瀬戸内に海の民を戻すことでしょう。高校を卒業して大阪や東京へ行くよりも、この瀬戸内で船で商売した方がおもしろいと思える人が増えたり、無人島を買って開発する若者が出てくれば、この地域を豊かにできる芽吹きになる。船だけでなく船が航行する地域にまで視野を広げて、地域の人々もこの構想のエコシステムに誘導できるフレームまで考えた方がおもしろいと思います。

宮田　まさに飛騨の「CoIU（仮称）」も御立さんが仰ったような発想で動いています。つまり、土地に関わる選択肢が移住と観光の二択だけでは、その土地に関わる人々はなかなか増えません。そこで、その土地に関わるプロジェクトをつくってみる。土地を買って開発することも一つだし、もう少しライトな関わりで言えば、その土地に仕事しに来るだけでもいいでしょう。例えば、船に乗ることで地域に貢献できるような仕組みです。船が動けば動くほど酸素を出すといったエコロジカルな貢献だけでなく、この船が瀬戸内海を巡るたびに地域に新しい経済圏ができあがっていく。そういったプロジェクトへの参加方法は学びであっても仕事であってもいいでしょう。縁を生んでいくものをつくっていくことは今後すごく重要だと思うし、私たちがやりたいこととも共鳴しています。

原　御立さんの提案で事業規模が十倍ぐらいになった気がします（笑）。でも、まさにその射程の長さが瀬戸内という地域が持つ可能性を表していると思います。橋本さんがオリエンテーションで比喩した、水から引き上げられて萎んでしまった花に水を与え、再び開花させられるかもしれません。

「何か」が動き始める神聖な瞬間

白井　このセッションのテーマは、新しい宿泊型の船を考えることでしたが、「新しい」とは何だろうと考えていました。デザインやコンセプト、運用で新規性をつくろうとも、ほとんど全てやられてしまっているような気もします。例えば、A地点からB地点、B地点からC地点と観光地を回るというクルーズ船の常識を、「ガンツウ」は「瀬戸内漂泊」に置き換えた点が新しかった。瀬戸内のどこの港にも寄らずにただただ彷徨う。それで未だに皆から支持されているわけです。

そんな「ガンツウ」のような革新的な船があるとすれば、観光地になるような船はどうでしょうか。観光地を巡るのではなく、その存在自体が観光地化している船です。世界中からその船を見に訪れる、もしくは拝みにくるといった信仰の対象となるようなものです。観光船でなく、今までにない観光地船ができたらおもしろそうだと、この会議の会場に向かっている新幹線で考えていたのですが、藤本さんから提案された「もうひとつの島」を聞いたら本当にありえそうだなと思えてきました。

福武　瀬戸内全体のバリューを上げることや新しい価値をつくっていく際、新しい航路を含めて、船の航路をどのように確保して設計していくかが重要になるでしょう。新しい航路をつくれば新しい繋がりができ、同時にそこに小さな経済圏が生まれるからです。例えば、七〇室の船一隻で瀬戸内全体の航路を網羅的に周ることは不可能だから、一艘一室の小さい船七〇艘で航路を確保してみる。分散的に航路をつくることで流れや繋がりを多数生み出し、全体的な価値を上げていくという方向もありえるかもしれません。どちらにせよ、松田さんには瀬戸内の海賊王になっていただかなければなりませんが（笑）。

松田敏　先ほど私が福武さんに「一緒にやろう」と呼びかけたわけですが、

全く話を聞いていただけていなかったんだなと思いました（笑）。しかし、松田は私ひとりではなくて、広島マツダの松田哲也さんもいらっしゃるので安心しています。

そもそも平水向けの船がなぜ少ないのかには大きな理由があります。事業を失敗した時に、平水区域用の船は世界中で売れないからです。限定沿海向けにつくっておけば、どこの国でも売れる船になるので、リスク回避のために平水向けの船をつくられないという実態があります。ただ、瀬戸内海においては、世界中を周遊できる仕様の船はオーバースペックになるため、そんな大仰な船をつくる必要もありません。つまり、この判断には経営者の覚悟が必要になる。

父親は「平水向けはさすがにリスクがある」と言っていました。一方で、私自身は「ガンツウ」をつくった神原さんと話をさせていただく中で、平水向けの船が増えてくることで瀬戸内の価値が生まれてくるのだろうと確信しています。木を使った船なんて世界でも稀ですし、リターン・トゥ・ポートも柔軟に対応できるなど、平水向けにすれば瀬戸内でしかできないことが沢山あるからです。

今世界で最高の船は「ガンツウ」だと思いますが、皆さんの知恵を結集させて「ガンツウ」に匹敵する船をつくれたら、この事業は成功すると思います。おそらく「ガンツウ」ともシナジーが出てくるし、ベトナムのハロン湾のようにそういった船が集積してくれば、そのエリアも優秀な観光地として見なされ、世界各地から人が集まってくる。つまり、福武さんが提案するように、皆が一艘ずつ船を持ったらいいいんじゃないかなというのが私の考えです（笑）。

事業を考える上で、夢を大きく設定して、そこに向かって邁進していくことはとても大事です。しかし、その中でどのようにバランスを取って着地させ、事業として成功させるか、今回のセッションで出た皆さんからのアイデアはそのヒントになりました。

藤本　僕は今回、初めて瀬戸内デザイン会議に参加しましたが、本当にすごいですね。こんなに強引に物事が決まっていくのかと、ワクワクしながら皆さんの議論を聞いていました（笑）。僕もぜひ実現に向けてお手伝いしたいと思っています。

石川さんが仰ったように、森越しあるいは水越しの風景が刻々と変わっていく体験は世界中を見渡してもありませんし、先ほど原さんがコンテンツの一つに温泉を挙げていましたが、海の上に湯気が立った温泉があり、更にその横にはまた別の海があるような、特別な環境もつくれたらおもしろそうだと思いました。

原　僕たちは今、とても大きな瞬間に立ち会ったと思うのです。「ガンツウ」を超えるというよりも、「ガンツウ」という素晴らしい実績によって刺激され、新しい発想が皆から生まれてきたわけです。アイデアとは転がり始めると雪だるま式にどんどん増えて大きくなっていきます。そんな「何か」が動き始める神聖な瞬間が今でした。日本で船を観光として使うアイデアの決定打が出てきていない中、それを生み出すエリアとして瀬戸内はこれ以上にない最適な舞台と言えるでしょう。前回の「蔵宿いろは」のみならず、実現させるべき新しい可能性を皆さんと共に転がしていきたいと思っていますので、引き続きよろしくお願いします。

ニューローカル

ゲストスピーチ　この街の日常は、誰かの非日常　岡　雄大

ゲストスピーチ　観光産業のインフラ整備　井坂　晋

セッション　教育がローカルを救う　岡　雄大＋井坂　晋＋石川康晴＋神原勝成＋青井　茂＋青木　優＋桑村祐子＋原　研哉＋御立尚資＋宮田裕章＋福武英明＋小島レイリ＋須田英太郎

ニューローカル

ゲストスピーチ

この街の日常は、誰かの非日常

岡 雄大

株式会社Staple代表取締役
株式会社Azumi Japan
共同代表

地域と共にある宿

僕はStaple（ステイプル）という会社を経営しています。ステイプルはホッチキスという意味ではなくステイプルフーズのような、その国や地域に必要不可欠な食やモノを表す言葉としてのステイプルから由来し、地域開発の事業をしています。一方で、前職で一緒に働いていたアマンリゾーツの創業者であるエイドリアン・ゼッカさん［＊1］と共に、旅館ブランド「Azumi」（株式会社Azumi Japan）を立ち上げ、旅館の企画運営にも携わっています。観光地や都市部とは違う、人口が減りつつある一次産業中心の地域での街づく

1――ラグジュアリーホテルブランド「アマンリゾーツ」の創業者であり、リゾートホテルの最高峰を提示し続けてき

りが増えていけば、国としてもより豊かになるはずです。そしてローカルが自信を持って世界に向けて自己表現していければ、都市一極集中ではない新しい経済発展の形になると考えています。

現在は広島県の瀬戸田という街を中心に活動していますが、生まれは実は岡山県で、その後に家族で渡米してアメリカで育ち、さらに東京へ移り……と転々としていたため、「地元はどこ?」と聞かれると、自分のアイデンティティやルーツについてしどろもどろになってしまいます。イタリアやスペインを訪れると、現地の人々が自分の地元がいかに素晴らしいかを語り、まるで世界で一番の場所のようにアピールしてくれますが、そんな方々と触れ合っていると、日本は素晴らしいけれど、自分にははっきりと地元と呼べる場所がないことに気づかされました。そんなコンプレックスを抱きながら、今ようやく瀬戸内に戻ってきました。瀬戸田という場所に出合って五年ほど経ちますが、この地域に携わることで自分のルーツや地元と呼べるような場所が一つ増え、それが自分のアイデンティティの根幹になっています。

瀬戸田は、広島県尾道市の生口島にある小さな街［図1］です。その瀬戸田の中に直径距離四〇〇メートル規模のしおまち商店街があります。一般的に街づくりとは県や市といった行政単位で語られることが多いけれど、僕らは

た第一人者。近年では新たなリゾートの価値観を提唱するホテルブランド「AZERAI」を創業。ゼッカ氏は一九五〇年代にジャーナリストとして東京に住み、箱根や伊豆の定宿に通う中で、亭主や女将などの宿の主が経営する、その土地に根ざした旅館という業態に魅せられたという。岡氏と協働する「Azumi」は、ゼッカ氏による旅館の持つおもてなしの概念の拡張でもあり、「アマン」で表現してきた贅沢さとは一線を画す「豊かさの再解釈」がコンセプトとなっている。

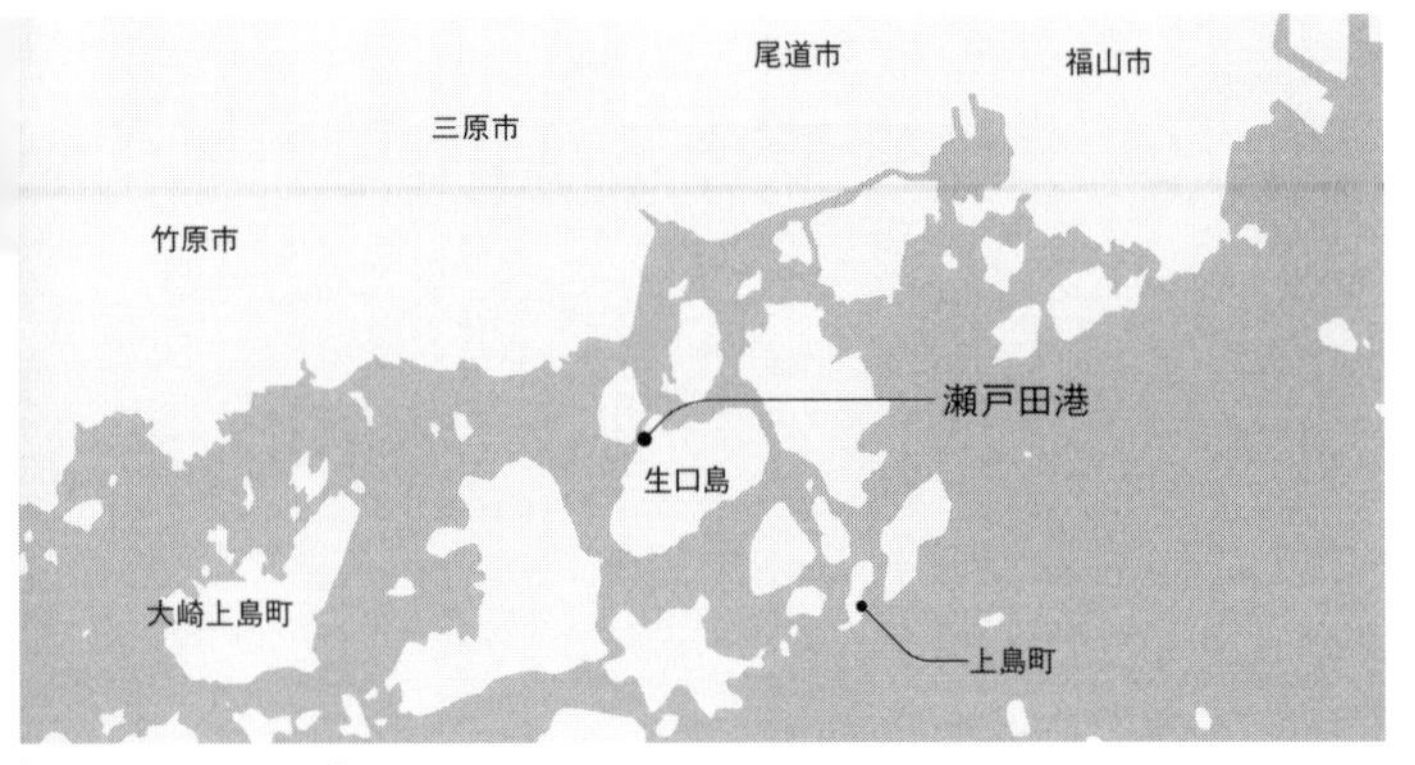

【図1：瀬戸田の位置】

街づくりで、歩いて一〇～二〇分で行けるコンパクトな範囲内に多様性を持ち込むことを試みています。例えば、東京ドーム一個分の規模では多様性を感じにくいけれど、街角のバーに老若男女、様々な国籍の人々がいるとその場所が美しい景色に変わることがある。そんなコンパクトな範囲に様々なコンテンツを入れ込むことで街を変えていけると考えています。具体的には、四〇〇メートル規模のしおまち商店街に、Azumi Japanとして客室二二部屋のみの旅館「Azumi Setoda」と銭湯とサウナがあるカジュアルな宿「yubune」をつくりました［図2］。その後、Stapleとして街のリビングルームというコン

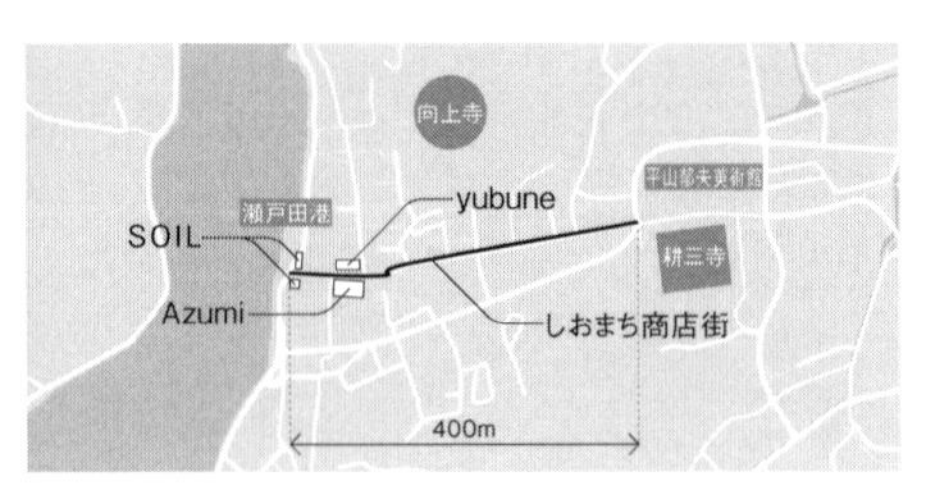

【図2：しおまち商店街】

セプトの飲食兼宿泊施設「SOIL Setoda」をつくり、現在、その先の街の発展フェーズに入っている段階です。

瀬戸田での開発は、四年前にせとうちDMOの井坂晋さんからお声がけいただいたことがきっかけでした。瀬戸田の風景は瀬戸内出身の方々にとっては普通かもしれませんが、暮らしの拠点を転々としていた僕にとっては、ノスタルジックで風光明媚に感じました。

初めて訪れた時、しおまち商店街は地方のなれの果てのようなシャッター商店街でした。商店街で唯一開店していたお店は花屋と酒屋だけです。花屋と言っても華やかなものとは言えず、お葬式や墓参りの花を売っているようなお店で、酒屋もお墓に添える缶ビールを売っているような状態でした。寂しさや悲しさを感じながらも酒屋に入ると、街が賑わっていた頃の古い写真が飾ってあり、酒屋のご主人が誇らしげに「五〇年前はこんなに人が溢れていて、すごい街だったんだよ」と話してくれたのです。自分に何かできることがないかと、胸が熱くなった瞬間でした。

また、井坂さんから堀内家という町一番の豪商の邸宅を紹介してもらいました。堀内家は九隻もの北前船で海運業を営み、更には地域の塩田で製塩業を営んで財をなした街一番の豪商です。商店街の真ん中に位置している堀内邸を見た時、「地域と共にある宿」といったイメージが湧き、この街でホテルをつくりたいと思いました。堀内邸が後の「Azumi Setoda」［図3・4］になります。

高級な宿をつくるけれど、大事にすべきは「この街の日常は、誰かの非日常」ということ。僕がイタリアのトスカーナに行って、その街で暮らすおばちゃんが洗濯物をぱんぱんと干してる姿にうるっときてしまう感覚です。瀬戸内の漁村の風景といったその場所の普通の暮らしが、誰かの非日常になりうる可能性がある。そんな体験こそが観光に値すると強く考えていたので、瀬戸田も世界に知ってもらう価値があると思いました。

世界地図に載せつつ、地域と友達になる

バリ島のウブドに、僕が以前関わってたアマンリ

【図3：「Azumi Setoda」外観】

ゾーツの「アマンダリ」というホテルがあります。このホテルには、現地の人々が親子三代が働いていたりもして、「〈アマンダリ〉へようこそ」ではなく、「自分が育ったウブドへようこそ」という感覚でホテルに迎えてくれます。ウブドは今となっては、フォーシーズンズやマンダリンオリエンタルのホテルもでき、乱開発気味になっていますが、当時はほぼ何もありませんでした。そんな地域にアマンが入ってきて、その地域のクラフトやアート、食文化に光を照らし価値を見出して、「アマンダリ」が誕生したのです。

一つのホテルをきっかけに世界中の方々からウブドを褒めてもらい、地域の人々が自分たちの文化に自信を取り戻すというストーリーを目にしてきた僕らは、堀内邸を通して瀬戸田という地域をグローバルマップに載せることができないだろうかと考えました。そして四年間の構想を経て、

【図4:「Azumi Setoda」内観】

二〇二一年三月に「Azumi Setoda」をオープンすることになります。

一般的なホテルの開発では一年半〜二年で開業を迎えていくものですが、「Azumi Setoda」は四年かかりました。そのおかげでホテル屋として生きてきた自分の「ここでホテルをやりたい」という単純な想いが、「もっと地域と密接に関わり合って地域を起こしていかなければならない」という想いに変わっていきます。その理由の一つが地元の人々の声でした。

井坂さんや尾道市から、地元の人々の声を聞いてもっと地域と関わった上でこれから街がどうなっていくべきかを語った方が、僕らが目指す「地域と共にある宿」ができていくのではないかと提言いただきました。四半期ごとに地元の人々と対話する場を設け、三年間続けてきました。当初、外からすごいホテル開発の業者が来て瀬戸田を荒らすらしいと興味本位で来た方々が二〇人近くいたのですが、三年かけて最終的には二〇〇人ぐらいの地元の方々が集まるようになり、皆が街の未来について語る場となりました。不動産、IT、街のビジョンなど、テーマを毎回変えて議論して、時にただただ飲んで仲良くなっていく。その過程で、住民だけでなく地元の企業や、瀬戸田と尾道を繋ぐ二次交通を担うJR西日本まで関わっていただけるようになりました。

地元の人々の声に耳を傾けていく中で、「Azumi」を通して地域の価値を上げることや世界地図に載せるという高さをつくることだけに尽力しても、いずれその価値は追い抜かれてしまうことに気づきます。そして、小規模地域に多様性を持ち込むためには、まず地域がそれを受け入れないといけません。そのためにはAzumi Japanとして世界地図に載せる高さをつくることと同じくらい、Stapleとして横に広げることが重要になります。つまり、友達になったり一緒に仕事をするなどの交わりを通じて、僕らに対する需要規模を三次元的に拡張していく必要があると思いました［図5］。

例えば、瀬戸田の素晴らしさに気づいた弊社の若手がプロジェクトの開発担当者として実際に引っ越したのですが、彼らは弊社の仕事だけでなく、街の便利屋として、地元の方々のトイレや冷蔵庫が壊れた時に修理業者を手配するといった仲介役としても働き、徐々に街に馴染んでくれました。その結果、僕らが以前お願いしても断られていた瀬戸田港の玄関口にある築一四〇年の元塩蔵の建物を購入させていただけることになったのです。彼らが地道につくった地域との信頼関係、横の広がりのおかげでしょう。その建物には、地元の人々や観光客が集まる街のリビングルームになるような飲食兼宿泊施設「SOIL Setoda」［図6・7］をつくることができました。

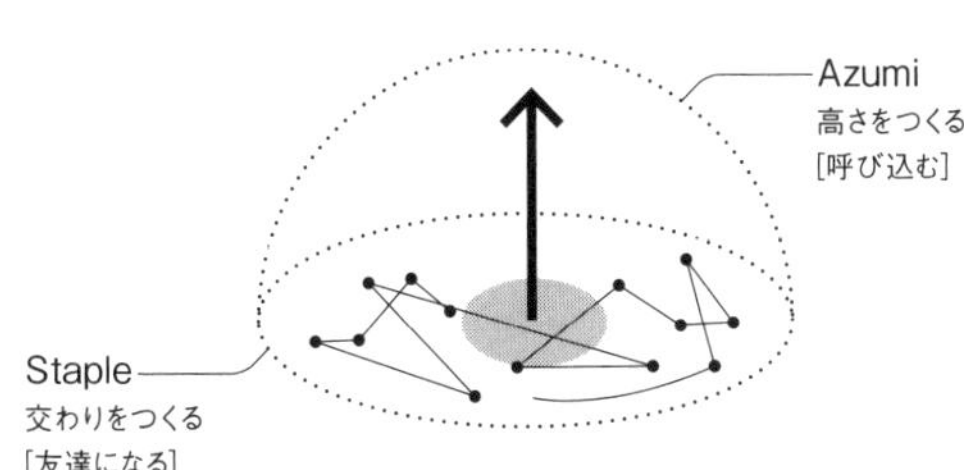

【図5：需要の三次元的拡張】

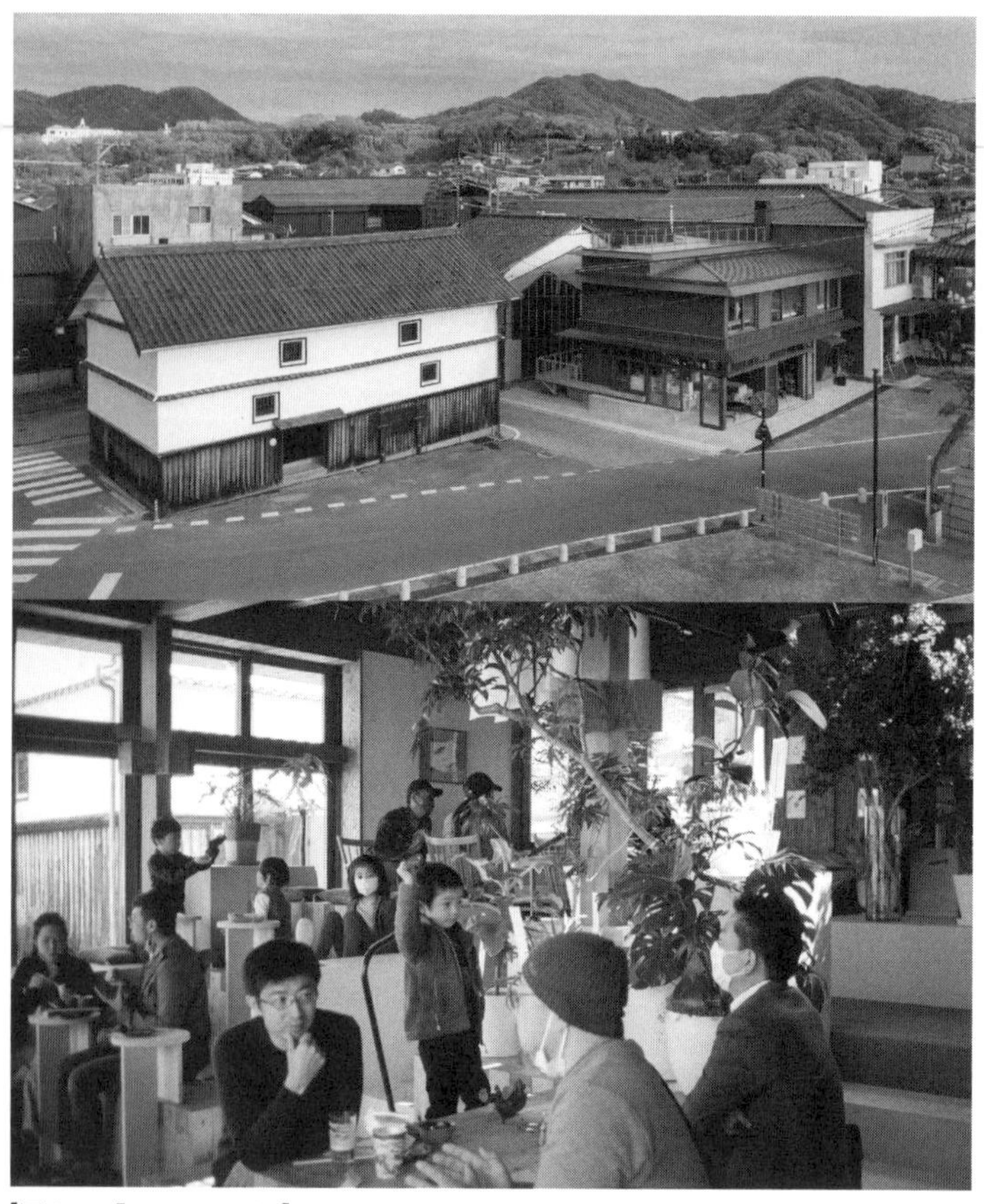

【図6・7：「SOIL Setoda」】

行き着いた先は教育

しおまち商店街という四〇〇メートル圏内に幾つかのプロジェクトができ、街がおもしろくなってきたせいか、瀬戸田に暮らしてみたい、瀬戸田で何か挑戦してみたいという流れが少しずつ生まれ始めています。特に二〇〜三〇代の方に多く、一年のうちの一〜二カ月滞在する方も増えているし、完全移住する方もいます。

しかし、商店街はまだまだシャッターだらけの状態です。二〇二一年まではローカルを世界地図に載せることを目標に活動していましたが、コロナ禍でまだまだ海外のお客様は来ていないとはいえ、多数のメディアにも取り上げていただけたこともあり、ある一定の目標は達成できたので、現在は瀬戸田の街の活気を取り戻すことに注力しています。

例えば現在、東京のデザイン事務所Puddleと協働して、「ショップハウス・プロジェクト」［図8］を計画中です。弊社同様、Puddleにも瀬戸田に移住したスタッフがいます。彼らと一緒に、直径四〇〇メートルの範囲の中に一〇軒ほどの住宅兼商店を開発しています。塩害がある瀬戸田で採れる木材

住宅
商店

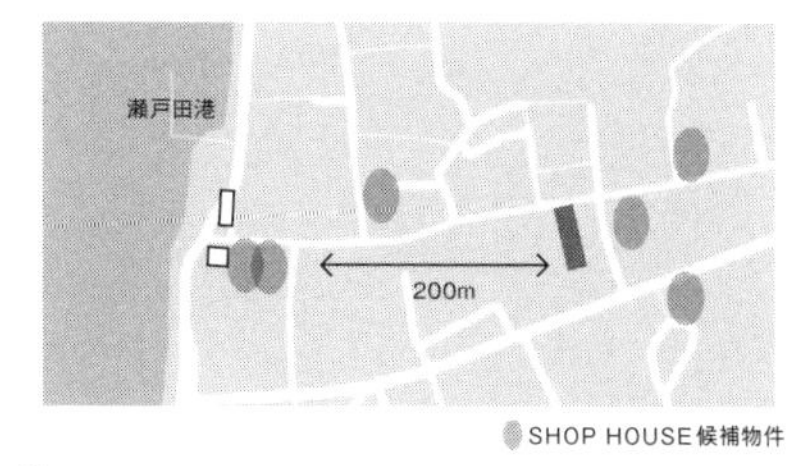

【図8：「ショップハウス・プロジェクト」】

は建材として使えないため、林業が盛んな岡山県西粟倉村と提携し、西粟倉の木材を使っています。一階に生活が垣間見えるような商店、二階に移住してきた方々の住宅を配したユニットをつくり、それらをしおまち商店街に展開し、街の地上階レベルで人々の賑わいを取り戻そうとしています。

　また、ホテル開発から携わり始めた瀬戸田ですが、更にもっと長いスパンでこの地域について考えると、最終的には教育に行き着きました。今住んでいる二〇～三〇代の人々の子供たちが将来自分の子供を育てる時に、教育の水準が低い理由で瀬戸田から移住したり遠くにある学校に通わせる必要がないように、瀬戸田ならではの教育を用意してあげたい。その教育の延長線上には、この瀬戸田で新しく事業を始める人も出てくると思います。そんな機運を高めることで、初めて地域は上昇気流に乗れます。

　島には小学校が二つありましたが、そのうちの一つが廃校になってしまいました。高校の生徒数もどんどん人数が減ってきています。ただ一方、三〇代の若い方々が移住してくれて、この地で新しい挑戦をする機運が高まっていることも事実です。この島は自然豊かで、都市部ではなかなか提供できない就学就労の機会もあります。やはり地域が長く生き残っていくためには、その地域ならではの教育を見出すべきでしょう。

そこで現在、僕の頭の中で構想としている教育は三つあります。一つ目は「瀬戸内ホスピタリティスクール」。瀬戸内エリアでこれから観光に関わる新しいプロジェクトが続々と立ち上がっていく中で、ホスピタリティ人材の不足は慢性的課題と言えるでしょう。海外のリソースにも頼るべきだし、日本国内でもこの産業を目指す若者を育てていかなくてはいけません。瀬戸内のホスピタリティスクールの出身者が日本の未来のおもてなし文化を築き上げていくことを目指した学校です。

二つ目は「瀬戸内ブルースクール」です。バリ島のど真ん中のジャングルにあるグリーンスクール［*2］は有名ですが、瀬戸内の場合、海洋資源が豊かな地域のため、海から学ぶサステナビリティ教育という可能性を見出せるだろうと考えました。

三つ目は「瀬戸田商店街スクール」。子供の頃からビジネスに挑戦する商店街スクールがあってもおもしろいと思います。詰め込み型教育［*3］はオンラインで行い、実践を商店街で行ってもいいのではないでしょうか。

どの学校も大箱をつくる必要はなく、そこにしかないエッジの立った教育コンテンツをつくればいいと思うのです。今は二〇～三〇代の若者が瀬戸田の移住者のメイン層ですが、将来、子供がいる家族など異なる世代も移り住

2——自然環境の中で、語学をはじめとする基本的な教育から環境問題やリーダー育成などの教育まで学べるインターナショナルスクール。カナダ人の企業家ジョン・ハーディー氏によって二〇〇八年に設立された。

3——膨大な勉強量によって基礎学力の早期取得を目指す教育や、暗記などによる知識量の増大を重視した教育。

み始めた時、街が新たなフェーズに入ると思っています。

僕はホテルを企画運営したり、商店街の未来も少し語れますが、学校をつくるなんてことは、構想できても実践としては皆目見当もつきません。しかし、あえて瀬戸内デザイン会議という場を借りて、皆さんに想いをぶつけさせてもらいました。様々な才能が集まる場で投げかけることで、ひょっとしたら何かが動くのではないか。そんな淡い期待を抱きつつ、学校をつくりたいという想いをシェアさせていただいたところで、僕のスピーチを終えたいと思います。

観光産業のインフラ整備

井坂 晋

瀬戸内ブランドコーポレーション
代表取締役

「瀬戸内」を支える二つの組織

私は岡雄大さんのような世界を股にかけていたわけでもなく、広島生まれの広島育ちで、一九九四年に広島銀行に入行し、現在もずっと広島にいます。二〇二一年より瀬戸内ブランドコーポレーションの代表取締役に就任しました。この会社はせとうちＤＭＯ[＊1]という組織の一部になります。せとうちＤＭＯは、観光客に対して瀬戸内をプロモーションする「せとうち観光推進機構」と、観光客が来られて観光客にサービスなどを提供される事業者をサポートする「瀬戸内ブランドコーポレーション」といった二つの会社で構成

1――ＤＭＯはDestination Management Organizationの略称で、観光地を活性化させて、地域全体を一体的にマネジメントしていく組織のこと。政府が提唱する「まち・ひと・しごと創生基本方針2015」において、地域内の官民協働や広域的な地域連携により魅力ある観光地域づくりを行う事業推進主体として期待されている。

された組織です［図1］。

せとうちDMOは二〇一六年に創設されましたが、つくられるきっかけは二〇一二年から約十二年前まで遡り、現在の広島県知事の湯崎英彦さんが発表した「瀬戸内 海の道構想」でした。瀬戸内海を囲む七県（兵庫県、岡山県、広島県、山口県、徳島県、香川県、愛媛県）をまとめて世界に発信し、瀬戸内ブランドを確立していくといった内容です。当時は瀬戸内のイメージがまだ現在多くの人々が抱いているようなものではなく、太平洋工業ベルト地帯というイメージが強かった。瀬戸内という言葉を聞いた瞬間、美しい景色が広がるような状況をつくっていくことが、私たちの最初のトライだったのです。

まずは幾つかのテーマを設定しました。クルーズ、サイクリング、アートといった瀬戸内を体験できるテーマや、食、宿、地域産品といった地域

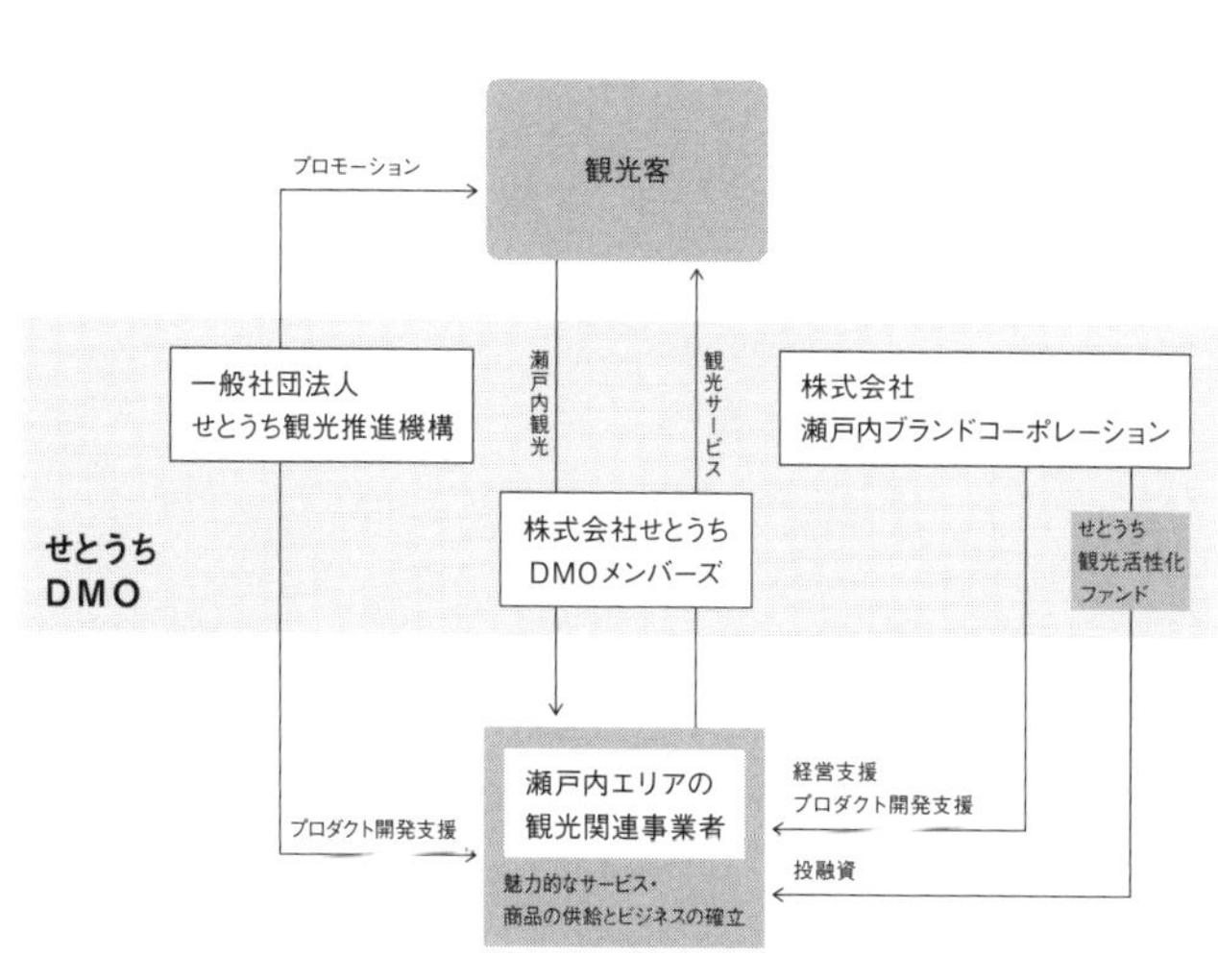

【図1：せとうちDMOの組織図】

の特色を出しやすいテーマです。これらテーマに「多島美景観／まちなみ景観」「地域に根ざした文化・芸術・産業」「独特の食材／農林水産物」といったストーリーを乗せることで、瀬戸内ブランドを五感で感じてもらう取り組みをしています［図2］。

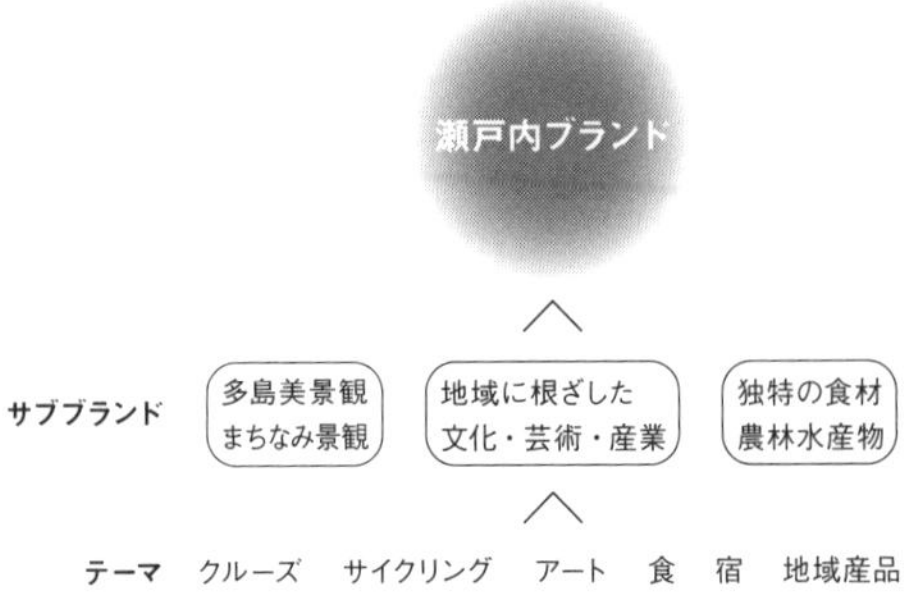

瀬戸内ブランド

サブブランド　多島美景観 まちなみ景観　地域に根ざした 文化・芸術・産業　独特の食材 農林水産物

テーマ　クルーズ　サイクリング　アート　食　宿　地域産品

【図2：瀬戸内ブランドを想起してもたうためのテーマ設定】

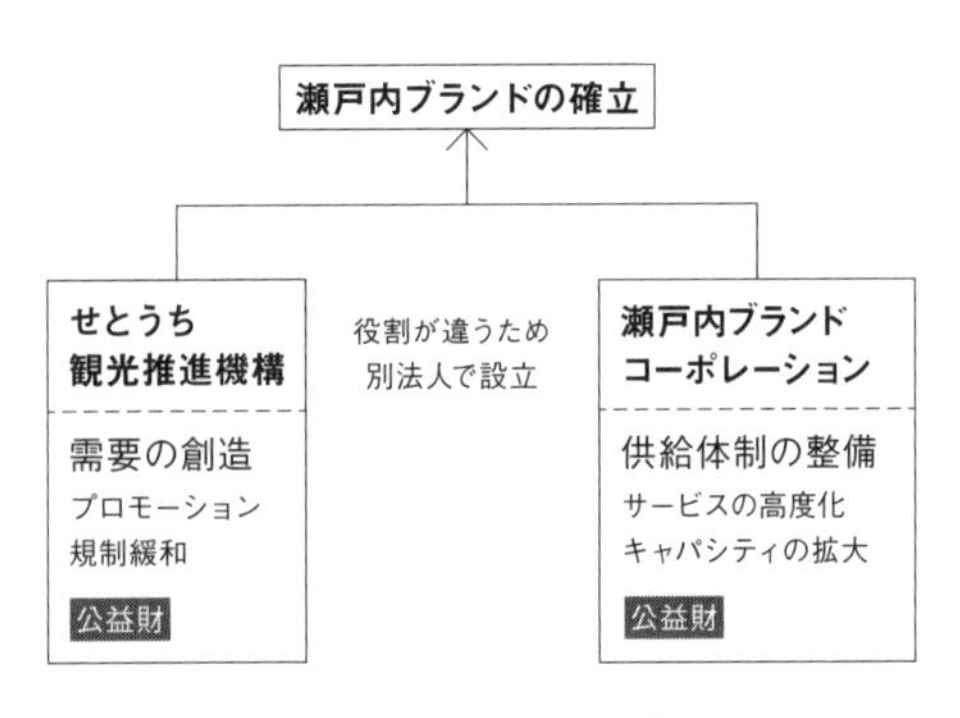

【図3：瀬戸内ブランド確立のための2軸】

しかし、プロモーションだけでは地域は育ちません。瀬戸内ブランドを確立するためには、需要をつくっていくプロモーションや規制緩和と、サービスの高度化やキャパシティの拡大といった供給体制の整備の二本柱が大事です［図3］。それぞれの役割に見合う組織として、せとうち観光推進機構と瀬戸内ブランドコーポレーションがつくられました。

当初は一つの組織として活動した方がいいのではないかという意見もありました。しかし、せとうち観光推進機構には行政側のお金も入っているため、一つの組織になってしまうと、地域への投融資する際に行政から色々と口を出されてしまい動きにくくなる可能性がある。そこを懸念して、せとうちDMOとして一体の動きをしつつも別法人にしたのです。

せとうち観光推進機構は観光客に向けたプロモーションを担っている組織で、現在になってようやく瀬戸内が工業地帯というイメージから脱却できたと思っています。雑誌でも瀬戸内が特集されたり、海外でも世界で行くべき観光地としてアナウンスをしてもらえるようになりました。

一方、私ども瀬戸内ブランドコーポレーションは事業者のお手伝いをしています。具体的には、「ガンツウ」をはじめ、現在ホットな淡路島エリアにある「KAMOME SLOW HOTEL」や、岡さんたちが取り組む「Azumi

Setoda」「yubune」がある瀬戸田エリアなどに投融資しています。二〇二〇年にオープンした「四国水族館」や、二〇二二年一〇月にオープンする「ヒルトン広島」も観光資源として重要な役割を担っているため、そういった大規模事業にも投資しています。また、「サイクルシップ・ラズリ」に関しては、事業者への投資ではなく私たち自身が船を所有して、エリアの価値を高めるお手伝いもしていますし、庄原市の備北兵陵公園におけるグランピング施設の開発事業を支援したり、尾道の老舗旅館「西山別館」を引き継いで運営するなど、サポート内容は投融資をはじめ、経営やプロダクト開発も含めて多岐にわたっています。

政策は担保になるのか

当初から瀬戸内を世界一の観光地にしていくことが目標です。ただ、観光地になるためには観光産業を集積していかなければいけません。そのため、現在は二軸で活動しています［図4］。

一つは観光地づくり。観光地づくりでは、まず食、宿、物販などの事業者の皆さんと共にその地域の象徴となるものをつくり上げ、それを中心にヴォ

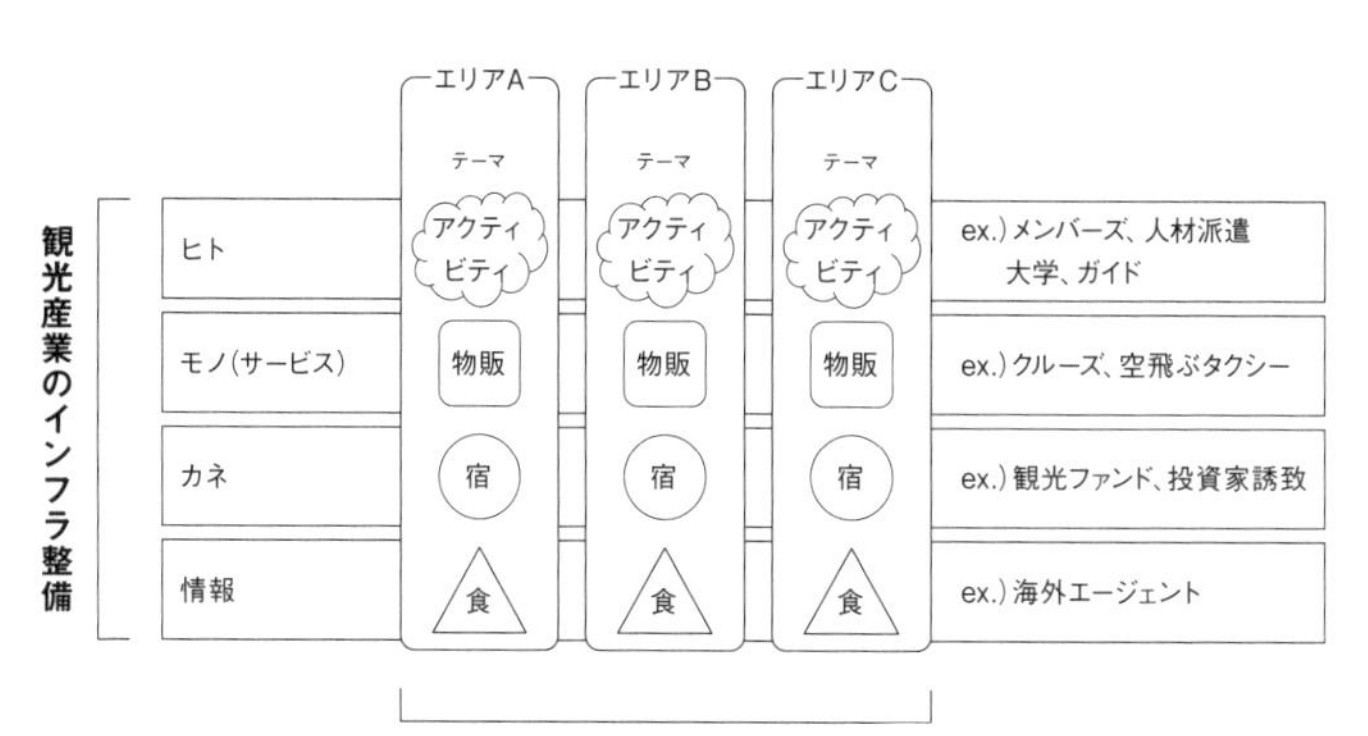

【図4：観光産業の集積地＝観光地づくり×観光産業のインフラ整備】

リュームを出してエリア化し、最終的に瀬戸内各地にできたエリアをルート化していきます。今、瀬戸内各地でこのような取り組みのお手伝いをしたり、私自身も一プレイヤーになりながら進めています。

岡さんが取り組まれている瀬戸田はまさにエリア化した良い例だと言えるでしょう。エリア化の効果とは、実は新しくつくった施設だけがその恩恵を得られるだけではなく、従来からある施設も再度活性化されます。瀬戸田でいえば、平山郁夫美術館や耕三寺などの従来からある施設が、しおまち商店街をつなぎ役として、新しくつくられた「Azumi Setoda」「yubune」などと融合しながら新たなエリアとして確立したわけです。

観光産業の集積としてもう一つの軸となるものが、観光産業のインフラ整備です。瀬戸内エリアは元々工業地帯として自動車や造船といったあらゆる産業がありましたが、その裏にはそれら産業をしっかり支えるインフラが整備されていました。しかし、瀬戸内の観光自体はまだ成熟しているとは言えないため、観光産業のインフラを整備することも私たちの仕事として位置づけています。

ではいったい何をしたのか。私たちはまず最初に金融面でのインフラ整備に取り組みました。実は観光業界に対する金融は未整備の状態なのです。なぜなら、一般的に観光産業に対して金融側は「多額の資金が必要」「収益性が弱くて自己資本が薄い」という色眼鏡で見ているからです。観光産業の構造上の特性とも言えるのですが、大型の施設や設備を要するため多額の投資が必要となる一方で、労働集約型産業のため利益率も悪くて売上も不安定だから、金融機関としてもお金を貸しづらい。更に言えば、金融機関側の多くがリゾート法[*2]で失敗している過去があります。宮崎のシーガイヤ、長崎ハウステンボスなど、リゾート法の時代につくられた観光施設が見事に失敗しているため、金融機関の人々は観光業界に及び腰になっているのです。

2――一九八七年に制定された総合保養地域整備法の通称。国民の余暇活動の充実、地域振興、民間活力導入によでは日本で観光地として伸びている地域なんてそもそもあるのか。十年前に調べた際、観光客数を伸ばし続けている数少ないエリアが沖縄でした。その要因は色々あると思いますが、金融面で見てみると、実は沖縄振興開発金融公庫が沖縄の市場に大量のお金を投資していたのです。二〇二二年度の政策の一例を見ても、現在も空港のターミナルをはじめ、交通やエネルギーのインフラなどに融資していて、その累計は約一兆円です。更に大型リゾート開発や駐留軍用地の跡地開発といった大規模プロジェクトにも融資し、こちらも累計は約一兆円に及びます。

沖縄のようなお金の流れが観光地としての伸びを生んでいると仮定し、そんな環境を瀬戸内につくるために何をすべきかを考えた結果、私たちは現在、政策「瀬戸内 海の道構想」を担保にした金融のインフラ整備に取り組んでいます。

その整備とは主に三つあります。まず、「瀬戸内を世界一の観光地にする」「瀬戸内のブランドを育てる」といった構想をつくり、地方銀行が参画しやすい環境を整えます。当時、地方銀行は地域のお金を預金という形で吸い上げているにもかかわらず、預貸率が低く且つ域外融資が多かったため、もっと地域に再投資してもいいのではないかと考えました。私どもが参画している

る内需拡大を目的とする。都道府県が基本構想をまとめ、国が承認すると、リゾート開発計画に対し民間事業者への減税や地方自治体の起債許可など、税制面や資金面で優遇措置が得られる。しかし、指定地域の多くに国立公園地域や優良な既成農地などが含まれるため、自然保護の観点から批判されている。また、事業化された施設の多くが、バブル経済の崩壊もあって赤字経営に陥っている。

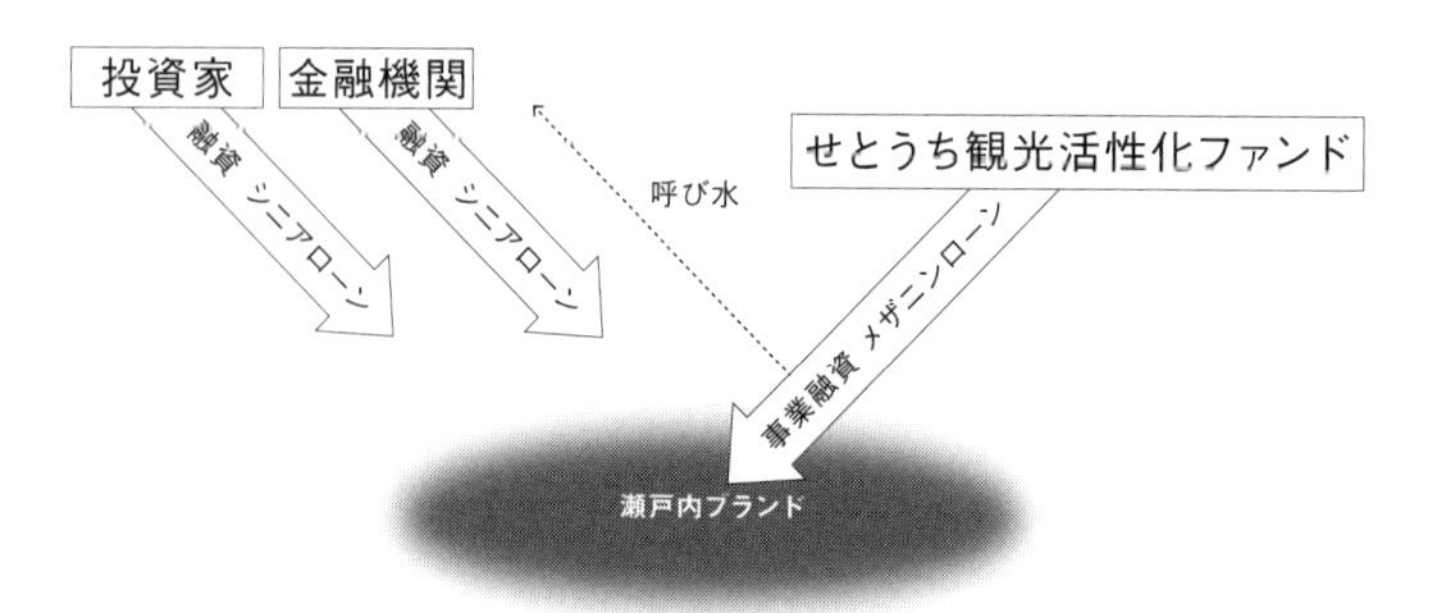

【図5：政策を担保にした場合の、融資を呼び込む仕組み】

地方銀行のお金を合わせただけでも、貸金総額は三〇兆円あります。その一％でも振り分けられれば、三〇〇〇億円のお金が地域に融資できるわけです。

二つ目の仕掛けとしてはファンドです［図5］。金融機関はできるだけリスクを取りたくないため、シニアローン［＊3］を渋りがちです。そこで、そのリスクを私たちが引き受けます。まずは私たちが自前で一〇〇億円規模の「せとうち観光活性化ファンド」を持ち、このファンドで瀬戸内ブランドに関わる事業に投資していきます（＝メザニンローン［＊4］）。すると金融機関のリスクが軽減され、その事業に融資を行う

3――銀行や信用金庫等の金融機関による通常融資のこと。返済の優先順位が高く、返済期間が短いローンのこと。融資時に設定した担保や補償を用いて資金を回収することもできる。

4――必要とする資金がシニアローンで賄えなかった場合に活用される融資。シニア

ようになる（＝シニアローン）。つまり、この「せとうち観光活性化ファンド」自体は事業者への投資でもあるのですが、地方銀行が融資したくなる呼び水の役割です。今後、第二弾、第三弾と続けていきながら、この流れをつくっていくことを考えています。

三つ目は投資家の誘致です。瀬戸内の地域内にいるプレイヤーだけでは限界があるため、岡さんをはじめ、外から投資家を誘致します。その投資家に引き寄せられるように、外部の資金が瀬戸内の観光関連事業や観光地にも流れてくる。

このように、銀行などの金融機関と私たちのファンド、外部の投資家の三本柱で瀬戸内の観光事業を支えるインフラをつくるわけです。金融の課題だけではなく、先ほどの岡さんのゲストスピーチでも話題に挙がったホスピタリティ人材も、観光産業を支えるインフラとして今後、とても重要になってくるでしょう。その課題についてもせとうちDMOのド真ん中の仕事として捉え、瀬戸内ブランドを確立させるために観光産業を支えるインフラを整備して、瀬戸内全体を育てていきたいと考えています。

ローンよりも返済順位が後になる。ただし、投資リスクに見合った金利水準が設定されることが多い。

セッション

教育がローカルを救う

岡 雄大＋井坂 晋＋石川康晴＋神原勝成＋
青井 茂＋青木 優＋桑村祐子＋原 研哉＋御立尚資＋
宮田裕章＋福武英明＋小島レイリ＋須田英太郎

プロフィールはpp.382-396参照

世代を跨いだ地域との混血

石川　セッション1では、造船をはじめとする船の中や船上に関する話が中心になりましたが、船から降りた地域がどのような価値をつくっていくのかも考えなければいけません。そのためには地域に根ざした活動が大事になるし、外からお金や人も呼び込まなくてはいけないし、その仕組みから考える必要もあると、岡雄大さんと井坂晋さんの講演から学ばせてもらいました。セッション2では、そんな地域に焦点を当てて議論していきたいと考えています。

早速ですが、岡さんたちはなぜ活動の拠点を瀬戸田にしたのでしょうか？

岡　「Azumi」の立ち上げには、エイドリアン・ゼッカさんと僕以外にもう一人、共同代表の早瀬文智さんがいます。彼は十数年ほどアマンリゾーツで働き、駐日代表としてリゾート開発に携わっていました。ゼッカさんと早瀬さんがアマンを辞めて新しい会社「Azumi Japan」をつくる際に僕も呼んでいただき、共同で創業したのです。

彼らはアマンリゾーツにいた頃から、次のアマンを瀬戸内エリアでやりたいと目をつけていました。世界中を見てきたゼッカさんからしても、アーキペラゴ（群島）があるエリアは世界中にあれど、島それぞれに名前があり、その島に住む人がいて、それぞれの生活や文化が根付いているエリアは世界を探してもほとんどないとのことでした。そこで「インランド・シー」を合言葉に、瀬戸内エリアを周遊するようなアマン旅を構想していたのです。

アマンは僅かな富裕層が泊まるようなラグジュアリーホテルですが、その切り口から見ていた当時も、瀬戸内エリアは風光明媚な多島美だけれど、そこに一つ一つの生活の多様性があることに着目していて、キーワードとして「生活」は既に出ていました。だから、例えば、ボコッと三〇〇室の大きな異物を持ち込んで場所を開拓するのではなく、その地域の一部を間借りさせてもらうような宿をつくりたいと考えていたのです。そんな時、ゼッカさんを中心に旧アマンの人たちが新しい会社をつくったとどこからか聞きつけたせとうちＤＭＯの井坂さんが、「瀬戸内を見に来ませんか？」と僕らに声をかけてくれました。

広島市内からスタートし、とびしま海道からしまなみ海道、広島を中心に色々と敷地候補を視察させてもらいました。アマンの敷地によくあるような断崖絶壁の何もない場所や人工物がまったく見えない場所というイメージが先行していたせいか、最後までずっと何もない場所を案内していただきました（笑）。中にはかつて神様がいたとされる無人島まであったくらいです。

しかし、そういった場所は風景として美しいけれど、キーワードとなる「生活」はありません。更に言えば、何もない場所にホテルをつくるとなると、お金をかければかけるだけ良いホテルができるといった資本力勝負になってくる。そのため、僕らみたいな小規模の事業者には向きません。そんな中、最後に案内いただいた場所が瀬戸田でした。

瀬戸田の商店街はまだ死にきっていませんでした。堀内邸を外から見学していると地元のおばあちゃんが話しかけてくれたり、酒屋でもこの地域の昔の写真を見せてくれたりと、皆さん人懐っこかった。職業柄、ホテルの敷地候補を視察しに各地を廻ることも多いので、地域の人々から「こいつら、何かを建てに来たぞ！」みたいな感じで見られたり、外から来る者を排除する雰囲気は察知しやすいのですが、瀬戸田の人々は受け入れてくれそうな予感がしたのです。

それに加えて、せとうちDMOのご尽力もあり、しまなみ海道がCNNトラベルで世界のサイクリングロード七選に選ばれていたため、瀬戸田が全く誰も聞いたことがない場所というわけではありませんでした。総合的に判断して瀬戸田を敷地に選んだのです。

石川　岡さんたちがやりたいことを地域の人々が割とすぐに受け入れてくれた一方で、福武英明さんたちベネッセは、直島での取り組みでかなり苦戦したと聞きました。

福武　岡さんの話を聞いてすごいと思いました。我々は直島で、地域のコミュニティや人々の生活の中に入って活動するまでに十五年ぐらいかかっています。直島の島全体で活動しているせいか、よく「直島を所有しているのですか？」と聞かれることがありますが、決してそんなことはなく、最初の十年ぐらいは我々が買った私有地で活動していて、地元のコミュニティには入れていません。「あっちで怪しい施設がつくられているぞ」なんて言われながらも少しずつコミュニティに触れる機会を得て、そのコミュニティ内にある古民家を買って改修したりと徐々にコミュニケーションを取っていきました。直島に来た当初、島民との対話集会では、我々は相当締め上げられてしまいまして……、締め上げられるならまだしも、住民が誰も来ないというボイコットすらありました（笑）。紆余曲折ありましたが、今は島民の皆さんともすごく良い関係を築けています。そんな経験をしているからか、岡さんたちのように最初からコミュニティに入っていけたことはとてもすごいことだと思いました。

地域社会と一緒にプロジェクトを進めていく時、地元のコミュニティや人々、歴史、文化をリスペクトしながら、どのように自然に混血をつくっていくかが課題になります。経済論理で考えたら外部との混血は積極的につくるべきですが、そこをあまり急がずに時間をかけてやっていき、次の世代や三代先まで見据えて活動していくことが重要になると思います。岡さんが挙げていた「アマンダリ」に勤めている三世代が良い例ですね。

我々もその視点は意識しています。先日、宮島達男さんのアート作品の入れ替え作業をしたのですが、地元のおじいちゃんが手伝ってくれました。二〇年経ってまた入れ替える時、おじいちゃんはもういないかもしれないけれど、その息子さんに来ていただくことになっています。地域に根ざして活動していく際、そんな世代を跨いだコミュニティとの関わり合いが大事になってくると思っています。

石川　直島のような前例があったから、岡さんも勉強されてネットワークづくりに尽力されたのでしょうね。

幸せの循環

石川　そんな岡さんが突然、教育と言い出したことに驚きました。神原さんは岡さんが掲げたホスピタリティスクール構想をどう思われましたか？

神原　日本中に色々と箱物ができてくると、そこでサービスする人材をどう確保するかが課題となります。実際、我々のグループ会社でも既に引き抜きを受けたりすることは起きていて問題になっている。政府が提言する六〇〇〇万人のインバウンドの受け入れも然り、ホスピタリティ人材の不足問題は既に表面化されています。その意味でも、岡さんが考えるホスピタリティスクールはマストでしょうね。

瀬戸内全体で俯瞰してみると様々なサービス業があります。宿泊施設で見ても、サービスタッフだけでなく料理人や、マッサージの施術師もいる。少し細かい話ですが、田舎の旅館に行くと下手なマッサージ師に出くわして、頭を抱えることがありますよね（笑）。一方、尾道の「ベラビスタ」には中国人のファン君という非常に上手な施術師がいて、彼のマッサージ目当てに「ベラビスタ」に泊まりに来るリピーターのお客もいるほどです。つまり、瀬戸内の観光を支える基盤として、サービス業全体で人材を教育して輩出する学校をつくっていくべきでしょう。受け入れ先は沢山あるでしょうし。

岡さんや井坂さんが携わるエリアだけではなく、皆でお金を出し合って法人や財団にして瀬戸内の各地に学校をつくれるといいですね。学校の運営の仕組みや、前段階の運営資金については僕らも便乗させてもらいたいです。例えば京都大学のように、ホテルスクールとして世界的に有名なコーネル大学と提携してもいいかもしれません。皆で力を合わせたら様々なことができると思うので、決して競合するのではなく、是非仲間に入れてほしいです。

石川　井坂さんはホスピタリティスクール構想への投資をどのように考えられますか？

井坂　学校への投資だけで考えると難しいと思います。しかし、前例として、スペインのバスク地方にバスクの食文化を極めることをカリキュラムにした「Basque Culinary Center」という四年生の大学があります。この学校は、料理人がお金を出し合ってつくられました。

経営層を育てるのか、サービススタッフを育てるのかにしても、瀬戸内が一流の観光地としてそのブランドを築き上げていくためには、幾つかのパトロンがいながらも、私たちが運営資金を出して学校経営していくことは、地域を育てていく上で重要だと考えています。

桑村　サービス業は今でも修業制や長時間就労の上で成り立っていて、「ありがとうと言ってもらえたら嬉しい。だったら安いお給料でいいよね」という因習がありましたが、収入と休日は最優先で改定していきました。つまり継続して熟練しないと身につかないことが多い職種のため、安心とやり甲斐を増やして現場との信頼関係を築き直すことが必要だったのです。

そして、私たちサービス業の社会的地位やお給料を上げるためには、お客様の単価を上げるだけでなく会社の運営そのものも見直さなければいけませんでした。そこで、技術や伝統の教え方を工夫する、アイデアを生み出す過程を共有するなど、昔とは違う職場環境をつくるために、次世代のスタッフが中心になって幾つかの研究会もつくりました。また、スタッフが自然の中で身体を動かし、時間も身体もヒューマンスケールにリセットすることにも同時に取り組んでいます。京丹後での森の再生、米つくり、漁師さんとの交流、地元のお母さんたちに保存食を習うなど、皆で楽しみながら学べる社員研修を実施しています。

次に、お客様様へも食の多様性として「楽しさ」「健康」「芸術性」「環境」「地域貢献」を発信しています。例えば、和久傳の顧客や会員の方々向けに定期的に開催しているイベント「料理の現場」［図1］です。お客様に厨房に入っていただき、プロの料理人と一緒に料理をつくり召し上がっていただきます。

一般的な料理教室と違う点は、テーマとして取り上げた一つの食材を掘り下げることです。例えば鱧（はも）ならば、風土にまつわる知識、骨切りしてまで食

【図1：和久傳で開催しているイベント「料理の現場」】

べることが習慣になった背景、鱧専用の包丁が生まれる文化、質の見分け方、昔からの食べ方や進化した料理法などを学んでいただきながら、実際にお客様が鱧の身を切り、炭で炙り、骨で出汁をとることまで実践していただきます。プロセスを通して、理に適った手順や手元の動きの美しさ、料理人が熟練して身につけていった技術、食材の組み合わせ、下拵えの丁寧さ、味の設計、盛り付けのセンスなど、手技とクリエイティビティの両方で食が成り立っていることを体感していただき、参加者には新しい食体験をしていただく機会になっています。

昔なら「余計なプロセスは見せな

いことがプロだ」という価値観でしたが、「知って楽しい、体験して楽しい、そして勿論美味しい」という私たちの経験を価値に変えることで、お迎えする私たち自身も毎回興奮して達成感でいっぱいになりますし、特にアート好きの方や海外の方には好評のイベントになっています。

一方で人手不足という課題があり、これからますます深刻化していき、実情ではなかなか打つ手がありません。リモートワークや機械化できない分野はそれだけに付加価値があると誰しも頭で理解していますが、サービス業の長時間労働は質を担保する上で必要になることも否定できませんし、お給料や労働時間、キャリアプランの不確実性がこの業界の構造的な問題のため、若い志望者が少ない現状を何とか逆転したいと改善してきました。

そこで和久傳では二〇一二年に、スタッフの独立を支援することを目的とした経営方針に方向転換しました。経営の安定や発展と経営方針を両立しなくてはいけませんが、ワーク・ライフ・バランスや働き手の年齢に応じた継続性も考えた上で、まずは会社側がキャリア設計を提示できないと何も始まらないと考えたからです。様々な研修を取り入れて、実店舗で経営も学ぶという仕組みをつくりました。安心して働いて学べる雇用関係の中で、人生設計をオープンに話し合える環境もこれからの価値の一つだと考えています。

また、独立する際に自分の出身地に帰って、その地域の食関連の活動で周囲の人々に貢献するという独立支援制度を仕組み化して循環していきたいです。和久傳が考えるサステナビリティは教育にあると捉えていますが、教える側の人材不足や教え方の変革はまだまだ大きな課題です。

観光と食の構想を描く時にも、サービス業の育成課題に一石を投じるような試みができれば素晴らしいと思います。その意味でも飲食業の現場でも「分校」や「高専」の必要性を強く感じているため、皆さんの構想には賛同し、期待しています。

サービス高専

石川　岡さんの構想からはじまり、神原さんが仰るような瀬戸内全体で良質なサービススタッフというリソースを蓄えるためにも学校をつくるべきという視点について、宮田さんはどのように考えますか？

宮田　とても重要な視点だと思います。地方創生を掲げながらも現場でそれを担う人がなかなか定着しない状況には幾つか理由があり、よく挙げられているものが教育と医療です。例えば、千葉県の鴨川にある亀田総合病院は良い人材を集めていますが、病院周辺に教育環境がないため、家族の反対でせっかくの優秀な人材が数年で必ず去ってしまうそうです。つまり、未来を育てる場所がない。あるいは医療にアクセスしづらいケースも難しいでしょう。ただし、広島の湯崎英彦知事が掲げた広島県地域医療構想［*1］のように、遠隔医療を含めてネットワークに地方の医療施設も連携すれば、物理的な距離があっても何とかなる時代になりつつあります。

飛騨も、「未来がないからそこには留まれません」という同じ問題を抱えています。瀬戸内では今まさに岡さんたちが新しい価値をつくっているので、そこに若手を育成しながら共に未来をつくっていける教育環境を整えれば、人を呼び込むことにも繋がってくるし、循環が生まれてくるでしょう。

そういった教育には我々も積極的に協働したいと考え、飛騨高山大学という名前を捨てて「Co-Innovation University（仮称）」にしたのです。飛騨という地名を冠してその場所を乗っ取りにいくのではなく、共創を本質にすることを考え、誰も覚えないような名前にしました。だから、たとえ場所は離れていても、瀬戸内でホスピタリティスクールをつくるのであれば、私たちも是非一緒に連携できればと考えています。

1――人口の三割以上が六五歳以上の高齢者となり、医療や介護を必要とする人が増加すると推計される二〇二五年に向けて、限られた医療・介護資源を効率的に活用するために策定された構想。病床の機能の分化及び連携による質の高い医療提供体制の整備、在宅医療の充実をはじめとした地域包括ケアシステムの確立など、医療・福祉・介護人材の確保などの施策に関する方向性を示すもの。

御立　日本の工業化時代の背景には、政府によって全国につくられた高等工業専門学校があります。これらの学校のほとんどは地方にある。未だに金の卵なんですよ。上位三分の一は東京大学や京都大学をはじめとした大学の工学部に学士入学して、そのまま修士や博士課程に進む人もいます。

これからは、サービス業に特化させた高等専門学校をつくる必要があると思い、内閣官房の会議で検討していたことがあります。工業高等専門学校では、削ったりやすりをかける訓練において生徒一人あたりにつく先生の数が多い。先生たちの多くがその世界の第一線で活躍する実務家のため、生徒たちも高度な実践型技術教育が受けられます。そのサービス業版です。

サービス業の問題は、現場人材の不足です。僕が教鞭を執っている京都大学では、サービスマネジメントで有名なコーネル大学と提携しています。また、観光MBAのような制度もつくって人材を育てています。しかし、経営層を目指す人材は増えてきたのですが、現場マネージャーを目指す層がまだ少ない。その層を厚くするためにはサービス高専のような学校をつくるしかありません。

方法は二つ考えられます。特区をつくって高専をつくるか、専門学校に改編するかです。税制度のメリットもある瀬戸内特区をつくってしまえば、高等専門学校設置基準を満たさなくても、高専がつくれるようになります。もしくは、民間で専門学校をつくる。しかし、調理学校のように専門学校として成り立つものがある一方、サービス全般の専門学校は成り立ちにくい。理由は、サービス全般では広義過ぎるからです。

そこで、まずは宿とツーリズムに特化してみてはどうでしょう。航空会社と旅行代理店に就職するための観光専門学校がありますが、どちらも斜陽産業です。しかし、観光の世界で働きたい若者は確実にいるので、この会議の議題に挙がるような新しいツーリズムに特化した専門学校を皆さん自身でつくってしまえばいいわけです。一つつくってしまえば、後はその学校の仕組みを瀬戸内全体に展開していく。

どちらもやろうと思えばできますし、もっと言えば、政府も文部科学省以外はやりたくてしょうがない気がします。文科省は二言目には「工業化時代の高専は経団連やその加盟企業もお金と人材を出してきちんと運営していましたけれど、サービス業の人たちはきちんと運営できるのですか？」と言うので、皆さんが力を合わせてサービス高専を実現すればいい（笑）。

石川　高専は時間がかかるかもしれませんが、専門学校なら簡単にできそうですね。井坂さんたち瀬戸内ブランドコーポレーションもお金を出してくれると思いますが、小島レイリさんが発起人となって学校設立の資金を政府から集めてこれませんかね？

小島　御立さんが先ほど仰った高専設立のために特区をつくる話を聞いて、内閣府の管轄にしてしまう方法も一つあると思いました。大きな話にはなってしまうのですが、内閣府の管轄にすれば、懸念すべき文科省の管轄にはなりません（笑）。文科省だけに頼って進めることは難しいと想定されるため、色々なテコ入れは必要だと思いますが、可能なのではないでしょうか。

あとは、海外の政府に頼る方法もあるでしょうし、海外の投資家をさっさと入れてしまってもいいかもしれません。バリのグリーンスクールも、観光施設ではないけれど、あの学校があるからこそ、その地域に世界中から人が来る良い事例です。勿論、その学校が小さな子供たちの教育のためのものか、ホスピタリティスクールなのかの違いはありつつも、観光よりも教育への投資はお金を引っ張ってきやすいため、政府だけに頼らずに外からお金を入れる方向性も考えた方がいいなとは思います。

観光業は地域の輸出産業

石川　先ほどの井坂さんのゲストスピーチで、「政策を担保にする」といった地方銀行ではありえないような発言がありました。地方銀行は、不動産か株を担保しないとお金を出さないくらい石橋を叩きまくるものだと思っていたのですが、瀬戸内という見えない未来に投資する気概を井坂さんは見せてくれました。僕は「この人には瀬戸内にずっといてもらわないといけない」と改めて思った次第です。

一方で、あえて言葉を選ばずに失礼な言い方をしますが、では地方銀行として瀬戸内への投資をどうやって回収するつもりなのか、瀬戸内に所属してる地方銀行として何を企んでるのかという戦略を率直にお聞きしたいです。我々が今後やりたいような瀬戸内の価値を上げることとそのＫＰＩ［＊2］が揃えば、その投資に踏み出す理由もわかるのですが、過去の決算書からしか融資を判断しないような銀行が、無形の未来とも言える瀬戸内にどうして投資できるのでしょうか。

2——重要業績評価指標の略称。組織の目標を達成するプロセスにおける、達成度合いを計測するために置く定量的な指標。達成状況を定点観測することで、目標達成に向けた組織のパフォーマンスを把握できる。

井坂　まず、地方銀行の総資産は県内GDP（国内総生産）に比例します。つまり、地方銀行が頑張っているだけで収益が高いわけでもなく、地方銀行は地域経済に寄生しているから、寄生先が太らない限りは寄生虫も大きくなれないことが数字を見ていたらすぐわかります（笑）。つまり、地方銀行の収益を上げるためには、分母である地域を太らさなければいけません。そこで、地域における輸出産業である観光業はその地域を太らすアプローチの一つになるから、地方銀行としては当然バックアップすることが大前提になります。

銀行の人間はよく「政策投資［＊3］ですか？　純投資ですか？」といった議論をして、政策投資となった瞬間に皆、個別の判断をやめます。その事業が良いか悪いかではなく政策が正しいかどうかと思考します。地方のGDPにおいて地域経済が大きなシェアを占めるのであれば、そのシェアに任せて政策でお金を貸すべきです。しかし、地方銀行員も沢山いますので、どうしても自分らの爪跡を残したいという想いで審査をしてしまうけれど、過去に個人の考えに頼ってろくなことがあった試しがありません（笑）。政策投資とは銀行員個人に審査をさせないという意味もあるのです。将来の地域経済をつくるためには、彼らを個別の審査に介入させず、地域の政策に沿ってどんどん市場にお金を流すことが大事だと私は考えています。

3――経営参加や営業関係の強化を目的とした投資のこと。一方、配当や株式の値上がりによって利益を得ることを目的とした投資を純投資と呼び、政策投資の対義語として扱われる。

この会場には経営者の方々が沢山いらっしゃるので、銀行に対してムカつくことが多々あると思います（笑）。「お前らに何がわかるんか」と言い返したくなるようなことを銀行員は平気で言ってくると思うのですが、それは見ている場所が違うからです。まずは銀行に地域経済の将来に寄り添う融資をさせるような仕組みをつくることが、政策を担保にした金融の仕組みになると考えています。

石川　富山で活動されている青井さんとしても、北陸全体で銀行がお金を地域に出してくれるような仕組みがあるといいですよね。

青井　富山県は地場産業として工業が盛んで、まだ地方銀行にも貸先があるんですよね。事業計画を見て担保を取って貸すかどうかを判断するような、昔ながらの銀行体質です。だから井坂さんの「瀬戸内を担保に」といったような発言を聞き、銀行が定性的なものを担保にしようとするなんて、すごいことを仰るなと思いました。

本来であれば、我々事業者も銀行も同じ地域の中に暮らし、同じ仲間として同じ方向の未来を語らなくてはいけないはずなのに、いつしか銀行と敵対同士になってしまう。井坂さんも、銀行は事業者から「この野郎!」と思われている存在と仰っていましたが、正直に言えば、僕もそんなことばかり銀行に対して思っています（笑）。でも、銀行と同じ方向を見ながら地域の未来を語らなければいけないと考えを改めさせられました。

未来が語れる銀行マンを育てることが地域の課題なのかもしれません。地域のためにひと肌脱ぐような自分のポジショントークではなく、地域に骨を埋めるような気負いの人がいると、本当に地域が育っていくのでしょう。せとうちDMOの取り組みなんてとても心強いですよね。私も時折、銀行と話すものの、お互いの言語がなかなか揃わずに同じ方向を見られていないという課題を抱えているので、井坂さんには瀬戸内が終わりましたら今度は北陸に転籍いただきたいと思います（笑）。

石川　井坂さんの転職先が決まりましたね（笑）。

ニューローカルを受容するニューインフラ

青木　皆さんの議論を聞いていて、もう一つ可能性があると思った方向は、銀行からお金を貸すだけでなく、地域に関わりたい人がお金を出していく流れです。このような流れは実際に今幾つか生まれていて、例えば、新潟県の山古志村にある山古志NFT[＊4]です。

山古志村は人口八〇〇人程度の小さな村ですが、インターネット上に一〇〇〇人ぐらいの電子住民がいて、彼らは一〜二万円でNFTを購入しています。例えば、その村で何か新しいツアーを組みたい時に皆でインターネット上で議論し、そのプロジェクトが採用されたら、起案者にお金が渡って新しいツアーが実際につくられていく。つまり、銀行からのお金の流れでなく、その街を盛り上げていきたい旅行者たちからお金を集めて、その地域を高めていく方向もありえると思いました。

瀬戸内に関しても、旅行者が瀬戸内のアンバサダーになっていく取り組みもあるのではないでしょうか。NFTのように観光と技術の交差点にはまだポテンシャルがあるはずで、そこに瀬戸内が率先して挑戦していってもおもしろいと思いました。

石川　岡さんたちも、ただ移り住むだけでなく、「ニューローカル」のような二拠点を行き来しながら暮らす人たちが地域に寄与することを期待してい

4——Non-Fungible Tokenの略称で、非代替性トークンを指す。ブロックチェーンと呼ばれるデジタル台帳上に記録されている売買可能なデータ単位で、特定のデジタル資産（画像や動画をはじめとするコンピュータ上のファイル等々）や物理的資産をはじめ、その資産を使用するためのライセンスに関連づけることができる。デジタル市場で売買することも可能。ただし、暗号トークンのように機能する一方で、各々が同一であるビットコインなどの暗号通貨と異なり、NFTは各々が異なる原資産を有している可能性があり、異なる価値を持つことになるため、相互に交換できない。

ますよね。

岡　住民票を移す人が何人増えたかが自治体の地域活性化のKPIにされがちですが、言葉を選ばずに言うと、ふらっと住民票を移すぐらいのフットワークの軽い人より、例えば石川さんが毎年三日でも瀬戸田に来ていただくことの方が地域に刺激と可能性を生むことがあります。石川さんが「瀬戸田にいます」と情報発信をするだけで効果を上げられるわけですからね。勿論、僕も会社や住民票を瀬戸田に移しているわけですし、移住者を否定しているわけではありません。

　僕らがよく言葉として使っている「ニューローカル」を端的に説明すると、関係人口層[図2・＊5]です。特に、住民票を移して公式に街の住民になった人ではなく、意思を持ってその地域に共感し、その地域にインパクトを残すことを楽しみに

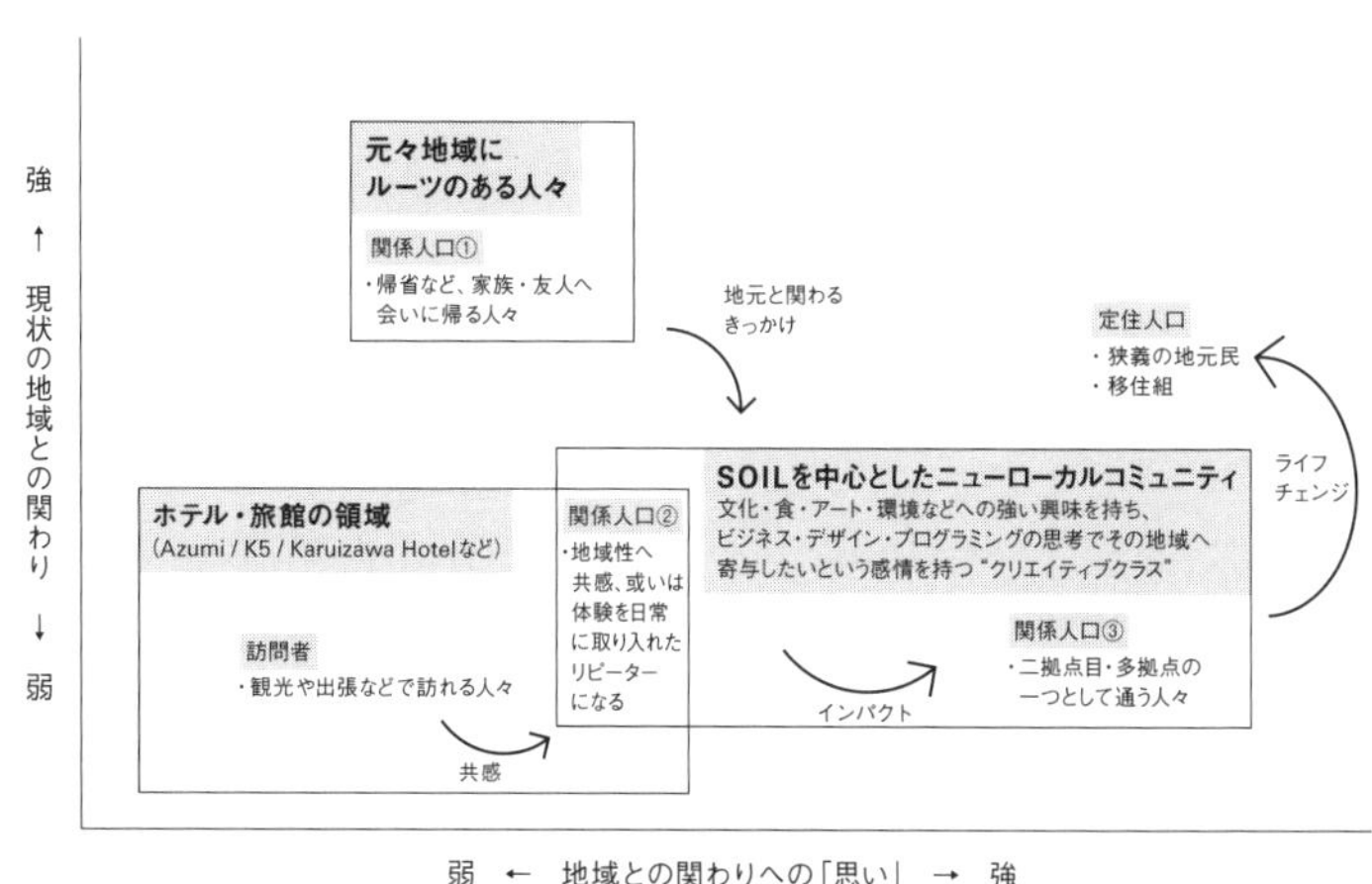

【図2：ニューローカル】

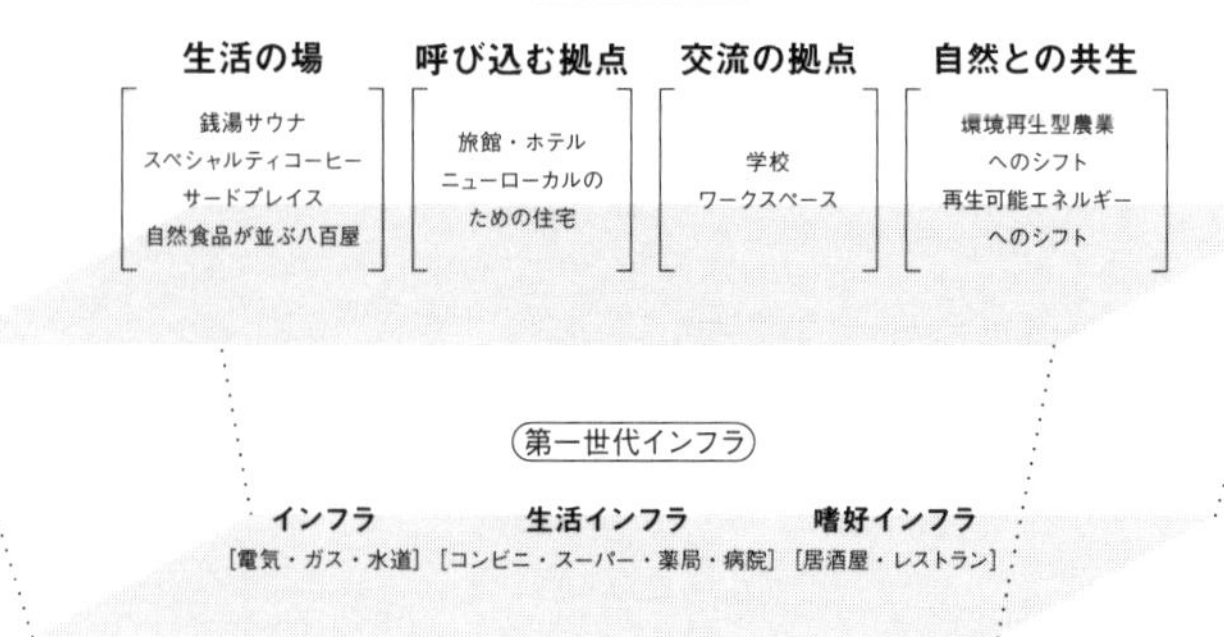

【図3：ニューインフラ】

通う人たちを指しています。彼らを一人でも多く増やしていくと、いずれ街が変わっていくでしょう。それぞれのインパクトの出し方があるので、その地域での滞在は一年のうち三日でも一カ月でも、丸々一年でもいい。そんな彼らが挑戦しやすい土壌をつくること。つまり、ニューローカルが来やすいニューインフラ［図3］をつくることが街づくりの合言葉だと考えています。

水道、ガス、電気、コンビニ、スーパー、薬局、レストランなどのインフラは経済成長期に日本各地につくられ、どこの地域にもある程度は揃っています。しかし、その土地に根ざした旅館やホテル、銭湯、サウ

5——移住した「定住人口」でもなく、観光に来た「交流人口」でもない、地域と多様に関わる人々。例えば、その地域に仕事で行き来する人や、その地域に自身のルーツを持つ人など。

ナ、地元の食材が並ぶレストランや八百屋などはどうでしょうか。例えば、一カ月程度の短期滞在できる宿があると、ニューローカルたちに滞在する選択肢が増えるだろうし、アートの発表の場があると滞在するきっかけになる。そういった場所がニューインフラになるでしょう。

自由に時間を使って自由に場所も移動できるような時代だからこそ、自分が気に入った地域で自身のネットワークやスキルを活かして何か寄与できそうだと思った時に、ニューインフラがあることによって、その地域にしばらく関わってみたいと思う層が徐々に増えてきています。彼らを受容するニューインフラがあって関係人口が増え続ければ、高齢化で減っていってしまう地元の人たちの代わりに一次産業をアップデートして街を維持できる。一次産業のアップデートはテクノロジーで代用するとしても限界がありますから。住民票とは異なるベースで関わる人の総量を増やしていくことが大事だと思っています。

大学は何を教えるべきなのか

石川　瀬戸内全体で人が留まってオペレーションのリソースを高めていく

ために、専門学校や高等専門学校をつくるべきかどうか。神原さん、いかがでしょうか。神原さんが「やるよ！」と言った瞬間にまた新しいプロジェクトが始まるかもしれないですけど（笑）。

神原　そりゃやるしかないでしょうよ、再確認させるのやめてよ（笑）。

須田　サービス高専に近い話で言えば、高松にせとうち観光専門職短期大学があります。豊岡にも平田オリザさんが中心となって、芸術文化観光専門職大学といった四年制の大学がつくられました。

先ほど人材の流動性が話題になりましたが、学生がインターンする機会は東京では割と普通ですが、地方ではまだまだ少ないです。僕らの会社にも香川大学や岐阜大学の学生にインターンで来てもらっていますが、インターンのような学ぶカルチャーを根付かせていくことも大事だと思います。インターンを介して実際に実務の現場に触れることで、ベンチャー企業で働くことや観光の仕事に携わることも悪くない、むしろおもしろいと気づいてくれる若い世代もいるはずです。その上で彼らも、いずれ瀬戸内で自分たちで起業してみようという気持ちになっていくと思います。

一方で、例えば、瀬戸内で東京のスタートアップ企業が実証実験できる場を提供することも大事だと思っています。使い古された言葉ではありますが、産学連携の実践の場を瀬戸内につくる。特に、研究は進めているけれど実証実験する機会を得られない研究者や、スタートアップを立ち上げようとしている若者は全国に沢山いるので、彼らに場の提供といった形でサポートしていけると、日本全体での人材育成やイノベーションにも繋がると思いました。

原　今、大学は何を教えるべきなのかと時々考えてしまいます。僕も美術大学のデザイン学科で教鞭を執っていますが、今の社会の中で美を標榜とする大学が若い人に何を教えたらいいのかなと……。社会における美の位置づけをきちんと把握しないと、美術大学なんてきっと終わってしまうでしょう。一方で、他の大学が役に立つことを教えてるのかと考えると、案外そうでもない。文学部や理工学部という学部以前に、大学とはどんなインテリジェンスを生み出す場所なのかを問い直さなくてはいけません。そこは文科省の頑張りに期待するのではなく、民間の力で有益な学の体系をカリキュラムからつくり直すべきでしょう。

今日、井坂さんの話を聞いて僕も目から鱗が落ちましたが、まずはこのようなお金の流れを理解することが教養の基本だと思います。銀行などの金融の役割は何なのか、株式や投資とはどういうことなのかを教養として持つ必要がある。経営の方法や財務諸表の見方もそんなに難しいものではないので、どんな職業に就こうとも本来であれば学習しておかなければいけません。

そして、無形のサービスを価値に変えるメカニズムなんて誰も教えてくれません。例えば、「パン屋Aよりパン屋Bのあんパンは少し美味しいから値段も高い」とした時、値段が高いとはどういうことなのか。美味しいからだけなのか。使っている材料が違うからなのか。嗜好品も同様です。フランスのワインが何故こんなに値段が高いのかというメカニズムを誰も知らないまま、高い値段で買ってしまっている。そのメカニズムさえ理解できれば、逆にどうやったら日本酒をもっと高く売ることができるかもと考えられるはずです。何故この温泉は世界中で人気なのか。あの宗教はどうしてあんなに信者が集まるのか。医療やマッサージの品質をきちんと見極めて差配できているだろうか。そんな無形の価値をコントロールするメカニズムを、大学はきちんとしたインテリジェンスとして教えているでしょうか。

情報の流れ方はどうでしょうか。現在の社会の中では、テレビ・コマーシャルも駅貼ポスターももはや効果がないかもしれません。新聞や雑誌からも多くの人々が離れていきました。では、どんなメディアでどのように情報を流せば、届けたい人に届くのだろうか。ウェブサイトとは何ですか？　ユーチューブはどうやって観賞できるの？　ＳＮＳは何のためにあるの？　インフルエンサーとは何者ですか？　未学でしかいられない状況は非常にプリミティブだと思います。

自分の国に潜在しているローカリティをグローバルに持ち上げていくための価値はどこにあるのか。それは場所なのか、海なのか、山なのか、はたまた霧なのか。いや伝統か、それとも僕らの美意識の中にあるのか、暮らしの中にあるのか……。これらをきちんと把握する知的体系はまだありません。日本のお寺には石庭があってかっこいいよねといった話ではなく、根幹として日本が何を財産とするのかを把握することが重要です。

僕が携わるデザインという分野も、単にかっこいい形をつくる方法を模索するのではなく、どうやったら物事の本質を見極めて可視化できるかを勉強しなくてはいけません。一方、アートなら、デザインとは別の次元で感動を生み出す装置を探求する必要がある。

ざっと話したようなことをきちんと勉強するためには、少なくとも二年以上はかかるでしょう。もしかしたら、四年かかるかもしれません。しかし、それらをきちんと学習した人が社会にどんどん出てきたら、ベンチャーのビジネスはもっと増えてくるでしょうね。現在の教育の場はとても中途半端で、経済の浅薄な知識だけは獲得できるけれど、実践的な部分は全く経験できないし見ることすらできない。そこで今一度、日本人の未来や地域を担える人材を育てていくためにも、何がしかの教育観やインテリジェンスを本格的に考えていく必要があるでしょう。

これは瀬戸内を標榜する以上、広島も高松も尾道も含むわけですから、学校構想は全員が携わる形で進めていきたいです。瀬戸内というインターローカルメディアはまさに価値の宝庫なので、そんなエリアで学校をつくるという構想には僕も大賛成です。

石川　多岐にわたる議論になりましたね。皆さんも覚醒しているのではないでしょうか。いずれ瀬戸内デザイン会議でも「瀬戸内に学校が必要か」というテーマで議論してもいいでしょう。外資からお金を集め、井坂さんたちせとうちDMOからも投資いただきつつ、この会議に参加している皆さんの中でも余裕がある方にはファウンダーになっていただければと思います。講師陣を考えても、瀬戸内デザイン会議には経営者をはじめ、ホスピタリティ、テクノロジー、建築など、あらゆるプロフェッショナルがいるので、おもしろい学校ができるでしょう。学校構想は瀬戸内の価値を上げ、ゆくゆくは「ガンツウ」「ベネッセハウス」などの価値を更に高めていくプロジェクトだと思うので、是非とも実現させて、ソフト面を底上げしながら瀬戸内を世界に発信していきたいですね。

スクール

ゲストスピーチ　競争から共創へ　宮田裕章

セッション　我思う、故に「わたしたち」在り　宮田裕章＋西山浩平＋伊藤東凌＋梅原　真＋大原あかね＋原　研哉

競争から共創へ

宮田裕章

慶應義塾大学医学部
医療政策・管理学教室 教授

人と人を繋ぐ微笑み

私自身は慶應義塾大学で医学部の教授を務めていますが、医師ではなくデータサイエンスを専門とする研究者で、科学を軸にしながら社会に貢献する仕事がしたいと考えてアカデミアにいます。

私の原体験の一つには、大学時代に間近で見たレオナルド・ダ・ヴィンチの「モナ・リザ」があります。「モナ・リザ」が何なのかという解釈は沢山あり、確証がないことを前提に私の解釈を話します。作者であるダ・ヴィンチは万能の天才と言われていますが、実は「モナ・リザ」に彼の医学や軍事、工学などの知識や才能が全て結集しているということが、ここ十年の研究でわかってきました。ダ・ヴィンチの最高傑作は「最後の晩餐」と「モナ・リザ」と言われがちですが、「最後の晩餐」は彼が生きてる間に既にボロボロに損傷していきましたが、彼は全く気にせずにひたすら「モナ・リザ」に手を入れ続けていたそうです。

「モナ・リザ」は当時の価値基準でも美人とされていません。女神でもないし、特殊な立場の人でもない、ただのある一人の人物画です。私には女性に見えますけれど、性別すら曖昧だと言われることもあります。そんな彼女と、人の体を解剖することでダ・ヴィンチが磨いていったスフマート画法［＊1］や工学を学ぶ中で習得した超遠近画法など、ダ・ヴィンチの様々な技術を駆使して描かれた空間を介して対峙すると、微笑みで結ばれる。その感覚で観賞行為が完成する。そんな「モナ・リザ」という作品に、私はすごく興味を抱きました。

人類が文化文明をつくり始めて以降、あるいはこれから先に様々な人工知能が発達してきたとしても、この人類史で普遍的な価値とは何かを考えると、微笑みによって人と人を繋ぐことではないでしょうか。微笑んでいる人との対峙とは、人間がこの世界に存在する中で必ず経験するコミュニケーションです。そんな当時だけでなく、その先の未来においても私たち人類にとって

1――一五世紀に編み出された画法の一つ。イタリア語で「煙のような」「ぼやけた」といった意味があり、色彩の透明な層を薄く上塗りして重ね合わせていき、認識できないレベルで色彩の諧調をつくることで、深みや形状の立体感を生み出す絵画技法。

普遍的な価値であるだろう「人と人との繋がり」を、美という形を与えながら一つの観賞行為に刻んだものが「モナ・リザ」だったのではないでしょうか。

以上は私の勝手な解釈です。私はダ・ヴィンチには到底なれませんが、「モナ・リザ」のように人と人を繋ぐものを科学を軸にしながらつくって社会に貢献したいと思い、私自身のキャリアが始まりました。ダ・ヴィンチが今日生きていたとしたら、彼もおそらく絵画とは異なるアプローチを選んだでしょう。更に言えば、現代ならそのような普遍的な価値はおそらく一人でつくるものではなく、多くの人々と共につくり上げるものではないでしょうか。

では、これからどんな時代が訪れるのか。先日、瀬戸内国際芸術祭の総合プロデューサーでもある福武總一郎さんとお話した際、「資本主義に限界がきている」という話題になりました。これからまた文明を支える技術の大きな転換点を迎えた時、私たちはどこに向かうのでしょうかと……。

文明の始まりは過去に幾つもあります[図1]。例えば、その一つが四大文明[*2]で、そこから治水事業が始まる。異なる考えを持って思い思いに狩猟活動していた人たちが、ある思いを一つにして集団行動として同じことをやり続けるためには、コミュニケーション装置が必要になります。時にその装置は神であったり、王という権力です。その装置の中で人々はピラミッド

2——メソポタミア文明、エジプト文明、インダス文明、中国文明。いずれも温暖な気候で巨大な川がある流域で、紀元前三〇〇〇〜一五〇〇年の間に起こったとされている。

型の秩序をつくり、狩猟社会から農耕社会へと突入していきました。
今度は技術を発明し、それと共に社会は変化していきます。産業革命に入ると、それまでの言い切り型の価値観がペストなどの災厄に揺さぶられ、同時並行で合理主義や科学が台頭するとともに、経済がものすごい力で社会を覆っていきました。お金より大切なものがあると昔から皆ずっと言ってきたのですが、お金以外に可視化できる価値がなかなかなかったため、私たちの社会は経済の周りでぐるぐると動き続けています。そして情報革命と言われ

【図1：文明の転換点】

る一連の流れが来て、現在に至るわけです。

私自身、デジタル革命と言われている新しい産業革命の本質は、新しい繋がりをつくることだと思っています。これまで見えなかった新しい価値を可視化しながら皆で共有できる社会になるのではないでしょうか。

今ではだいぶ変わりましたが、二五年前は「現実として金以外に価値なんてない。そんなのはお前の理想だ」という分野が沢山ありました（笑）。当時、唯一お金より先に命を優先してQuality of Lifeを考えていた分野が医学だったのです。そんな医学から、ヴィジョンだけでなく実践と両立させながら、お金とは別の普遍的な価値に繋がるものに自分も貢献できないかを考えて、研究活動をしてきています。

新産業の鍵は領域横断

現在、デジタル革命が起きています。この数十年間で経済の地図は大きく変わり、二〇一〇年代前半にはそれまで時価総額がトップだった石油メジャーが、アップルやアマゾンなどのデータメジャーに抜かされました［図2］。つまり、経済を駆動する資源が石油からデータに変わったわけです。この三〇年間の経済成長を見た時、日本とアメリカを比較すると、アメリカの新興テックジャイアント九社を除けば、経済成長は同じぐらいです。グーグル、アップル、フェイスブック（現・メタ）、テスラなど、九社の企業だけでドカンと成長している。つまり、両国の差は新しい技術革新を掴めたかどうかでした。残念ながらこの三〇年間に日本にはそういった企業が現れなかったということです。そんな技術の潮流を踏まえた上で、これから私たちは新しい社会をどうつくっていけばいいのでしょうか。

テック企業だけに限らず、技術によって既存の産業も大きく変化しています。例えば生命保険です。私も生命保険会社と仕事をしていますが、日本の場合は残念ながら、近年は契約を如何にうまく取るかというビジネスになっています。契約を取った後はあまりうるさくすると顧客に解約されてしまうから、できる限りおとなしくしていましょうといったマニュアルもあるぐらいです。一方、中国の保険会社はどうでしょう。中国が理想の国家ではないことを大前提に話しますが、この十年の新しい社会では、やはりシリコンバレーと中国が一つのモデルをつくっています。

中国にある中国平安保険という企業が何をやったかと言えば、「生命保険とは何だ？」という本質を問うことから始めたのです。その答えは、病める

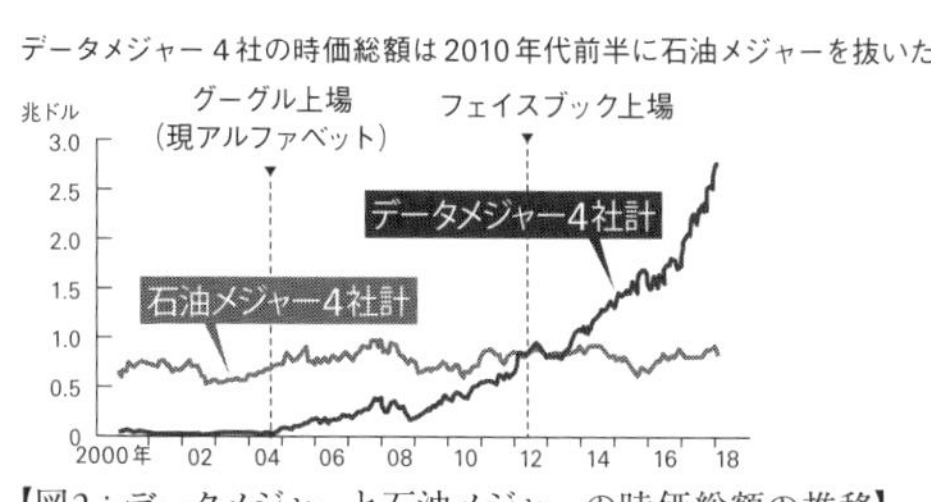

【図2：データメジャーと石油メジャーの時価総額の推移】

時も健やかなる時も人々に寄り添うことでしょう、と。そうなると契約後こそが本番だから、病気になった時にその症状に合わせた最善の医師を紹介するアプリをつくって、顧客が病院に行って元気に回復して帰ってこられるようにしました。あるいは、そもそも元気な状態を長く過ごすために、適度に楽しく運動する、美味しいものを適切に食べるといったことをアプリを介して実現させたのです。つまり、保険証書でなく、アプリを通した体験として顧客の健康状態を維持する試みです。そんなモデルをつくった彼らは、世界一の生命保険会社になっていきました。

中国は少し前までは、Greed is Good（強欲は善）でしたが、デジタルで全てが繋がったことで、企業の行動と人々ひとりひとりの幸福が可視化されてしまうようになりました。この数年で、株主短期利益至上主義だった社会が世界各地でひっくり返っています。G7サミットやG20サミット[＊3]の議題でもまずサステナビリティがあり、その上で経済をどう位置づけるのかという順序に変わってきている。それは世界が繋がったということなのです。

また、産業の変化として領域横断も挙げられます。金融、エンターテイメント、モビリティと様々な領域が大きな変化を迎えていて、ここからの文明文化は、分野を超えながら新しいコミュニティを生み続ける。例えば、アッ

3——世界経済や地域情勢、様々な地球規模の課題について意見交換する主要国首脳会議。G7は日本、アメリカ、カナダ、フランス、イギリス、ドイツ、イタリアの七カ国の首脳と、欧州理事会議長及び欧州委員会委員長が参加して毎年開催される。G20は更に十三カ国が加わる。

プルは「人々の健康を実現する企業になる」と二〇一九年頃から提言していて、彼らのヘルスケア領域での実践の先には、モビリティ領域としてApple Carという全自動運転の電気自動車（EV）の開発を進めています。

二年前の時点で時価総額がトヨタの倍以上あったテスラはどうでしょう。社外取締役の水野弘道さんに話を聞いたところ、イーロン・マスクは車に全く興味ないそうです。そんな彼がなぜテスラを経営しているかと言えば、電池の進化のためです。人類の持続可能性を考えた時にエネルギーが非常に重要になり、既存の炭素エネルギーに対して新しい再生可能エネルギーとなる電気、それを貯めることができる電池が極めて重要なイノベーションになります。その電池を進化させるための最も効率のいい産業として車を選んだそうです。電池を進化させるためのEVという考えの下にテスラがあり、車とは別に持続可能なエネルギーをつくれるのであれば、テスラでなくてもいいという……どこまで本当かはわかりませんが。

イーロン・マスクが考えている進化した電池がある未来とはどんな世界なのか。一つの仮定ですが、例えば、今までまだ使えるのに定期的に廃棄していたガソリン車をEVに代えて自治体と企業で共有してみると、エネルギーの地産地消が可能になります。暑い日や寒い日に電力不足が謳われていますが、エリア単位でエネルギーを共有しながら一緒に使っていくことも可能になるでしょう。例えば、バスであれば移動範囲が限られているので電池自体が小さくても問題なく、地域のコミュニティでつくれるかもしれません。

自動運転も同様です。東京や大阪で自動運転を実現しようとするにはあと十五年ぐらいかかると言われていますが、その時には都市や街が大きく変わってくるでしょう。例えば駅をつくるとなると、今までならその駅前に駐車場をつくるべく、そこにあった自然を切り開いて空地を確保する必要がありました。しかし、自動運転が実装されれば、駅前には駐車場も不要になるため、人々が森の中に住めるような街がつくれるかもしれません。

また、自動運転があれば、移動に時間を搾取されることもなくなります。産業革命以降、人間を労働力として効率的に稼働させるために都市に住まわせる産業のための街づくりが進められ、都市が形成されていきました。しかし、自走運転が実装されれば、家を出た瞬間から自分の時間になる。働きながら移動したり、あるいはワークアウトしながら、マッサージを受けながら帰宅することも可能です。そんな暮らしがつくれるかもしれないという一つの可能性の話でしかありませんが、領域を打ち破って産業を変化させることで、未来の種子は今後どんどん生まれてくるでしょう。

価値共創社会

瀬戸内デザイン会議のように皆でアイデアを持ち寄り、何かを共につくることは、データといった新しい資源から見ても必然だろうと思います。

データ駆動型社会の第一弾は、データを独占して富を独占するという形でした。それによって例えば、GAFA［*4］が生んだ新しいコミュニティも、経済を回すためにアルコール依存症の人にアルコールを買わせるような、心地よいコミュニティを提供して人々にお金を使わせる経済合理性によってドライブしていきました。アラブの春［*5］が起きて、ソーシャルメディアによって世界が繋がり、知識や情報が伝播すれば民主的な社会へと変わると信じた時期もありましたが、それすらも実際にはうまくいかなかった。その混乱からイスラム国が生まれ、世界中がテロの脅威にさらされるという真逆の方向にいってしまいました。その要因には、世界中で人々が繋がったとしても言語の壁を乗り越えられず、各言語内でのコミュニケーションに閉じこもってしまったことが挙げられるでしょう。テックジャイアントが滞在時間最大化モデルのソーシャルメディアをぐるぐる回す中、自分たちに都合のい

4――アメリカの巨大テック企業である、Google、Apple、Facebook、Amazonの四社。

5――二〇一〇～一二年にかけてアラブ世界で発生した、長期の独裁政権に対する大規模な民主化運動の総称。チュニジアのジャスミン革命を発端としている。この抗議活動がアラブ諸国に波及していった、あるいは世界中が認知された背景には、インターネットを介して瞬時に情報を発信できるソーシャルネットワーキングサービスの役割が大きいとされている。

いナショナリズムという心地よい世界に埋没していき、異なる価値観の間でのコミュニケーションを図れなくなってしまったのです。つまり、経済主導によって価値がうまく駆動していかなくなってしまった。

あるいは中国の社会信用システム［＊6］のように国民個人のデータをトップダウンで利用していると、明らかな不幸が起きた時に国が救済してくれることは悪くないけれど、ある一定レベルが満たされた先にある多様な豊かさまでも国に管理されるなんてうまくいくわけがありません。香港で民主化デモが起きたように監視社会が成立しかねない。また、コロナ禍のように私たちの価値観そのものが変わった時、ゼロコロナ政策といった今では既に時代遅れになっていても未だにやり続けなくてはいけないというレジリエンス［＊7］にも課題があるでしょう。

そこで、ＥＵに入ってきた新しい思想がデータアクセス権［＊8］で、まさにウェブ3.0と言われるものです。今の新しい流れの根幹を成しているものと言えるでしょう。国や企業に提供した個人データを市民がコントロールできる権利です。この権利はヨーロッパでも影響力を強めるＧＡＦＡへの対抗策として考えられがちですが、二一世紀の社会において基本的人権になるべきもので、とても重要な概念です。

6——中国で構想された、年齢や性別、職業、所得、購買行動など個人に紐づく様々なデータをＡＩが分析し、国民個人の信用度を数値化して管理するシステム。個人だけでなく中国市場での企業も評価される方針。社会全体の誠実さと信頼性の水準を向上させ、社会主義市場経済の完遂と、社会統治を強化するための手段として提示された。

7——社会的に不利、あるいは困難な状況における適応能力や対応能力。

8——ＥＵ一般データ保護規則（ＧＤＰＲ）による権利。欧州連合内の全ての個人のた

既存のデータ駆動型社会の方向性

アメリカ型	EU型	中国型
資本主義主導 合理的な企業活動によるイノベーションと「GAFA」の隆盛。 Google Facebook Apple Amazon	**基本権主導** GDPR・データポータビリティにより、国や企業に提供した個人データを市民がコントロールできるように。 GDPR	**権威主義主導** 社会信用システム「信用中国」で、価値そのものの共有が広がる 信用中国
⚠ しかし、データ覇権主義への警戒。	⚠ しかし、データについても所有税としての側面が強く、結果として個人のコントロール権が強すぎる。	⚠ しかし、トップダウンで一元的。監視社会のおそれ。

石油でなくデータが資源となるデータ駆動型社会の方向性として
大きく上記の3つに分かれるが、それぞれに強みと弱みがある。

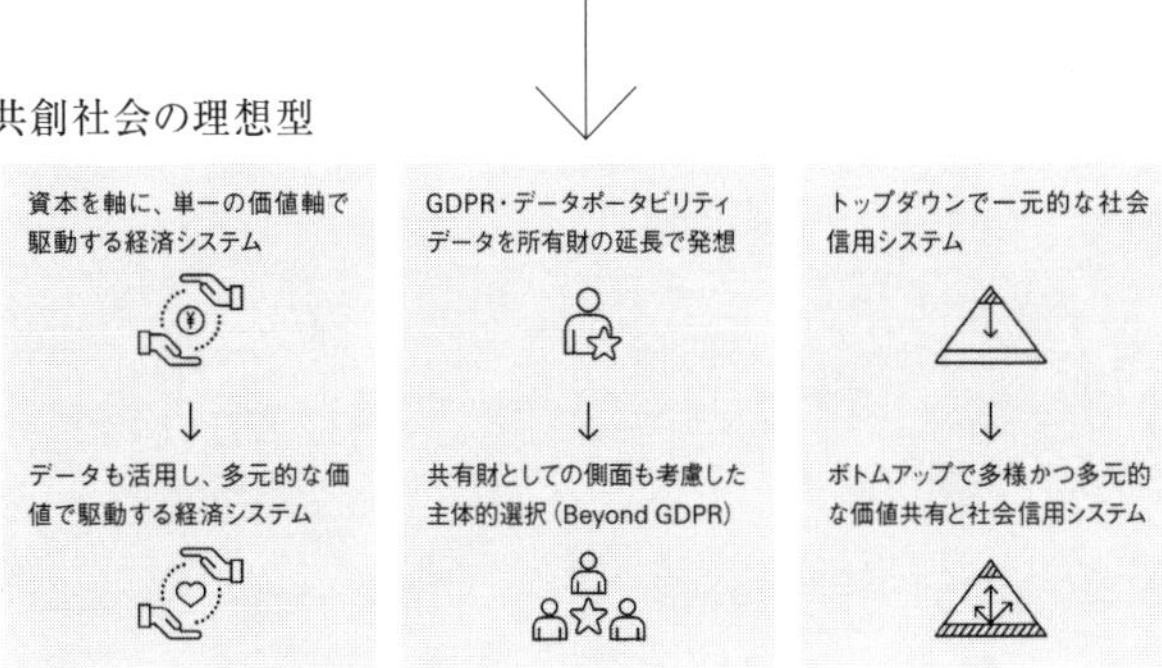

アメリカ型、EU型、中国型の強みを活かし、
ボトムアップで多様な価値を共創する基盤を構築する。

めにデータ保護の強化や、その取り扱い方を統合することを意図して制定された。個人に自分の個人データをコントロールする権利を取り戻すことを目的とし、欧州連合域内でその規則を統合することによって、国際的なビジネスのための規制環境を簡潔にする。

しかし、データアクセス権にも課題があります。個人の所有財としての側面が強すぎて、「データをいかに共有して共創（Co-creation）するか」という段階にいきづらいのです。

今まで世界を駆動させてきた資源は消費財でした。石油や石炭は使うとなくなるものだから、それを奪い合って排他的に所有していました。多く持っている者が勝者で、そんな弱肉強食の構造が社会であり経済であると、私たちは信じてきたわけです。しかし、消費財から資源として置き代わったデータは、消費財のように奪い合わなくとも、皆で共有できるものです。

例えば、一人の患者さんのデータから医療環境やサービスを考えるよりも、一〇〇〇人、一万人、一〇〇〇万人分のデータを集めて考えた方が、より良いものが生まれるはずだし、医療全体も良くなる。そして、そこで失われるものは何もありません。近年の大きな成功例として挙げられるものの一つが、新型コロナウイルスのワクチン開発です。本来であれば開発までに三、四年かかるはずだったものが、世界中の皆でデータを共有したことで、たった九カ月で開発できたのです。勿論、消費財を奪い合う中で生まれてくる価値もあると思いますが、データを共有する中での共創こそが、これからの時代において新しい価値をつくる可能性を持っているのではないでしょうか。世界が価値共創社会へ移行した時、そこで生まれた新しい価値が個人の暮らしに豊かさを寄与することでしょう。

では、その豊かさとは何なのか。豊かさとは決してサステナビリティだけによってもたらされるものではないという流れがあります。持続可能な社会であったとしても、個々が幸せでないとこの先の未来は良くならないのではないか。そんな豊かさの指標、価値基盤の転換がウェルビーイング[*9]という言葉を携えて今起こりつつあります。ノーベル経済学賞をとった経済学者のアマルティア・センがそれを指標化し、当時は皆「何だ？ コレ」という感じでしたが、現在になってようやくGross Domestic Well-being（GDW／国内総充実）[図3]といった言葉が出てきました。GDP（国内総生産）では捉えきれない、社会に生きる人々のウェルビーイングを測定するための指標です。

しかし、ひとりよがりの豊かさだけでは世

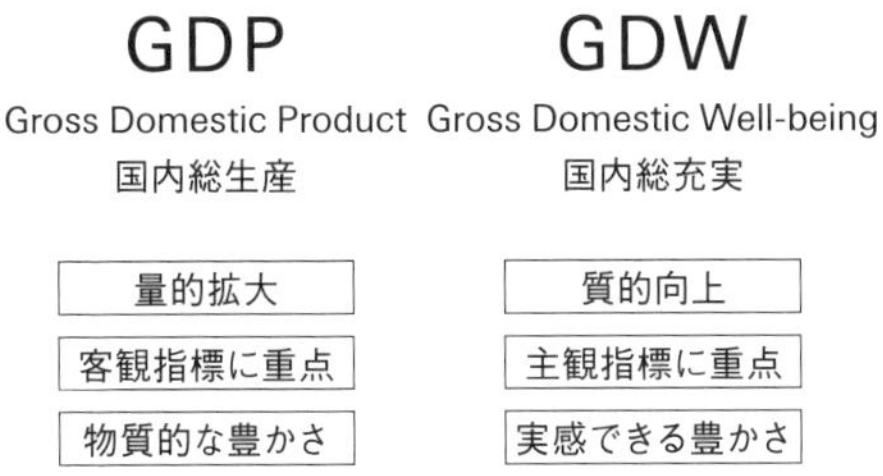

GDP	GDW
Gross Domestic Product	Gross Domestic Well-being
国内総生産	国内総充実
量的拡大	質的向上
客観指標に重点	主観指標に重点
物質的な豊かさ	実感できる豊かさ

【図3：GDPとGDW】

9——人間個々の生活が肉体的、精神的、社会的に満たされた幸福状態やその質。

界はうまく回りません。例えば、SDGs[*10]の観点も交えながら、食べるという行為について考えてみましょう。食べることには文化的な豊かさがあります。また、死んでしまわないように必要な栄養素を取る行為でもある。一方で、過剰に摂取し続けると病気にもなり、それが社会の負荷になる場合もある。あるいは、食べものがどこから来て、誰を豊かにするのか。食べれば食べるほど途上国の人を搾取するシステムもあれば、地域の人々と共に豊かさを分かち合う食べ方もあります。食べたものを残すとフードロスになり、環境を破壊するかもしれない。誰かと共にコミュニケーションしながら食べることは、その人にとっての介護の一環にもなり、人生の価値を高めることに繋がるかもしれない……。食べるという一つの例を挙げましたが、食べることだけでなく、どう遊び、どう学び、どう働くのか、人間の営みは全て社会と繋がっているのです。

そこで私たちは、「Better Co-Being（生きるをつなげる。生きるが輝く。）」というヴィジョンを提示し、サステナビリティとウェルビーイングの調和の中で未来を考えていく研究活動や実証実験を推進するプロジェクトを始動させました。

ここでようやくスクールの話になります。まず、なぜ私たちが新しい大学

10——持続可能な開発目標（Sustainable Development Goals）の略称。二〇〇一年に策定されたミレニアム開発目標（MDGs）の後継として、二〇一五年の国連サミットで加盟国の全会一致で採択された。地球上の誰一人も取り残さない多様性と包摂性のある社会を実現するために、二〇三〇年を年限とし、一七の目標と具体的な一六九のターゲット、二三二の指標で構成されている。

【図4：Co-Innovation University（仮称）】

「Co-Innovation University（仮称）」（以下、CoIU）〔図4〕を飛騨で始めるのかと言えば、大学を「Better Co-Being」の具体的な実践の場として考えているからです。そして、日本だけでなく世界の多くが失敗に終わった超巨大都市化トレンドに対するアンチテーゼでもあります。

人間を労働力として効率的に集めるための都市化トレンドは一〇〇年以上続いています。私たちが飛騨の一箇所だけに大学をつくっても、このトレンドには抗えません。しかしデジタルを介せば、これまで不可能だった地域間の繋がりが可能になります。そのため、全国に十五箇所（二〇二三年三月現在）のサテライトキャンパスを設け、地域連携による共創ネットワークを構築する予定です［図5］。そんな繋がりによって新しい価値づくり、人材育成などの取り組みができないかと考えました。その時に人と人、人と社会を繋ぐものが時に学問であり、ビジネスであり、アートやデザイン、あるいは音楽であったりする。様々な文化やコミュニティは多層的で、それらを繋いでいくことで、個々を豊かにしながら持続可能な社会をつくることができます。同時に、そんな社会は地球や自然環境にも寄与できるものになっているでしょう。

新しい文明の力

今回、「CoIU（仮称）」設立に向けて、共創学というものを立ち上げました。学問のディシプリンとして理系と文系という分け方は時代遅れになっているからです。データを取ってビジネスをつくることはデジタルにおいて必須になっていますが、デジタルだからと言って理系の人材だけを集まってもおもしろいこ

【図5：Co-Innovation University（仮称）が予定している共創ネットワークマップ】

とはできません。何が価値なのか、どのようにデータを取ればいいのか、どうコミュニティと繋がるのかには文系的な要素やデザイン思考、アート思考が必要になってくる。そのため「CoIU（仮称）」では、既存の経済、経営、工学、数学、芸術デザインという名前で呼ばれてきた分野を集めながら未来をつくる取り組みに繋げていきたいと考えてます。

例えば、日本の林業を考えてみましょう。この五〇年間で森林面積は変わっていませんが、活用可能な森林資源が実は三倍に増えています。これが何を示しているかと言えば、資源が三倍に増えているのに私たちは使えていないといったチャンス・ロスです。日本において森林の原価は変わらないはずなのに、海外から炭素を大量に出して運んできた木材の方がなぜか安いという状況が長く続いています。

そこで今、国内の木材の調達経路をつくり直せるのではないかと再考されています。例えば、ドローンを飛ばして森林をスキャンすると、森のメタバース［*11］をつくることができます。すると、伐採できる木を判定できるAIもつくれる。森には一定割合で光が取れなくて自然と負ける木があるため、それらをうまく間引いて利用すれば、人間が森林を資源として有効活用しながら、森と共存できるようになるのです。

11――インターネット上に構築された三次元の仮想空間。現実と同じく常に時間が流れ続けていて、ユーザーはその仮想空間にアバターと呼ばれる自分の分身で参加し、社会生活を送ることができる。ユーザー同士で交流して遊んだり、職場のミーティング、オンラインイベントをはじめ、商品制作や売買取引などの経済活動も行える。

木材をどう使うかも「CoIU（仮称）」でこれから考えていくべき課題でしょう。例えば、藤本壮介さんと一緒に進めている飛騨古川駅東の共創拠点施設にも、林業関連の企業に入っていただき、木材を触れることができる場所をつくってもらい、クラフトワーク体験を求める人たちは既存の伝統地区へ誘導し、より深い学びや体験をしてもらう。更に本格的に木について学びたい人がいれば、地元の職人と木を選びに森の中に入っていく。教育だけではなく、教育とビジネス、あるいは様々なものを繋げる中で、木材を使った新しいビジネスや文化、願わくばそこからアートが生まれてくるとおもしろいでしょう。地産のものを軸にしながら様々な体験価値をつくっていくことが、「CoIU（仮称）」の取り組みの一つになると思います。「CoIU（仮称）」の活動において、地域の中で新しいコミュニティ、または地域通貨をどのようにつくるかも重要になるでしょう。

二〇二一年、「新しい資本主義の実現」が政府から提言されました。その中でも柱となる重要な指針が「お金を投資に回しましょう」というものです。世界一のGDPを誇るアメリカに日本が肉薄した時代もあったけれど、競争力の差は当時の十倍にも開いてしまった。なぜならアメリカは持っているお金の三倍を経済成長に使って、日本は三分の一しか使わないからです。三〇

【図6：アントフォレスト】

年経ち、競争力の差が十倍になって全く抗えない状況になってしまいました。それを鑑みて政府は、「これからは使いましょう」と提言しているけれど、「新しい資本主義ではなく、初めての資本主義ではないか」と経済学者の柳川範之さんと話していました（笑）。

では、投資するとしたら、どこにお金を使えばいいのか。お金を使ってもGAFAに流れてしまうのではないか。そんな時に中国が何をやったかと言えば、彼らはお金の流れを全て可視化しました。人々のお金の流れをはじめ、行動に基づいてどう社会に貢献するかなどを、電子決済と連動したアプリ「アントフォレスト」[図6]によって全て可視化したのです。

例えば、低炭素行動としてガソリン車でなくEVで移動する、あるいはUberのような配車サービスでEVを選ぶと、ポイントが付きます。逆に炭素を出す行動をするとポイントが失われる。それらの貢献ポイントによってアプリ上の植物を育てるゲームを開発しました。一定以上のポイントが貯まると砂漠化が進行している地域に実際に植林することができます。

今までお金以上の価値を私たちはなかなかつくれなかったのですが、中国はいち早く未来に向けて、環境、教育、文化、命など、様々な貢献を可視化する中で、新しい価値をつくることにチャレンジしているのかもしれません。日本はまだ何も可視化できていない状態で「投資していきましょう」と言っても、アメリカの数歩後ろを歩くしかないわけです。中国の真似をしようとしても、国家単位でデジタルマネーをつくるような力強さも持っていません。では、日本に何ができるのかと言えば、瀬戸内デザイン会議のように顔の見えるコミュニティやローカルの中で、新しい価値を定義しながら共創することと、そんな活動を日本中に繋げていく未来をつくることではないでしょうか。

その中で日本の産業化社会の最大の課題の一つが、人々を数字で捉えていることです。そもそもデータとは数字で捉える、集団で捉えると思われがちですが、それは違います。現在、データこそが個人に寄り添えるものになってきたのです。今まではビジネスも行政サービスも、最大多数の最大幸福を実現する手助けしかできなかったし、それ以外に目を向けない社会をつくってきました。しかし、これからはそういうわけにはいきません。

例えば、河野太郎さんが行政改革大臣時代から取り組んでいる日本のシングルマザー問題があります。この問題はまさに平均値化社会である日本の闇です。離婚とは当然尊重されるべき選択肢の一つではありますが、多くの場合、子供の扶養義務が問答無用で女性に課されます。しかし、現在、離婚した女性の半数ぐらいが非正規雇用という実態があり、彼女たちの子供のサポートに費やす時間がそのまま収入減に繋がる問題が起きています。そんな状況下でお母さんが大病になったり、あるいは元々持病があったりすると、彼女たちの生活は回らなくなるでしょう。つまり、シングルマザー家庭の苦しさとは、足し算でなく掛け算で膨れ上がります。この問題に対して、今までの日本の社会は足し算の支援しかしてこなかったのです。

しかし、データを使えば、掛け算の苦しみにも寄り添える仕組みがつくれるかもしれません。勿論、最後の砦として生活保護という仕組みもありますが、この制度は貯金が尽きてから始まるため、それまでの間に本人だけでなく子供の未来も傷つけられてしまいます。そこで、もっと手前からサポートできないかと考えられた施策が「子どもデータベース」[図7]です。

現在、子供の成長は出生時の体重によってある程度予測できるようになっています。つまり、学校の身体測定や健康診断でその予測値に対して子供の成長が足踏みしているとわかれば、子供に何かが起きている可能性がある。その原因は虐待なのか、健康上の問題なのか、あるいは家庭の貧困かもしれません。そんな足踏みのタイミングで自治体や学校がサポートに入れれば、その子供たちの未来を変えられる可能性もあるわけです。

「子どもデータベース」のような施策も、今までならコストがかかりすぎて取り組まれませんでしたが、デジタルの力を使うことによって多額のお金をかけることもなく実現できるようになりました。たとえ、アメリカや中国が同じようなことを一歩遅れてやったとしても、その差はどんどん開いていくでしょう。日本はコミュニティや地域の力に注目し、共創によって多様な豊かさをつくり、その豊かさを誰一人も取り残すことなく享受できる社会を実現していくことができれば、おそらくそれは新しい文明の力と言えるのではないでしょうか。

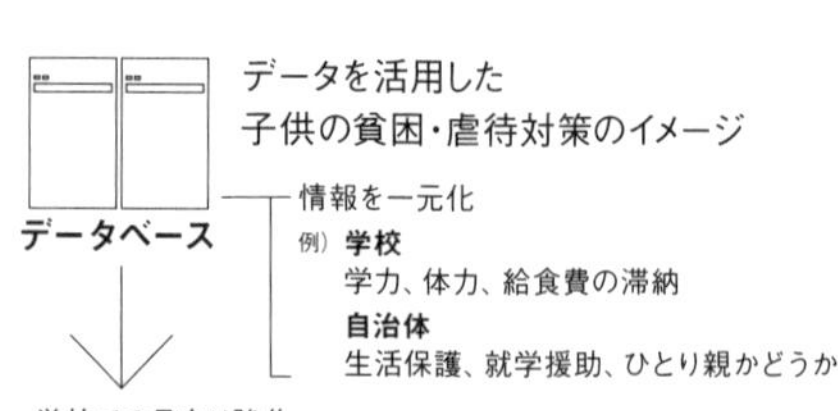

【図7：子どもデータベース】

セッション

我思う、故に「わたしたち」在り

宮田裕章＋西山浩平＋伊藤東凌＋
梅原 真＋大原あかね＋原 研哉

プロフィールはpp.382-396参照

本校が嫌い

西山　セッション3のテーマは「スクール」、教育でなくスクールです。スクールはギリシャを語源とする言葉「スコレー／scholé」に由来するそうです。元々は裕福な時間を過ごせる人々の余暇を意味する言葉で、そんな余裕のある時間がスクールの語源となっています。思えば私たち人類は、特に日本においては、余裕のある時間を過ごすことが許されている立場にあり、この先も平和が続けば、そんな時間を享受し続けられるはずです。実際に瀬戸内を訪れる人々も、余裕のある時間を過ごせる人々だと思います。そんな背景を元に「スクール」というテーマが与えられたとも考えています。

先ほどの宮田さんのスピーチを伺い、宮田さんがいかに医学部の教授に収まらない方であるかを皆さんも感じられたことでしょう。スピーチの中で、多元的で多様な価値共創社会というフレームをいただきましたので、それに倣って議論も進めていきたいと思います。

伊藤さんは宮田さんのスピーチを聞いていかがでしたか？

伊藤　宮田さんのスピーチで「データを取ることこそが個人の幸福の価値観に寄り添える」といった話があり、すごく腑に落ちました。

一方で教育となると、科目として分けた場合に伝えきれることと伝えきれないことがどうしてもあります。いわゆる非認知能力教育［*1］をどのようにデータ化されていくのかに興味があります。例えば、子供たちがどのようにすれば他人の話を聞けるようになるのか、他人に対して興味を持って問いかけできるようになるのか。テクニック的な側面もあると思いますが、人間の根本的な感性を教育できるような体系ができれば、それらがデータ化され、他者の話を心から聞いて何かを共創しようと思えるだろうし、関心を持って問いを投げかけることもできるようになるでしょう。そういった能力

1――意欲や自己認識、忍耐力、自制心、創造力、協調性、コミュニケーション能力など、学力のようには測定できない個人の特性による能力。

が育っていくような学校もつくれるといいと思います。

西山　例えば、伊藤さんが日々対峙されている、人間が生きていれば必ず直面する「死とどう向き合うか」「人とは何か」「自然とは何か」といった考え方は、どのように共有していくものでしょうか。

伊藤　まだ学校という場所がなかった時代、寺が学校の役割を果たしていました。そこで教えていたことは大きく三つあります。人を敬い、物を敬い、自然を敬うことです。それを直接的な言葉でなく、営みの中の体験で子供たちに教えていきました。

人を敬うとは、例えば挨拶をきちんとすること。それができない子は、当時ならパチンと叩かれていたかもしれません。物を敬うとは、きちんと物を置いてそれ自体が最大限に輝く置き方を考えてみること。または、物をつくる段階から改めて考えてみることです。そして、人と物が存在する大前提として自然があるということを、庭の掃除や畑仕事といった営みを介して教えていたのでしょう。

更に寺がなかった時代に遡っても、狩猟採集の時代から人間は狩りをして食べ物を調達し、それらをどのようにすれば皆で美味しく食べられるかといった根本的なことを考えていた。つまり、古来、人間は自身の考えや皆で幸せになる方法を他者と共有していたと思います。

西山　狩りをしてその獲物を分かち合うという感覚が価値の共有であるという話は、梅原さんの「しまんと分校」にもつながると思います。

梅原　僕はずっと「この世の中はどこか間違っとるんとちゃう?」と思っています。「しまんと分校」と名前をつけた理由も、本校ではなく分校の方が良いからです。アバウトな言い方をしますが、本校は中央、例えば東京にあるイメージで嫌いなんですわ（笑）。したがって、四万十川のほとりにあるから「しまんと分校」。この学校構想は十年前から始まりました。当時はおもしろい人に来てもらって話を聞こうやないかぐらいの簡単な気持ちでしたが、二年前に「母親が亡くなったので、家と土地を寄付したい」と仰ってくれた方がいて、十年前に描いた画と同じようなシチュエーションの建物と土地をいただき、「しまんと分校」が始動しました。

すると最近、原研哉さんから「飛騨高山大学（Co-Innovation University の

【図1: 沈下橋】

旧称）って知ってる?」と聞かれ、その存在を知りました。つまり、中身はだいぶ違いますが、学校構想という意味で言えば僕の方が宮田さんより少しだけ早い（笑）。

四万十川には沈下橋［＊2・図1］という小さな橋が幾つもあります。洪水などの増水時にはすぐ水に浸かってしまうので、そんな不便な橋は壊して大きな橋を新しくつくろうと村が考えていた時期があります。当時は八〇年後半のバブル期だったため、村長が「大きな橋をつくってください」と建設省（当時）に言うと、「よっしゃよっしゃ!」となるわけですよ。そこで考えられた橋が抜水橋［＊3］です。水を抜く橋と書いて

2――水面に近い低水路、低水敷に架橋され、増水時には水中に没する橋。欄干も水流の抵抗となるためあえてつくらず、増水時は水に潜ることで橋自体の破壊から逃れる構造になっている。低い位置に架けられ距離も短いことから低コストで建設可能だが、増水時に橋の機能を失うため、徐々に抜水橋が沈下橋の上に架けられるようになっていった。一方で文化的景観や観光資源として保存する動きもあり、四万十川流域では沈下橋が重要文化的景観に選定されている。「潜水橋」が公式名称で、全国各地で呼び名が異なり、四万十川周辺では「沈下橋」と呼ばれる。

3――増水して河川の水位が高くなっても沈まない高さに設けられ、橋として機能するもの。いわゆる通常の橋。

「抜水橋」。嫌な名前でしょう。二〇億円ぐらいかけて沈下橋の上に抜水橋が架かり［図2］、川と共に生きる生活の知恵から生まれた文化の象徴とも言える四万十川の風景が変わっていく。この嫌な感じを皆さんわかりますか？このようなことを平気でやるのが本校なんですよ（笑）。本校が「やったるわ！」と都会からやって来るのです。だから僕は何もかも本校が嫌い。

伊藤　本校と分校という意味では、私も「総本山はありますか？」とよく聞かれます。しかし、私たち臨済宗には総本山はなく、実は全てが大本山です。つまり、臨済宗も全部が分校です（笑）。昔は五山制度という形を室町幕府が定め、一度は本校のようなものをつくっていますが、やってみたものの、今は十四の本山があり、全てが大本山で総本山なしという仕組みになりました。この構造はおそらく、室町時代から発展していった茶道や華道といった文化の礎になっていたと思います。頂点をつくって中央分権にすると、学びの意思が薄れてしまうかもしれないからです。

宮田　皆さんの話を聞きながら改めて考えていたのですが、「Co-Innovation University（仮称）」（以下、CoIU）は本校が存在せず分校しかない大学にしよ

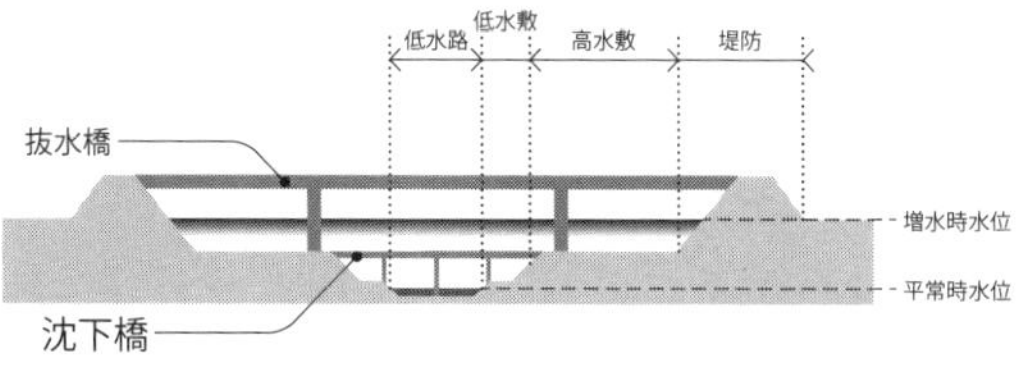

低水路　低水敷　高水敷　堤防
抜水橋
増水時水位
平常時水位
沈下橋

【図2：沈下橋と抜水橋】

うかなと思いました（笑）。DAO［＊4］のようなウェブ3.0感があって良いなと。飛騨の「CoIU（仮称）」はとてもお金をかけてつくっていますし、設計していただいている藤本壮介さんには悪いですけれど、あれは分校で、本校はどこにあるかと言えば、どこにもありません（笑）。そんな組織形態のスクールもおもしろいかもしれません。

新しい価値は、新しくつくるだけなのか

梅原　今、日本が衰退している理由は、僕は教育だと思います。アメリカにGAFAがある一方で、そういった企業が日本に一切ないという現状は、よう考えたら教育が原因だと思う。自分自身の資源を考えると、子供の時の遊びで得たものです。自分の子供時代を思い出すと、釘一本もあれば遊びを一からつくっていました。例えば、友達と交代で釘を地面に打ち、陣地取りするような遊びとかね。釘一本だけで、皆それぞれが自分で考えて何かをつくっていた。

　つまり、本校の人たちこそ分校に来て学ぶべきだと思うのです。例えば、鮎獲りにしても、網を投げる前に魚がどこにおるのかといった見分ける技術

4――Decentralized Autonomous Organizationの略称で、日本語では分散型自立組織と訳される。リーダーや管理者がいる既成のトップダウン型組織ではなく、所属するメンバーが組織を共同所有し、意思決定もメンバーによる投票によって行われる、効率的な運営を実現する試みとして生まれた組織形態。インターネットの普及によって、地域や国境を越えて共創する組織や事業体が登場し、物理的な距離があろうとも信頼関係の構築や効率的な組織運営が必要になったために生まれた背景がある。

もいるわけよ。川面は光っているから魚がどこにいるのかわかりにくいけれど、目線の高さを変えるとわかる。網の投げ方も、魚は後ろ方向にはよう泳がんので、泳いでいる少し前に投げる。魚がいる深さによって投げる位置を変える必要もある。そんなことを知らずにマネーゲームばかりを教えるから本校はあかんのです。鮎獲りのような人間の根源的な営みにこそ、○が一になるような発想の源がある。一から始まってどこにもいかないような中途半端なメンタリティでは新しい産業は生まれません。つまり、教育が悪い。

「しまんと分校」のカリキュラムは実技と座学がワンセットで一単位になっています。例えば、鮎獲りを仕事にされている地元のおじさんが先生となり、実技では指導を受けながら鮎獲りを行う。座学では、生物学者が来て鮎の生態を学ぶ。その二つの授業を受けて単位を獲得する。それ以外にも、茶を摘んだり、イタドリや椎茸を獲ったりなど様々あります。それらを毎月やっていつでも自由な時間に十二単位獲得すると、MBA(Master of Bunkou Administration)を取得できるわけです。

僕が言いたいことをまとめると、宮田さんは新しい価値と言いますけれど、新しい価値とはその土地の個性だと僕は考えています。現在、沈下橋に観光バスが停まって、観光客が橋を渡って帰ってくるだけのコンテンツがツアーに組まれています。皆が沈下橋を楽しんでいる。その魅力に気づくまでに四〇年かかったのです。辺境とは絶大な個性ですからね。そして、その個性が僕たちの財産でしょう。

新しい価値を生む方法は、新しくつくるだけなのでしょうか。当時から沈下橋には価値があるとずっと思っていて、一九八九年から四年間、沈下橋のそばに住み、「沈下橋を壊さずに置いときや」と言ってきた僕としては、沈下橋の価値を決して「新しい」ものとは言いたくありません。そんな意味でも、セッション2の「ニューローカル」もなんか嫌（笑）。ニューローカルって外側から見て言ってる言葉やろ？ 内側から見てたら「ニュー」なんて言いたくない。ホテルでも名前に「ニュー」が付くと絶対変なホテルだし、「ニュー」が付くとろくなことがない（笑）。

宮田　的確なコメントをいただき、ありがとうございます。きっと「新しい」という形容はこなれてきたら取れて別の言葉になると私も思います（笑）。

セッション2でも原さんが「大学は何もしていないじゃないか」と指摘されましたが、私もその通りだと思います。スポーツで例えるなら、現在の大学は基本的に筋トレしかしていません。サッカーをやるのか、マラソンを走るのか、どんなスポーツをするかによって必要な筋肉は異なります。実践の中で身体を動かし、神経系が鍛えられて、その競技に合ったしなやかな体ができていくわけですが、現在の大学は何のために使うかもわからない筋肉をひたすら鍛えているわけです。伊藤さんと梅原さんが言及されたように、実践に関わる中で多様な価値に触れながら誰かと共に何かをつくっていく必要があるでしょう。

その時に、伊藤さんからの問いにもありましたが、学びの本質とは何なのでしょうか。今までの産業化社会では一定の知識を習得して働ける人になることが学習要領の全てでした。それも必要ですが、そういった学力に関してはＡＩなどによる個別学習でも教育できるようになってくるため、教師の役割が変わってくるでしょう。従来通りの教師なのか、共に学ぶメンターなのか。教育に関わる人の役割とは、子供たちが何を学べば豊かに生きられるのかを導くことでしょう。

また、学びとは生涯続いていくもので、子供たちだけでなく我々ひとりひとりが何を学ぶと、この先の人生を豊かにできるかに寄り添いながら考えていく必要がある。それを私たちは「CoIU（仮称）」で共創学として実践していきたいと考えています。

このような話をすると、「中高教育は変わらないのか」「大学も結局は偏差値人間しか採らないじゃないか」といった鶏と卵の議論になってしまいます。たしかに現在の大学入試は、今後の社会に必要な能力とは大幅にズレた評価軸で差配されています。そこで「CoIU（仮称）」では、受験戦争のように子供たちを疲弊させることもなく、彼らの個に寄り添うような評価軸を取り入れた試験を検討したり、入学後も学生の学びをサポートして、その学びの中で彼らを評価してフィードバックしていくような教育システムを考えています。また、中学校や高校、教育に携わる企業とも連携をしながら、学びそのものをつくる取り組みも実施したいです。

例えば、今回の構想で言えば、瀬戸内にはあらゆる資源があるため、子供たちが様々な可能性や価値に触れ、共に学び、遊び、発見していくような学びの船があってもいいでしょう。御立さんが仰ったように、その船に学びとは異なる役割のプロジェクトを絡めれば、そこでまた経済が拡がる。そんな繋がりを生む船があってもいいと思いました。

梅原さんが挙げた沈下橋の事例のように、既存のものの価値の再発見も重要ですよね。「CoIU（仮称）」で図書館をつくる際に考えていたことは、決して交わることのない人々を交流させて、飛騨の価値を再発見することでした。一般的なゾーニングでは、新聞を読みに来るだけの地元のおじさんと飛騨に新たに来た学生の滞在場所は異なるように計画されてしまう。一方、藤本壮介さんのスピーチでも説明があったように、「CoIU（仮称）」では共用部となる回遊空間が図書館として機能しているため、予期せぬ交流を発生させることができます［図3］。

例えば、彼らが食というテーマで繋がるとどうなるか。地元の人々はその土地の食材を美味しく食べられる時期を熟知していて、都市から来た若者は新しい料理や調理法を知っている。この二つのコミュニティを交ぜたら、今までになかった地域の食を生むことができるかもしれません。つまり、地域に眠る可能性と外から新しく来る人々を結ぶことで、その土地の食の価値を再発見できればいいと考えています。

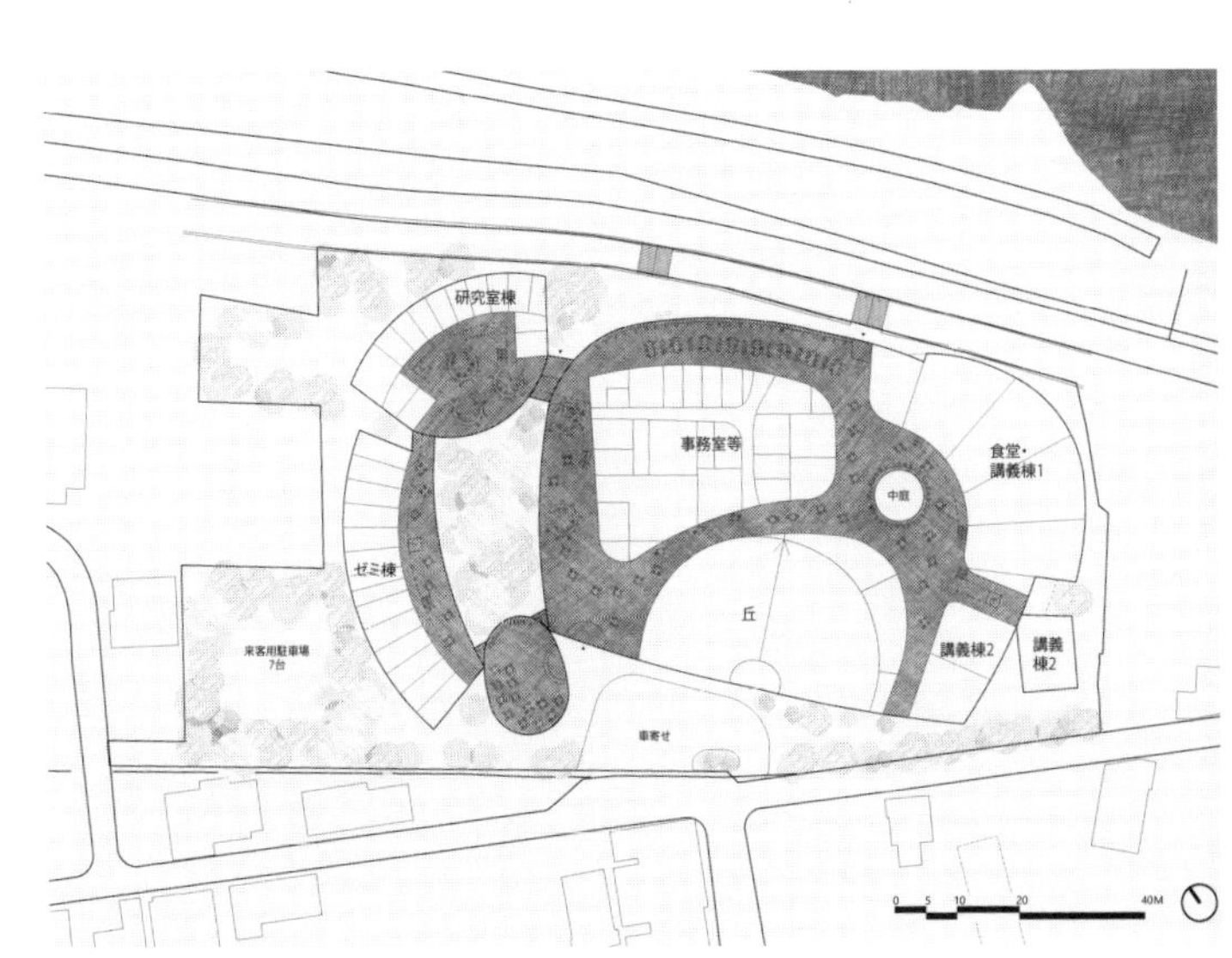

【図3：「Co-Innovation University（仮称）」の平面コンセプト】

プロフェッショナルが集まれる場所

西山　外から新しく来る人たちによって地域に眠る可能性を再発見できるといった話は、セッション2で岡さんが説明してくれた、「関係人口を増やすことがローカルの力になる」といった考えに通じると思いました。大原さんの拠点である倉敷でもそういったことはありましたか？

大原　今から一〇〇年前、大原孫三郎によって倉敷には大原奨農会農業研究所（現・岡山大学資源植物科学研究所）や、大原社会問題研究所（現・法政大学大原社会問題研究所）、倉敷労働科学研究所（現・大原記念労働科学研究所）などがつくられました。プロの知見を取り入れ、農業の改善や工場の働く人々の労働環境の改善が行われたのです。孫三郎の息子の総一郎の時代には、倉敷絹織（現・クラレ）の研究所もつくられます。倉敷とは昔、そんな研究者たちが集まる場所でした［図4］。

つまり、地域の人々が様々なことにアクセスしたり挑戦することも勿論大事ですが、そこにプロフェッショナルが集まれる場所があることも重要です。

【図4：様々な研究所があった頃の倉敷】

イギリスにケンブリッジやオックスフォードがあるように、瀬戸内において倉敷がそういった研究者が集まる場になればいいと私は考えています。どうして倉敷にその可能性があるかと言えば、大原家が携わってきた分野が銀行、病院、研究所、民藝、アート、音楽など多岐にわたるからで、その道のプロフェッショナルたちが活動する場としては決して悪くないはずです。

大原美術館に関しても、西洋の印象派だけでなく西アジアの古物もあれば、中国の青銅器、民藝運動の作品もあります。美術館近くの倉敷考古館には古墳から出てきたものも展示しています。人々の暮らしの中の美が集う倉敷民藝館もあります。そんなミュージアムが集まる場所はいわば研究所とも言えるでしょう。プロフェッショナルが集まれる場があることで、その地域の価値が上がり、そこに暮らしている人々の発想力や創造力が増えていく。様々な研究所が集まって新たな価値を生むことを共創と捉え、倉敷では大原家のポテンシャルを活かした地域への貢献を考えています。

宮田　あらゆる分野のプロフェッショナルが集まる場所は現在の社会でも必要とされているし、歴史の積み重ねがある大原家ならそのような場所をつくれると思います。

そろそろバウハウス［＊5］の次なる学校が出てきてもいいでしょうし、それが瀬戸内から生まれてもいいかもしれません。大上段に出てしまいましたが、バウハウスではあらゆる学問やデザインがワイマールに集まり、モダニズムを定義しました。それがアメリカに渡ってブレイクして、「モダニズム」といった良くも悪くも現代の大潮流が生まれました。しかし、その先の新しい学校は未だない。デザインやアートの力を軸にしてアカデミアと融合しながら生まれるバウハウスの次なる学校がそろそろ出てきてもいいはず。それが瀬戸内全体、あるいは倉敷で生まれてきても不思議ではありません。

西山　先ほど大原さんからケンブリッジやオックスフォードの話が出ましたが、そこにはユニバーシティである以前にカレッジ［＊6］があり、学生に生活や勉強の場を提供するカレッジには必ず宿舎もあります。セッション2で学校の構想について議論されている時、宿舎を中心にしたプロジェクトを考えてもいいと思いながら聞いていました。学生だけでなく教える側の先生たちの宿舎をつくってもいいでしょう。

例えば、その宿舎は簡素なアパートでなく良質なデザインの住居にして、実際に教員や職員が購入することもできる。社員寮的なファイナンスがつい

5——一九一九年にドイツのワイマールに設立された造形美術学校。工芸や写真、デザインなどを含む美術と建築に関する総合的な教育を行い、機能主義や合理性を追求するモダニズムの源流をつくった。初期は表現主義の傾向もあったが、機械的な大量生産が主流になりつつあった社会に呼応して、経済性や合理性を徹底する方向になり、時代に即したデザインの在り方を指導した。

6——ケンブリッジ大学の場合、ユニバーシティは各学部の教室棟や研究所といった建物や事務職員を保有する国立の組織。その中に複数のカレッジがあり、それらは私立の組織で、ユニバーシティからは独立して運営ならびに経営されている。カレッジには、住居、図書館、運動場、カレッ

ていてもいいかもしれません。初期段階でオーナーを募ってお金が入ってくることが見えれば、銀行もお金を貸しやすくなります。更に言えば、井坂さんのアドバイス通り、銀行が何も考えずにお金を融資してくれる政策投資として位置付けてしまう。お金に余裕がある外の人がサービス産業が栄えるであろう瀬戸内を見越して、その宿舎を購入して収益物件にしてもいいでしょう。そんな投資家が入ることで、また新しい何かが生まれるかもしれない。

　このようにカレッジの在り方を瀬戸内に転用してもいいのではないでしょうか。せっかく地名が取れて「Co-Innovation University（仮称）」という名前になったのなら、「CoIU（仮称）」のカレッジが倉敷や高知にあってもいいですよね。若い人のためのホスピタリティスクールでありながら、様々なプロフェッショナルが集う研究所の群でもあり、「しまんと分校」のような普段働いている人が一時的に実学できる学校でもある。皆さんの議論を聞いていて、そんな場所ができるとおもしろいと思いました。

「わたし」と「わたしたち」

原　宮田さんのスピーチで、社会全体がソサエティ5.0[*7]になってい

ジの校舎などがある。更に、教師や学生はユニバーシティではなくカレッジごとに選考されて、入学や就職することになる。合格または採用後に各自が希望するユニバーシティの学部に配属される。ケンブリッジには三一のカレッジがあり、オックスフォードには三九のカレッジがある。

7——仮想空間と現実空間を高度に融合させたデジタル革新やイノベーションによって、経済発展と社会的課題の解決を両立する人間中心の社会。二〇一六年の第五期科学技術基本計画において、人類が歩んできた狩猟社会（1.0）、農耕社会（2.0）、工業社会（3.0）、情報社会（4.0）に続く、日本が目指すべき第五の新しい社会として提唱された。

くための諸条件についてお話いただき、学校を考える前提について整理ができました。宮田さんの考えに共感すると同時に、どうやって瀬戸内でその学校を成立させていくのかといった具体案を本気で考えていく必要があると思いました。

拙著『低空飛行』も、観光学というより共創学のようなものを自分で発想しながら本にしました。そこでは冒頭で、「〈わたしたち〉のデザイン」といった文章を書いています。簡単に言えば、あらゆる発言の背景が「わたし」という主語から「わたしたち」に切り替わっていかないともたない社会になってきたという内容です。

これまで日本の高度成長期には「わたし」が称揚されてきました。かけがえのない「あなた」、個性のある「あなた」、世界にたった一つしかない「あなた」など、個の事情を社会に優先させる価値観が蔓延した結果、他人と違う「わたし」の独自性をすごく主張する社会になってしまいました。つまり、「私ってペペロンチーノが好きじゃないですか」という「あなた」の趣味嗜好を他者が共有し、ペペロンチーノが好きな「あなた」を有無を言わせずに尊重しなくてはいけなくなってしまったのです。僕は正直、そんな状況が気持ち悪いと思っていました。

しかし、最近になってその傾向に変化が出てきました。例えば、地球の環境問題において、スウェーデンの環境活動家であるグレタ・トゥーンベリさんの主張における主語は「わたしたち」です。よくよく考えてみると、COVID-19や気候変動の問題も「わたし」の問題ではありません。「わたしたち」がどう選択するかが問われているということです。つまり、ホモサピエンスの一つの教養の根底が変わってきているのでしょう。

哲学者のブレーズ・パスカルが「人間は考える葦(あし)である」と言いました。人間とは弱くて細い葦のような存在だけれど、考えることができる。パスカルはその言葉を残した時、植物よりは人間の方が「考える」という意味で、少なくともホモサピエンスの優位性を信じたわけです。または、哲学者のルネ・デカルトの「我思う、故に我在り」も同様です。人間は歩いて食物を摂取しなくてはいけないせっかちな生物、つまり、中枢神経である脳にあらゆるデータを集めて即座に判断していくという独自の生存戦略をとった生物だったため、個の最適性を優先する思考を連続した結果、ふと「わたし」という幻想を持ってしまったことを表しています。まどろっこしい言い方ですけれど、一世代しか成り立たない個の事情を最優先するという発想が「わたし」なのでしょう。

その意味で、「わたし」を最大化してしまうと生きていけなくなる世界が、環境問題やコロナウイルス、貧困などによって見えてきてしまった。人間とはそんなに賢くなくて、二世代後に確実に枯渇するかもしれない食料を目前にして、「わたしは我慢できない」と食べてしまう程度の知性だったと皆が徐々に気づいてきました。

おそらくソサエティ5.0に達していくためには、人類全体で「わたし」でなく「わたしたち」「WE」を主語にして物事を考えていく必要がある。このシフトはそれまで「わたし」を主語にして思考していた人々にとっては相当にしんどいことでしょう。文学の根底には、「わたし」という矛盾があります。つまり社会という「わたしたち」として思考するべきものを「わたし」として考えてしまったことによる矛盾が、あらゆる文学の根底にある。例えば、影のない世界が「わたしたち」の世界とすると、強烈な一灯ライティングで明確な影をつくってしまう世界が「わたし」の世界です。人間はその影に愛着を抱き、それが文学や詩に昇華されてきた。そこから脱した思考にシフトしていくことは決して簡単ではありません。そんな思考の転換に対して、はたしてどれほどの合理的なインテリジェンスを持てるでしょうか。言い換えれば、僕らは「Co-」をきちんと装着できるかどうか。おそらく「Co-」を装着した時に、「わたしたち」を主語にした思考に転換できるはずです。

一方で、「Co-」の装着は嫌なことでもあるなと思いながら聞いていました。デザインという行為は基本的に「Co-」をベースにしたクリエイティブのため、常日頃からそこら辺のことを考えざるをえないのですが……、一方でその「Co-」はすごく綺麗事でもあるわけです（笑）。

第二回のHOUSE VISIONのテーマは「CO-DIVIDUAL 分かれてつながる、離れてあつまる」でした。現代は、家族や夫婦も解体され、ある意味でこれ以上は分割できないたった一人の個（＝individual）の社会になってしまいました。だから、分割されきった社会をもう一回繋げ直していく「Co-dividual」といった考え方を提案したのです。宮田さんが提言しているようなデータを用いて人々を繋げていくことも含め、新しいコミュニティの形をどう構想できるかをテーマにしました。「Share」ではなく「Co-dividual」の方がわかりやすいと思い、僕も「Co-」という概念を使ったので、宮田さんの「Co-Innovaton」については共感します。人類がホモサピエンス2.0になれるかどうかが、今、僕らに問われているのでしょう。

宮田　原さんの話を聞いてハッとしました。たしかに「Share」だと中国の回し者みたいな感じで、一定割合の人は無理やり共有しに来るというイメージを抱くそうで、言われなき非難を浴びることがあります（笑）。「Share」でなく「Co-dividual」であれば、一方的ではなく両方から手が伸びて共につくるイメージが生まれます。ワードセンスとは改めて大事だと感じました。

原さんが提言した新しい生き方については、色々な見方があると思います。例えば現代アートの分野も、マルセル・デュシャン［＊8］から始まり、絶対的な価値はないと既成の価値基準を壊し続けてきた。では、その先に何があるのだろうかという問いの中で、瀬戸内国際芸術祭のような「共有」するアートが出てきました。今まさに人と人、人と世界の在り方を考えるインスピレーションがアートから出始めています。アートが人間の次の生き方や社会のインスピレーションを示していけるような気がするので、瀬戸内には可能性を感じています。

隣人と共創するには

西山　セッション3「スクール」の最後に、現代のこういった世の中だからこそ、あえて皆さんに投げてみたい議題があります。宮田さんの講演でレ

8――二〇世紀初頭に活動していたフランス人芸術家。キャリア途中で従来の絵画を離れ、芸術そのものへの懐疑から日常で使用される既製品（または既製品に少し手を加えたもの）の有用性を奪い、署名を施したり、タイトルを名付けることで価値の転換をもたらす概念「レディメイド」を、美術という文脈に持ち込んだ。作品の題材となった既製品には、自転車の車輪、男子用小便器、ガラス、シャベルなどがある。デュシャンの「レディメイド」は、芸術の概念や制度自体を問い

オナルド・ダ・ヴィンチが登場しました。彼は医学、建築、美術、工学とあらゆる分野の学問に精通していましたが、その中には軍事工学もあります。教養としてディフェンスやナショナルセキュリティ、もっと言えばミリタリーをどう扱うべきでしょうか。教養の一つでもあると思うのですが、ともするとタブーだから教えてはいけないという考え方もあるでしょう。私も東京大学に務めていますが、在籍前に「軍事に関することとは一切関わりません」という誓約書を書かされます。でも、正直に言えば、「本当にそれで良いのかな、平和ボケしたら怖いな」と、一人のindividualとして思うわけです。

人間が生きていくためには、動物や植物をいただきます。その時に血も流れるし、力を使わなくてはいけない。それは人間同士でも起こりうるかもしれません。今の日本は平和だから避けて通れていますけれど、有事の時に、私たちと関わる何かを共有したり奪い合ったりしなくてはいけない隣人と、どう折り合いをつけていけばいいのでしょうか。

伊藤　宮田さんの「モナ・リザ」の話にもありましたが、微笑みで人を繋ぐという感覚は極めて重要だと思いました。日々の中で「わたし」という感覚から「わたしたち」へどうやって移り変わるか、それは地球人という感覚

直す作品として現代アートの出発点とされている。

をどう培っていくかということでしょう。

私はそのヒントが伝統にあると考えています。京都で工芸職人と話す時、彼らは「わたしは」という主語では自身のやりたいことをあまり喋りませんが、「わたしたちは」という主語になると話がドライブすることがよくあります。「あなたの中で何かやりたいことはありますか？」と聞いても、「自分がどうこうではなく、わたしたちとしてやらないといけない」と言われるのです。彼らは先代から受け継いできた技術や伝統を次の世代に継承していくことを前提にしているため、あまり「わたし」を突出させることに興味がないのです。それは共に生きていく感覚であり、まだ見ぬ未来へ継いでいく感覚とも言える。工芸職人の方々の生き方を見ていると、バトンを受け取って次に渡そうとする使命感が人間に充実感や安定感をもたらしているのだろうと思います。

私は子供たちにも早いうちにそういった生き方もあると学んでもらいたい。現代の社会ではそんな生き方を知らないために、競争相手が出てきたらどうやっつけるかといった「わたし」が生き抜くための話にどうしてもなりがちなので、その前提を丁寧に伝えていきたいと思います。

西山　過去の世代と未来の世代を繋ぐ「わたしたち」という見方ですね。

大原　私は教育は重要だと思います。知った上でどう判断するか、その判断を個々がきちんとできるようにするためにも教育は必要でしょう。知らないことはとても怖いことです。知らないリスクよりは知っているリスクを取る方がいいと思います。

宮田　軍事をカリキュラムに入れるかについては、私も入れるべきだと考えています。やはり第二次世界大戦後の経済安全保障体制は、もはや前提として成り立たなくなっていますよね。平和が無形の価値として保障されているのではなく、ある種の拮抗関係の中でどう捉えるか。SDGsにはこのような項目はありませんが、僕は「Peace Safety and Human Security」ということを五年前くらいから提言していて、軍事も含めてどう向き合うのかを考える必要があると思います。

哲学者のジョン・ロールズが著書『正義論』（一九七一年）の中で「正義とは何かとは、どんな立場に立たされたとしても、ある行為が肯定できるか」と述べています。被害者なのか、加害者なのかも含めてどの立場で生まれたとしてもです。当時はそんな想像力は人類になかったため、この言及は多くの批判を集めましたが、今まさに繫がる力によってロシアのウクライナ侵攻を捉える感覚が変わってきたと思います。

かつてなら、ウクライナもロシアもどっちもどっちだよといったローカルな問題として扱われていたけれど、強者が弱者を踏みにじる行為を許容してしまうと、世界中で行われる同じような構造を私たちは許容しなくていけなくなります。アジアにも中国の台湾侵攻の可能性という具体的な事例もありますよね。あるいは核戦争を前提とするような国際外交を良しとしてしまえば、これから先の未来へ向けた橋は全て成り立たなくなる。だから、ロシアのウクライナ侵攻はローカルの中の一つのやり取りでは済まないのです。インターネットというコミュニケーションコードは人類を繫いでいるため、その繫がりの中で我々は何を考え、何を意識して生きていくべきか。

サステナビリティにもカーボンニュートラル化［＊9］などの様々な軸がありますが、まずは核武力を背景としない国際協調、あるいは強国が小国を蹂躙しない世界をつくることが最優先の課題ではないでしょうか。タブーという見方があるかもしれないけれど、平和安全をつくる手段の一つとして軍事があると理解した上で世界の未来と向き合うことは必要だと思います。

9――温室効果ガスの排出量と吸収量を均衡させることを意味する。二〇二〇年に日本政府は、二〇五〇年までに温室効果ガスの排出を全体としてゼロにする、カーボンニュートラルを目指すことを宣言し

梅原　真面目な話、教育を考える上でその問題は避けられへんよね。一方で、宮田さんが話すような、奪い合う社会から共創する社会へとシフトする必要があることは理解できました。その夢みたいな共創は田舎と都会でもなく、日本とウクライナやロシアかもしれない。そういった国際的共創のような言葉が生まれる、あるいは「Co-Innovaton」が世界共通用語になるような社会を求めていくしかないと思います……あれ、僕にしては甘い結論ですね(笑)。インターナショナルな共創を目指しましょう。以上です。

西山　ニューローカルや分校のように地域と新しい何かが繋がる時、外から人がやってきてその地域に土地を持つことになるため、元々いる地域に留まざるをえない人たちには、有事の時に見知らぬ新たな隣人に否応なく何かされてしまうではないかという不安が少なからず芽生えると思います。これが最後の問いかけのコンテクストでした。これから私たちが実践していくべき多様で多元的な共創社会でも、そのコンテクストをどのように乗り越えていくかは避けられない課題となるでしょうね。

ている。例えば、国土交通省から選定された空港は、空港内及び空港周辺の未利用地を有効活用した太陽光発電、蓄電池の導入、空港施設・空港車両や航空機からの二酸化炭素排出削減を組み合わせることで、空港におけるカーボンニュートラル化を実現し、更には地域の脱炭素化と防災性の向上にも取り組んでいる。

オフグリッド

ゲストスピーチ

あるものを使って、ないものをつくる　高野由之

セッション

オンとオフのデザイン

高野由之＋御立尚資＋小島レイリ＋高橋俊宏＋松田哲也＋原 研哉＋宮田裕章＋藤本壮介

あるものを使って、ないものをつくる

高野由之

株式会社ARTH
代表取締役社長

三方良しを生むトンチ

弊社の「ARTH」という社名は地球の「EARTH」と美術の「ART」をかけた造語で、地球上をアート作品のように美しくしていきたいという想いが込められています。そんな弊社が定義している地球上の美しいものは二つあります。一つ目は京都や、瀬戸内海で言えば倉敷など、人類が歴史的な営みの中でつくり上げてきた美しい町並みや建物です。もう一つは、人間が手を加えていない、触れていないからこそ美しい自然です。私たちは人間によって美しくしてきたものと人間が触れていないからこそ美しいもの、対極にある二つをより活かしながら世界中の人々を魅了していく事業を展開しています。

　今回説明するオフグリッドを扱ったテクノロジー事業の他に、歴史的な町並みや建築物を活かすカルチャー事業、美しい自然環境をプロデュースしてホテルなどを展開するネイチャー事業があります。どちらの事業も「地域にあるものを使って、地域にないものをつくる」といった少しトンチの効いたコンセプトが弊社の地方創生案件に通底しています。

　例えば、ネイチャー事業として営んでいる高知県土佐清水市のホテル内にはイタリアンレストランをつくりました。土佐清水市は新鮮な魚や野菜が獲れる地域のため、海鮮丼屋さんや和懐石の料理屋は沢山ありますが、イタリアンレストランはありません。そこで、地域の食材を活かしたイタリアンをつくることにしました。簡単に言えば、和食を出す旅館やホテルを野球チームとすると、野球チームが二〇ある地域に新たに二一番目の野球チームをつくっても意味がないから、サッカーチームをつくったわけです。ただし、きちんと地元の人を選手として採用したチームです。

　つまり、地域の資源や素材を使いながら、表現するコンテンツはその地域にないものにする。簡単なことですが、それによって地域の事業者とも喧嘩しないいし、観光地としても新しいコンテンツが一つ増えるので、観光客にとってもその地域の滞在価値が高まります。勿論、それまで土佐清水市にイタリアンがなかったため、地域の人からしても嬉しい。

東京から持ってきた全国各地にできる某メジャーコーヒー店のような、「地域にないものを使って、地域にないものをつくる」のではなく、「地域にあるものを使って、地域にないものをつくる」ことで、地域の事業者と観光客、差別化してお客を取りたい自分たちにとって三方良しとなるわけです。

オフグリッドの可能性

テクノロジー事業であるオフグリッド型居住モジュール「WEAZER」を考え出したきっかけは、海を越えた東アフリカにあるウガンダからのホテル開発の相談でした。実際に現地に行ってみると、ウガンダは気候も良く、雨もそこそこ降り、暑すぎもしない大変快適な場所でしたが、私が滞在したホテルも良いグレードではあるものの毎日停電するし、シャワーの水もほぼ濁っていました。綺麗な雨が降るのに、蛇口をひねって出てきた水は雨より汚いこともある。建物を新築するなんて、とんでもなく大変なことになると聞きました。

こんなに気候条件や自然環境が素晴らしい場所だからこそ、綺麗な水や安定した電気の供給、きちんとした建設技術といった日本では当たり前のコンディションが整っていないことに勿体なさを感じました。ウガンダでの滞在経験を経て、インフラに頼らないソリューションを持たないと幅広い事業展開ができないと考え、着想着手したものがオフグリッドモジュールです。

世界中には息を呑むような美しい場所が沢山あります。しかし、その場所の多くには電気やガス、水道などのインフラがありません。しかも、自然環境を傷めるなどの理由で滞在や宿泊場所をつくることもできない。そこでオフグリッド型居住モジュール「WEAZER」を開発しました。

「WEAZER」は自然の力を活用してエネルギーを自給することができます。太陽光でつくった電気は照明や電化製品などの居住空間にある全てのエネルギーを賄えるし、雨水を濾過、滅菌した水はシャワーやキッチンなどの生活用水にも使えます。晴れている日は太陽で電気をつくり、雨の日には雨水を活用して水をつくる、自然の力とテクノロジーを組み合わせたシステムです［図1］。

自然の力でエネルギーをつくるため、二酸化炭素の排出量は勿論ゼロとなります。浄化装置も搭載しているため、汚水排水もなく、電線や水道が通って

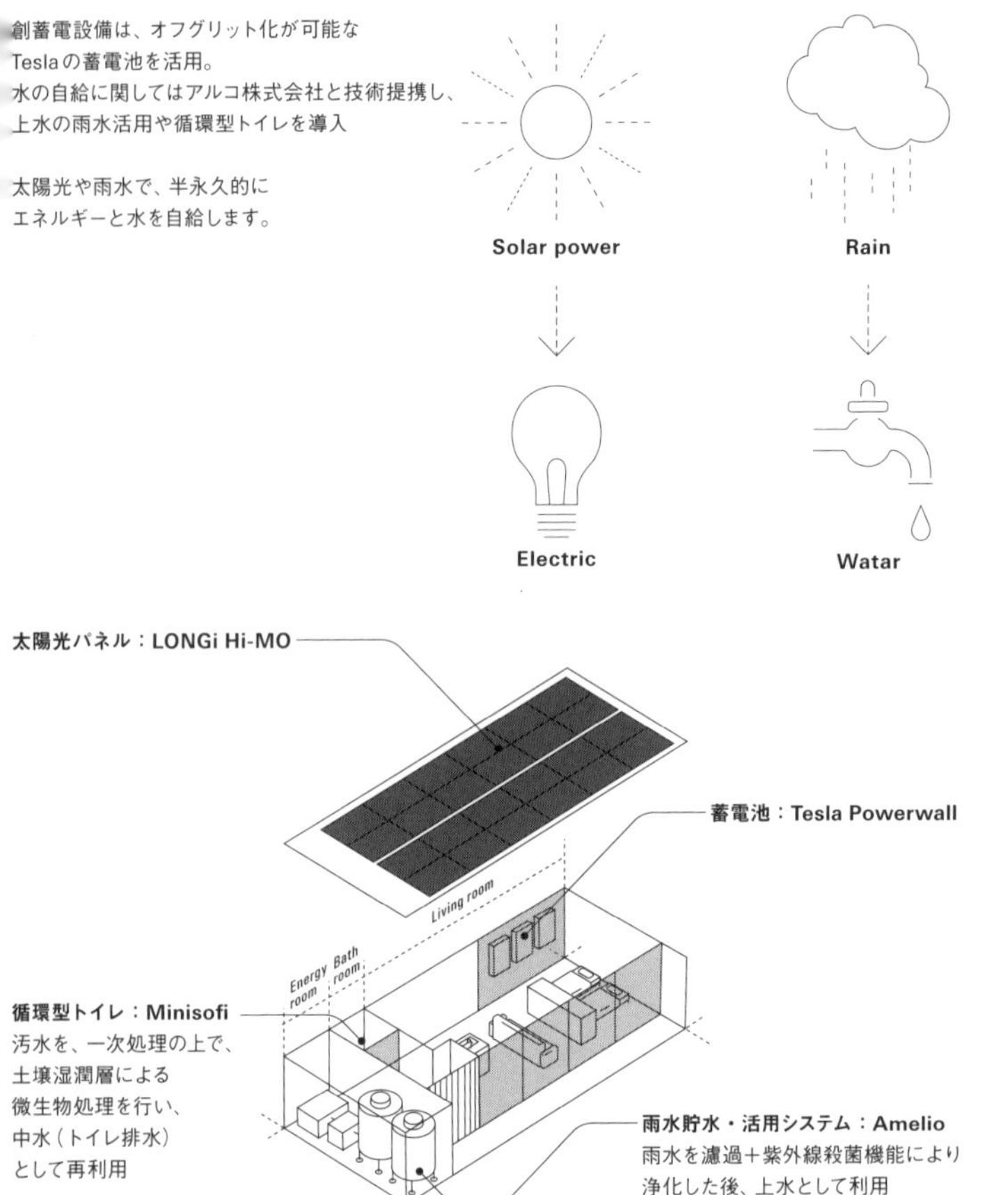
創蓄電設備は、オフグリット化が可能な
Teslaの蓄電池を活用。
水の自給に関してはアルコ株式会社と技術提携し、
上水の雨水活用や循環型トイレを導入
太陽光や雨水で、半永久的に
エネルギーと水を自給します。
Solar power
Rain
Electric
Watar
太陽光パネル：LONGi Hi-MO
蓄電池：Tesla Powerwall
Living room
Energy room
Bath room
循環型トイレ：Minisofi
汚水を、一次処理の上で、
土壌湿潤層による
微生物処理を行い、
中水（トイレ排水）
として再利用
雨水貯水・活用システム：Amelio
雨水を濾過＋紫外線殺菌機能により
浄化した後、上水として利用

【図1:「WEAZER」】

いない場所にも設置できる。つまり、災害時に停電や断水などが起きても問題なく電気や水を使用できるため、公共施設に搭載すれば緊急時の避難場所にもなるでしょう。モジュールのサイズや形は自由自在で、コンテナの規格に合わせてユニットを組み合わせて運搬可能です。庭などの外構工事といった「WEAZER」とは関係ない部分の工事は施主次第になりますが、「WEAZER」の設置自体は二〜三日で可能です。

そんな「WEAZER」の特徴の一つに気象データによる解析［図2］があります。オフグリッドでは電気や水を得るために太陽光や雨水を利用するわけですが、今いる岡山と西伊豆は勿論、北海道や東京、沖縄、日本各地では降水量や日照量といった気候のコンディションは全く異なります。そこで「WEAZER」を設置する場所の湿度や温度、降水量など、一時間おきの気象データ二〇

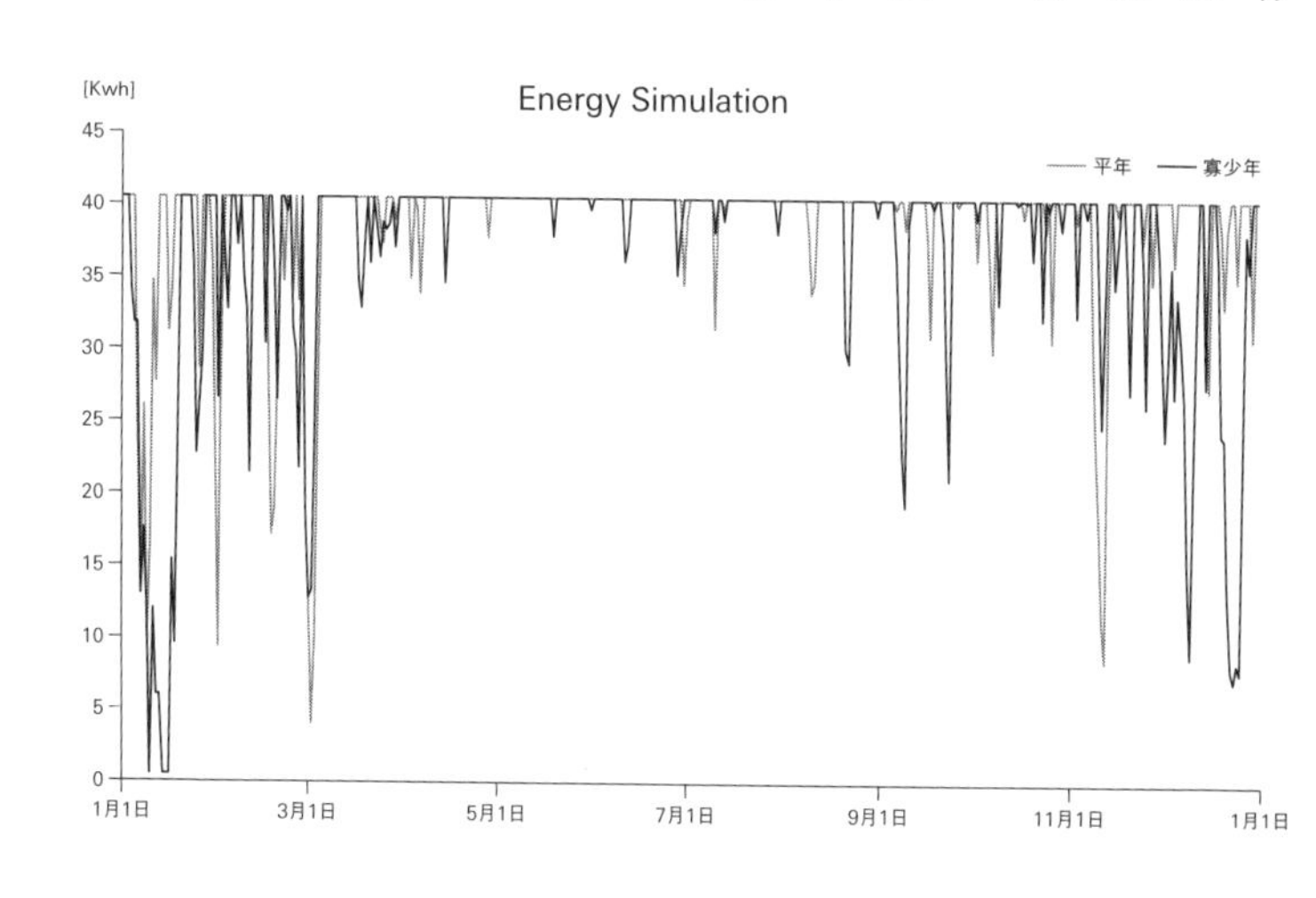

【図2：「WEAZER」の気象データによる解析】

年間分をプログラムに入れることで、完全自給できるパワーユニットや、モジュールの断熱性能などハードの仕様を逆算で導き出します。つまり、設置する場所によって「WEAZER」をカスタマイズできるわけです。

実際、弊社のホテル事業の中で、「WEAZER」のプロトタイプとなる宿泊施設を二〇二二年十月に西伊豆にオープンさせます。立地は駿河湾の絶景が見える場所で案の定インフラはありませんが、「WEAZER」によって既存のインフラに一切頼らず、汚水排水や二酸化炭素排出も完全ゼロの環境負荷をかけないホテルになりました。

また、オフグリッドモジュールで取り組んでいるソリューションはもう一つあります。電気自動車（EV）との連携です。弊社の「WEAZER」を用いると少し余剰な量の電気をつくれるため、その余剰電力を使ってEVを充電できます。

そもそも日本のEVとは、走行中は二酸化炭素排出がゼロになりますが、動力となる電気をどうやってつくっているかまで遡ると、火力発電や原子力発電ですよね。有機物も燃やして二酸化炭素を排出した電気で走っているわけです。しかし、「WEAZER」を用いれば完全自然エネルギーでつくった電気をEVに貯めることができるので、車移動で排出する二酸化炭素は完全にゼロになると言えるでしょう。

また、最新のＥＶなら車から家に電気を供給することも可能なため、まさにモビリティと居住がシームレスになって自然エネルギーをマネジメントできるという仕組みも考えています。実際に現在、トヨタのＥＶと連携してプロジェクトを進めています。将来的には西伊豆のエリアに「WEAZER」を幾つか配置し、その間をＥＶが余剰電力で走ることで、居住空間とモビリティでエネルギーを融通し合う、CO_2ゼロエミッションを達成できるエリアをつくりたいと考えています。

人類と地球の新しい関係性

せっかくなので、「WEAZER」を使って瀬戸内でこんなプロジェクトができたらおもしろいだろうという構想の叩き台を持ってきました。

瀬戸内には「六一九／七二七」という数字があり、七二七は外周が一〇〇メートル以上ある島の数、それに対して六一九は無人島の数です。つまり、この瀬戸内海の美しい島々のほとんどが滞在不可能であることを示しています。中には昔は人が住んでいた島もありますが、そのほとんどの島にはインフラも当然なく、人が住む島は全体のわずか十五%です。そんなインフラがない島もオフグリッドで滞在できる場所に変えられたら、瀬戸内海の七〇〇を超える島全てが人類が楽しむフィールドになるわけです。

逆に言えば、今までの離島開発にはインフラを整備する大規模工事が必要であったり、インフラを利用しなければキャンプみたいな滞在になってしまう。快適且つ自然環境への負担なしなんて良い所取りはできませんでした。しかし、「WEAZER」のようなオフグリッドのソリューションなら、自然を痛めつけることなく瀬戸内海にある綺麗な島々の美しさを保ちながら、人間が滞在できる場所をつくれます。

私たちの構想は、オフグリッドの島を幾つかつくる計画です。まず最初に旗艦島となるメインの島をオフグリッドで自然に優しい島にして［図3］、

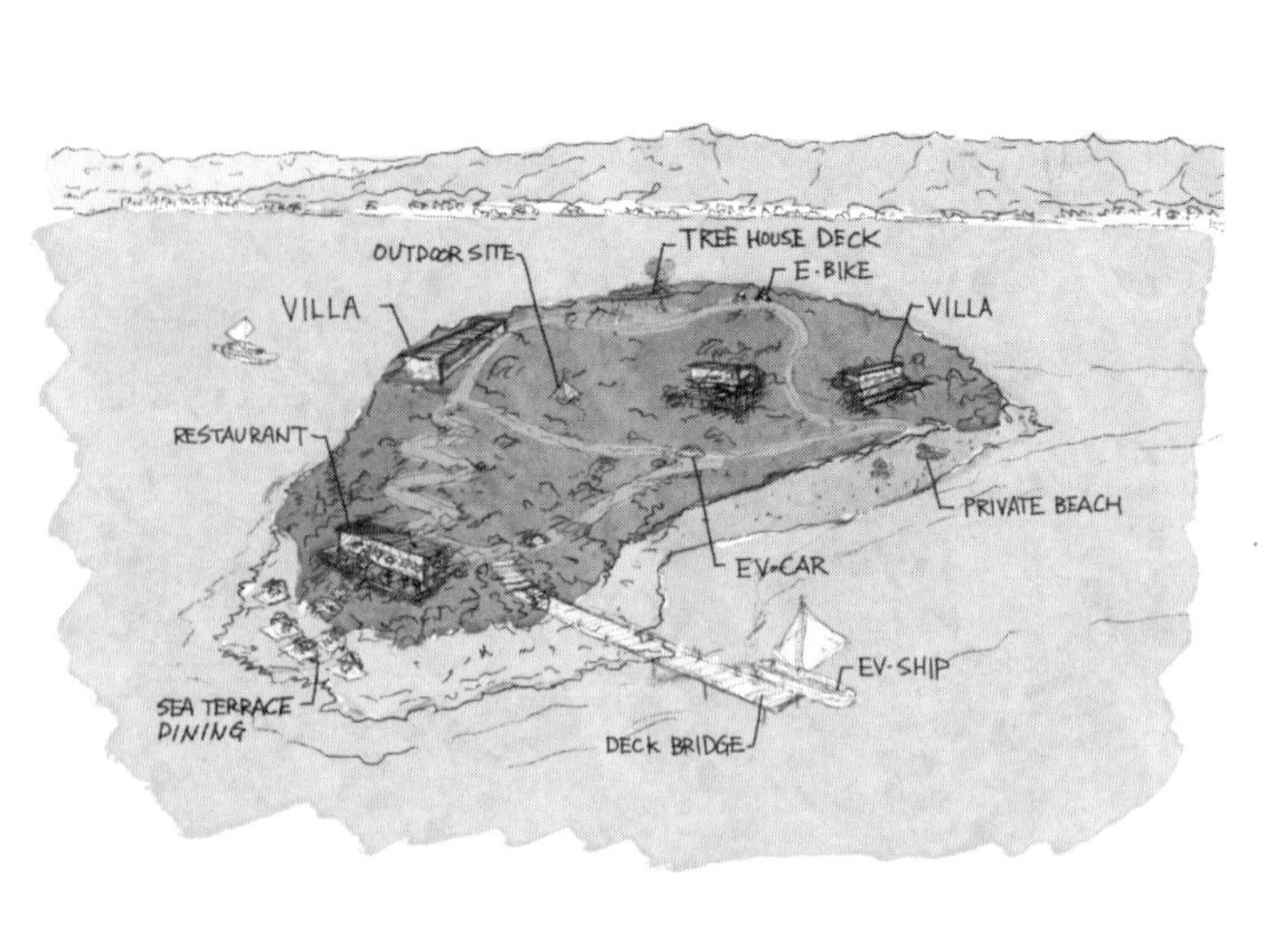

【図3：高野氏が構想するオフグリッドの島のイメージ】

その旗艦島の周りにある島々に客室やスパ、コンサートホールといった機能を与え、人々が島々を周遊しながら滞在できるようにします［図4］。旗艦島には幾つかの宿泊施設やレストラン、ビーチに加え、この群島のフロントも設けます。まずは旗艦島のフロントでチェックインしてから、周辺の島々のアクティビティに出かけていくといったイメージです。この群島全体が汚水排水も二酸化炭素排出もない完全なゼロエミッションの場所になっています。これも、私たちのコンセプト「地域にあるものを使って、地域にないものをつくる」と言えるでしょう。

　瀬戸内海の島に限らず、これからの地球、あるいは人類の未来を考える上で、オフグリッドは一つの大きなターニングポイントになると考えています。例えば、昨今ガソリンや電気などエネルギーの価格が高騰していますが、そういった経済

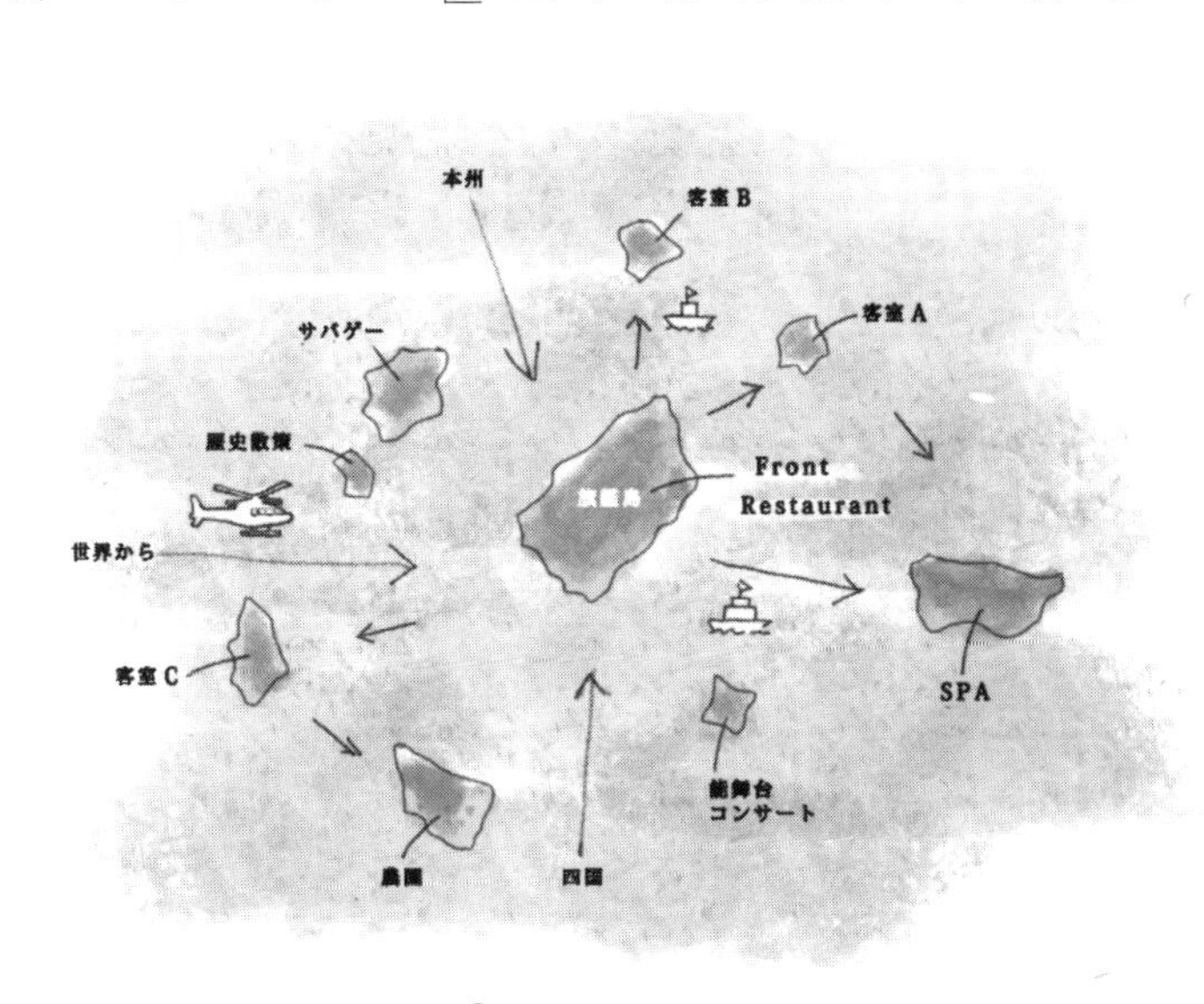

【図4：旗艦島と各機能を持つ島々】

市場にも左右されずに自立することができます。また、「WEAZER」なら世界中どこへでも運べるポータブル性を持っているため、私たちの生活拠点の選択肢も広がるでしょう。

一つの会社に通い続けず、働く場所を替えていったり、持ち家を持たずに住まいを替えていくなど、二一世紀になってそんな流動化が加速していきます。大規模な都市開発やインフラ開発でレガシーな街をつくって人類を縛りつけるのではなく、個人が本当の意味で自由に地球上で住みたい場所を選び、且つ地球に対してダメージを与えない人類と地球の新しい関係性を考えるきっかけの一つに、オフグリッドはなると考えています。オフグリッドでなければ困るようなコンディションの無人島が沢山あり、美しい自然や文化、産業がある瀬戸内というエリアは、その最初の舞台として最適ではないでしょうか。瀬戸内海の島々でオフグリッドを展開することが、地球全体の未来を考える一つの示唆となればいいと考えています。

セッション

オンとオフのデザイン

高野由之＋御立尚資＋小島レイリ＋高橋俊宏＋
松田哲也＋原 研哉＋宮田裕章＋藤本壮介

プロフィールはpp.382-396参照

枯れた技術のアッセンブル

御立　私が携わっているＮＰＯ関連の仕事の一つに、慶應義塾大学環境情報学部の安宅和人さんが中心となって活動している「風の谷」というプロジェクトがあります。地方に住んでいた人々が街を棄て、都市への人口集中の流れが世界中で止まりません。急激に都市が大きくなる一方で、過疎化している地域が増え続けている。二〇五〇年以降、インドとインドネシア以外のほとんどの国で人口が減っていくと予測されている中、世界各地で過疎が起きると都会だけが残り、「しまんと分校」があるような人間と自然が共生できる場所はなくなっていくでしょう。そこで「風の谷」では、その土地の潜在的価値に合わせて様々な知恵やテクノロジーを使い倒すことで、都市しかない未来に対するオルタナティブとして、都市にも負けない圧倒的な空間や、新しい文化が生まれる地域をつくる可能性を構想しています［図1］。その中でずっと出てきている話題がオフグリッドでした。

グリッドとは電気を供給する高圧線や水道管、ガス管など、いわゆるインフラのラインを指します。例えば、水道管は最初に大きな街を巡り、次に小さな村へ、最後は山の上にポツンとあるような一軒家に引かれていきます。そのコストは管の後半部ほど高くなるので、その地域の人口が減れば減るほど、採算が合わなくなる。そこで今後どうやって地域が生き延びるのかを考えた際、コンクリートで固めた道路と電気や水といったエネルギー全般のグリッドを、どうオフグリッド化していくかが鍵になります。

セッション1で私が「無人島を買いましょう」と騒いで松田敏之さんを困らせましたが、無人島が使われない最大の理由は生活インフラがないからです。つまり、もし水も電気もグリッドから離れて自給することができれば、無人島も活用できる。

先日、素晴らしい景観が目前に広がる、ある村の建物を訪れました。しか

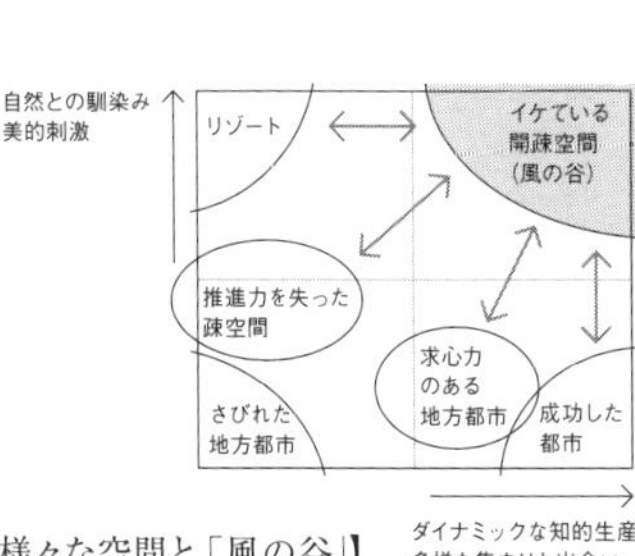

【図1：様々な空間と「風の谷」】

し、実はその建物は違法建築でした。良い立地に建っているのですが、水道管に繋がってなく下水が垂れ流しになっていて、村の人々が迷惑していました。それもオフグリッドで処理できてしまえば解決できるかもしれない。離島や過疎の地域で絶景の場所に人間が生活していくためには、オフグリッドが必要になるわけです。

現在、世界ではオフグリッド競争になっています。例えば、ヘルシンキに「Majamaja」というオフグリッドキャビンがあります。地域性も関係しているためか、「Majamaja」は厳しい自然の中で耐えうる小屋のようなものでラグジュアリー感はありません。西伊豆にある「WEAZER」のプロトタイプでもある宿泊施設は、海に開けたラグジュアリーなものでした。「蔵宿 いろは」の改修を進めている松田哲也さん、いかがでしたか？

松田哲 私は俗世間にまみれている人間とでも言いますか、既成概念を超えていく価値という題目は理解しつつも、それをやりきるまでにはいかなかったので、高野さんたちの取り組みは素晴らしいと思いました。夢のような話でしたし、未来を見たという感じがします……あの、高野さんたちはＩＰＯ（新規株式公開）はされないのですか？ 株を買いたいなと思いまして（笑）。

真面目な話、私は瀬戸内デザイン会議の参加者の中でも一般消費者に最も近いと思っています。例えば、山や海に移住される方の中で、エコスタイルのロハス的な暮らしを選ぶ人がいますよね。彼らは自然豊かな環境を享受する一方で、テクノロジーが切断された不自由な暮らしを楽しんでいる部分もあると思います。私個人としてはそこはあまり羨ましくない。オーガニックやエコという考え方は好きですが、シンプルライフをあまり好きにはなれないのです。もっと俗世間にまみれている方が心地いいし、何よりも快適な暮らしをしたい。だから私はハワイや沖縄、ニュージーランドなどの先進的な、あるいは俗世的なライフスタイルがきちんと相見えるような場所を自分の事業の敷地に選んでしまう。しかし、そんな私の価値観を「WEAZER」なら凌駕してくれると思いました。

気象データがプログラミングされているので、不自由なく水も電気も使える快適な暮らしができるならば、家やホテルだけでなく様々な可能性が拡がると思いました。セッション3の共創ではありませんが、人と社会の繋がり、産業同士の繋がり、歴史を跨いだ繋がりなど、あらゆる繋がりを網羅できる技術だと思います。

御立　「WEAZER」はエコキュート（自然冷媒ヒートポンプ給湯機）といった既存の技術を用いて、且つ気象データを使っている点がミソですよね。この手のプロジェクトの場合、一定以上の枯れた技術でないと信用できず使いたくありません。真新しい実験的な技術でいきなりやられたら堪ったもんじゃない。オフグリッドとして「WEAZER」が安心できる理由は、既に相当なヴォリュームで使い倒されて実績のあるエコキュートに気象データを取り込んでうまくコントロールしていることがとても大きい。現在は太陽光とエコキュートの併用ですが、テクノロジーが進歩して更に良い技術が出てくれば、どんどん差し替えていけばいいいですしね。

高野　そうですね。例えば、蓄電池はテスラのパワーウォールを使っているのですが、このような要素技術は世界中でどんどん進歩しているため、弊社としては要素技術まで全て内製化する必要はないと考えています。下水処理ばかり強い企業、太陽電池ばかり強い企業など、特に日本はクラスターごとに産業が蛸壺化しているので、それぞれを最適に組み合わせるイノベーションとして弊社の取り組みを考えています。それゆえに御立さんが仰るように、要素技術はその時々で常に最適なものを選んでいきたいですね。ただし、将来的なサプライチェーンの中で戦略的に内製化する部分はあると考えていて、現在構想中です。

グリッドとオフグリッドが逆転する未来

高橋　高野さんに質問ですが、「WEAZER」を設置する際のコストは、どの程度になるのでしょうか？　また、モジュール単位で販売するのですか？

高野　弊社としてはオフグリッド型居住モジュールというイノベーションを社会に対して丁寧に伝えていきたいと考えていて、いきなり大量生産するのではなく、この技術のヴィジョンに共感していただく事業者やプロジェクトに数を限定して提供していきたいと考えています。弊社が直接運営するホテル事業のようなプロジェクトや、「WEAZER」を使って地域開発したいオーナーなど、最初は基本的に限定した範囲になりますが、販売形式も用意しています。価格についてはまだ最終的な公表価格はありませんが、一基一億円からで考えています。宿泊施設としては売上が立たない開発期間が通常の新築に比べて圧倒的に短くなり、水道光熱費も一切かかりませんので、その意味も含めて資本主義の投資利益率に乗る水準での価格を設定したいと思っています。

高橋　興味深いですね。モジュールとして素晴らしいと思うので、あとはその箱を置く場所をどうブランディングしていくか、地域との関わりをどうつくるか、あるいはホテルならおそらく料理はそのモジュールに持ってきてくれることになるだろうから、宿泊時のサービスなどのソフト面をどうするか。

高野　エリアのブランディングは僕らも大切だと思っています。この社会にテクノロジーやイノベーションをインターフェースする瞬間は、それだけを丸裸にして出しても、人間はそのメリットやそれによって変革する世界を想像しづらい。だから、そのインスピレーションを観光体験やおしゃれな空間として伝えることが大事だと考えています。最高の滞在体験の一つとして位置づけるわけです。いきなり東京の田端にある高架下に「WEAZER」があっても誰もそんなに喜ばないでしょう。美しい自然の中でサービスや文化体験とセットにすることで、人々に特別なソリューションとして認知されると思います。

原　僕も質問させてください。雨水や太陽光を集める際に二〇年分の気象データから割り出していくことは理解できますが、その太陽光発電や雨水を集める具体的な装置に関してはどうなっているのでしょうか？

高野　基本的な考えとして、空が浄水道や電線になっているイメージで、屋根が全ライフラインのベースになっています。電気については二四時間三六五日、屋根から太陽エネルギーを吸収して自給できるシステムを搭載しています。水については、屋根の縁が樋になっていて、そこから雨水を吸収して、特殊な濾過装置で濾過、紫外線で滅菌加工した後、カリウムなどの触媒でpH値をコントロールし、東京の浄水基準以上にクリーンな水をつくり上げます。つまり、空がインフラで、そのインフラと居住空間のインターフェースが屋根というイメージです。

御立　オフグリッド型の建築は、海外ではアーキテクト発のものが主流ですが、藤本さんは高野さんたちの取り組みをどのように見ていますか?

藤本　データの活用とそれをインテグレートして一つの形にしている取り組みは、ヴィジョンを含めて素晴らしいと思いました。オフグリッドについても、本来は建築家が提案や実践していかなければいけないことだと思います。僕ら建築家ももっと様々な領域に向けて視野を広く持っていなければいけないと思いますが、どうしてもいわゆる建築の世界に閉じがちになってしまいます。今回も船というお題をいただけたことは、僕の視野が広がる良いきっかけになりました。

このモジュールはコンポーネントになっていて、どこにでも持ち運べる利点があります。アフリカから瀬戸内までどこへでも展開できるおもしろさがある一方で、いわゆるテクノロジー部分の「WEAZER」だけを置いていくことで、日本の山村にある集落をオフグリッド化するような、既存のものと新しいテクノロジーを組み合わせもできるでしょう。

これから人口が減っていき、インフラを整備するお金もどんどんなくなってきた時、オフグリッドによって空がメイングリッドになるような社会を予感させます。空というグリッドが当たり前となり、逆に古いグリッドに繋がっていると時代遅れになるような逆転した世界が三〇年後なのか、五〇年後なのか、あるいはもっと早くにやってくるかもしれない。とてもエキサイティングな転換期を迎えるでしょうね。

御立　藤本さんが今仰っていたグリッドとオフグリッドが逆転する日は結構近いかもしれません。アメリカにあるブルーム・エナジーという会社が、燃料電池を使いながらオフグリッドでコンピュータのデータセンターをつくりました。実は現在、多くのテック企業がサーバーをそのデータセンターに切り替えています。なぜなら、既存のグリッドを使っていたら、環境問題として許されなくなるからです。オフグリッドにしてアイスランドなどの寒冷地にデータセンターを持っていけば、コンピュータの冷却費用も抑えられる。彼らはそこまで見越して考えていて、オフグリッドが主流になる日もそう遠くはないと思います。

ちなみにブルーム・エナジーの創設者はアリゾナ大学宇宙技術研究所にいた人で、彼は元々火星にコロニーをつくる際に必要となる水と空気をつくる技術を研究していました。彼が開発した装置のプロトタイプは実際にＮＡＳＡにも採用されています。

オフグリッド、off the grid、グリッドドレス

高橋　瀬戸内で展開するなら、「WEAZER」を搭載したアーティストインレジデンスを無人島につくり、瀬戸内国際芸術祭と絡めて、アーティストに住んでもらいながら制作してもらってもおもしろそうですよね。

小島　私もアートや文化、観光というフィールドで「WEAZER」をどのように活用できるかを考えていました。オフグリットという言葉を聞くと、幾つかの意味を含んでいるように思います。一つ目はいわゆるライフラインとなるインフラから自立した「オフグリッド」で、二つ目が既成の価値とは全く異なる真新しい価値を定義していくといった英語そのままの意味の「off the grid」です。この瀬戸内デザイン会議という活動の根幹は、新しい価値をつくっていくことです。この価値づくりには既存の価値をアップデートしていくことも含まれるでしょう。そんな新しい価値づくりの中に文化やアートといった文脈が入ってくると思います。

例えば、バリにある「グリーンスクール」や、その横にあるエコフレンドリーなリゾート「バンブーインダーホテル」も、「off the grid」で様々なことを試していって価値をつくり上げてきました。その最たるもの、価値のマイルストーンとなったものが、観光でいえば「アマンリゾーツ」であったり、教育では「UWC」[*1]だと思います。

三つ目が、セッション3でも挙がった、既存の都市中心の社会から離れて多様で多元的な繋がりをつくって自立するという意味の「グリッドレス」です。元々、個が自立するためのサポートとして公共というインフラがあると

1――ユナイテッド・ワールド・カレッジの略称。異文化理解を目的として設立された非営利の教育機関であり、世界各国から選抜された高校生を受け入れ、教育を通じて豊

いう考えでしたが、その公共から個が自立するだけでなく、多様で多元的な繋がりによる集団が自立する手段の一つとしてのオフグリッドもあると思いました。セッション3で原さんが仰っていたように、「Co-」の装着によってCo-beingが生まれ、そこで文化やアートを介して価値をつくれれば、オフグリッドではなく「グリッドレス」になる。つまり、グリッドという考えそのものが消失するかもしれないと思いました。

ブラジルのミナスジェライス州に、ヘリやプライベートジェット、車の長距離移動でしか行けないエコフレンドリーなリゾート「Reserva do Ibitipoca」があります。都市部からとても離れていますが、そのリゾートは地域の方々を雇用していて、コミュニティとしてしっかりと自立できている。メキシコのトゥルムにある「アズリク」も、その土地の材料を用いて現地コミュニティの職人たちと手づくりで建てられたホテルです。目の前にある海の生態系に影響を及ぼす光害を減らすために電灯やテレビなどを置かないなど、自然環境に負荷がないように、且つ自然環境に返していくといったコンセプトです。

このように高度なテクノロジーを使わなくても自立した環境づくりは世界中にあるため、「WEAZER」のモジュールであることが文化としてどのよう

かな国際感覚を持つ人材を育成する。運用資金は、その趣旨に賛同する企業や個人からの寄付に基づいている。

なコンテクストで活きていくだろうかを考えながら話を聞いていました。
　言ってしまえば「ガンツウ」も「ベネッセアートサイト直島」もオフグリッドですし、瀬戸内には様々なオフグリッドの可能性があると思います。これらのプロジェクトが繋がり、共に価値をつくり、そしてコミュニティとして自立していくことで、「オフグリットで拡がる瀬戸内」と言えるのではないでしょうか。

原　セッション1で藤本壮介さんから「もうひとつの島」構想が出てきて、そこに向けて様々なアイデアが集約されてきました。構想を聞いた御立さんが「無人島を買いましょう」といったアイデアを出された時、僕にはイメージがぐぐっと見えてきたのですが、そのヴィジョンの解像度がその後の三つのセッションを通じて更に高くなってきたように思います。ますます両備の松田敏之さんを悩ませることになるなと思いました（笑）。
　エイドリアン・ゼッカさんが直感されたように、瀬戸内はインランド・シーにある多島海であり、世界を見ても唯一無二の価値がある。瀬戸内は海と言いますが、実は島なんですよね。島が沢山あることが大きな可能性です。先駆者としてベネッセがアートの島として瀬戸内を世界全域で有名にしてくれました。まさに嚆矢として素晴らしい実績だと思います。そして「ガンツウ」が、瀬戸内の海としての可能性を開花させました。更に藤本さんが構想した「島か船かわからないもの」がフローティングハブとして瀬戸内海を良い間合いで浮遊し始めれば、そこからボートやヘリが頻繁に出入りして近隣の島同士の繋がりがよりスムースになるし、周辺の島々がオフグリッドで活用されれば、瀬戸内海は分散と統合を同時にやれる場所となるでしょう。

宮田さんが目指している「Co-」の世界とはグリッドレスであり、「わたし」レス、本校レスになるような、インターネットのように繋がる社会だと思いますが、その理想像を実際に展開できる場所として瀬戸内には可能性があり、その具体化の道筋が今日、結像してしまった。結像とは時間をかけてじっくり行われるものではなく瞬間的に起こります。瀬戸内デザイン会議を企画する前から、瀬戸内という地域には様々な資源が集約されていると感じていました。そこに知恵と意欲、色々な才能を集めてくれれば自ずと形になるだろうと、構想というより一つの直感があったわけです。それが非常に明確な形で結像した瞬間が今でした。僕もドキドキしています。

御立　度の合ったメガネをかけた感じがするような瞬間は突然やってきま

すよね。

藤本　僕は構想時点でそこまで考えていなく、むしろ直感でプレゼンしたのですが、原さんの話を聞いて、複層的なレイヤーで「もうひとつの島」の可能性を拡げられると思いました。特にこのオフグリッドの技術は「もうひとつの島」の重要なコアとして入ってくるでしょうね。

原　松田敏之さんが藤本さんの提案を本気で受け止めていると仰っていたので、第二回瀬戸内デザイン会議のチーム別の発表は、「もうひとつの島」構想をどう肉付けしていくかにしませんか。どんな名称がふさわしいか、どんな施設にするか、様々なアイデアを各チームから持ち寄れたらと思います。

オンとオフの線引き

御立　価値をつくる話が前提になっていますが、オフグリットは価値を守ることにも活用できます。簡単に言うと、ディザスター・レディ（disaster ready）です。瀬戸内は割と自然災害は少ないけれど、東南海で地震があると結構揺れるため、次の十五年ぐらいの間に起こると予測されている南海トラフ地震の際には、高知は勿論、瀬戸内海側も被災する可能性が高い。その中でオフグリッドの施設が地域の避難拠点にあると、災害時に相当強くなるはずです。

高野　避難所になることが多い体育館は、特に高齢者の方々にとっては過酷な環境で、各行政区ごとに停電や断水からセルフスタンディングした「WEAZER」を置きたいという話は自治体からきています。世界に話を向けても、例えば途上国、難民キャンプ、災害地といった場所にも必要になる。「WEAZER」にはポータブル性があるので、例えば、どこかで災害が起きたら半年間復興のために活躍し、その後は別の場所に運んでもいいでしょう。そんな流動的な使われ方も期待しています。

御立　新しい技術や機能に対して、その地域自体が困っている時は「どうぞ来てください」とスムースに受け入れてくれますが、そればかりではありません。しかし、「WEAZER」なら、いざとなったら皆が逃げられる場所、ここに行けば充電できるし水もあるという存在として受け入れてもらえるでしょう。それが社会的価値も生むと個人的には思うので、その側面をもっとプレイアップしたいと思いました。

宮田　防災拠点として国から補助金を出してもらった上で、街の数パーセントの住戸をオフグリッドでつくってもいいでしょうね。支援を得ながらも自由さを謳歌しつつ、有事の際には助け合うというオンとオフの繋がりをデザインできるかもしれません。

高橋　実際にそのような事例が和歌山県有田市にあり、僕たち『ディスカバー・ジャパン』でも取り上げたことがあります。防災拠点としての補助金を取り、見晴らしのいい丘の上につくられた津波避難用の施設は、普段はレストランを営業していて、観光客も沢山訪れています。まさにオンとオフがある施設です。

高野　人間はオフグリッドして自分らしく自由でいる部分もありながらも、オングリッドで社会と繋がって社会そのものを守らなければいけないという狭間に生きています。例えば京都の街並みも、「皆で街の景観を守ろう」というオン・ザ・ソサエティな観念の中に皆が自分を置いているからこそ守られていると思います。個人の街並みに対する気持ちがオフグリッド化してしまうと、きっと京都の街の景観は守れなくなるでしょう。

その意味でも、私は社会の中で全てをオフグリッド化することが人類にとってプラスになるとは思っていません。まさに瀬戸内海の文化や歴史も人間同士のオングリッドによって育まれてきたものだからです。どこまで共通のコモンセンス、コモンリテラシーを持つべきか、どこまで自由でいるべきか。二一世紀の社会では、オングリットとオフグリットの線引きが重要になると思いました。

少なくとも自然環境に関しては、ニュートラルでダメージを与えないオフグリッド化に、まだデメリットを感じていないのでどんどん進めていきたいと考えています。

御立　たしかに皆さんのセッションを通して、瀬戸内には海と一緒に森があることにも改めて気がつきました。桑村祐子さんたち和久傳も工業団地跡地を森に戻す「和久傳ノ森」[*2]という活動をしていますが、直島や豊島、犬島を含めて島の中には森を戻さなければいけない部分がまだあります。その時にオフグリッドがあることによって、新しい価値をつくりながら森に戻

2――「和久傳」のはじまりでもある和久屋傳右衛門が始めた料理旅館があった京丹後の地で、かつて工業団地があった更地を森に育てていくプロジェクト。植物生態学者の宮脇昭氏の指導の下、地元の住民や全国から集まった有志の人々と従業員が共に、今までに五六種三万本の植樹が行われている。

すこともできるでしょう。瀬戸内の価値をより良くする時には、海と一緒に森も考えなければいけないと思います。

宮田　先ほど、繋がりやオンなのかオフなのかという議論になりましたが、地域通貨「まちのコイン」[＊3]をつくっているカヤックの柳澤大輔さんからも似たような話を聞いたことがあります。

彼らは元々、地域というコミュニティを嫌っていました。地域から都市に出て行っても何の繋がりもないけれど、地域には繋がりが一つしかなく、その単一の繋がりの中にしがらみのように閉じ込められてしまうからです。そのしがらみは都会の社会よりも厳しいものが多いといいます。つまり、繋がれば暮らしやすいかと言えば、そんな単純な話ではない。だからこそ、彼らは地域で多様な繋がりを結び直すことが大事だと考え、その新しい繋がり方の一つとして地域通貨「まちのコイン」をつくったのです。

まさにオンとオフといった話に似ていると思いました。今までは、どうしても周辺同士が物理的に繋がって一蓮托生のエリアとなった地域、あるいは大都会のしわ寄せを受けるバッファーとしての地域になりがちでした。しかし、先ほど小島さんの話の通り、これからエネルギー的にも経済圏的にもオ

3――アプリを介して、ユーザーと加盟店、加盟団体との間でコインをやり取りできる地域通貨。ユーザーはエコバッグ持参や海岸のゴミ拾い、畑の収穫の手伝いなど、その地域や地球に貢献する行動のたびにコインを得られる。コインを使用することで、地域の店でサービスを受けたり、自治体が企画する体験へ参加できる。コインを得るにも使うにも、それぞれの街ごとに地域に根ざした体験が用意されている。「まちのコイン」を地域に導入することで、地域内外の人の繋がりをつくり、関係人口の増加、地域経済の活性化など、良好な地域コミュニティの形成をうながす。

ンとオフがつくれると思います。

今回のように一つの住戸としてオフグリッドが進んだとしても、食料をどうするのかと考えたら繋がらざるをえません。より豊かにするのであれば連携していかなければいけない。勿論、連携しないという選択肢もあるでしょう。誰と繋がってどんなコミュニティをつくるのかという選択肢が、まさにオフグリッドによって多様に生まれるので、繋がり方は必ずしも地理的な要素に依存せずに新しいライフスタイルをつくれると思います。

例えば、孤島でのオフグリッド生活のノウハウを世界中で共有してみてもいいだろうし、あるいはそんなライフスタイルが好きな人たちがつくったコミュニティに皆で投資してもいいでしょう。物理的な部分だけで連携せざるをえなかった今までの状況に新しい可能性が生まれることで、瀬戸内だけでなく世界へ拡がるコミュニティができてくる可能性を感じました。

Food For Thought

御立　今回の船というお題に対して藤本さんが「もうひとつの島」という構想を出してくれました。せっかくの機会なのでご意見をいただきたいのですが、高野さんたちならどのように実現させていきますか?

高野　この会議のメンバーを見ていても足りないピースはなく、あとはもうやるだけという感じはありますが、強いて言うのであれば、地方創生関連の失敗事例によくある、「面的」「連携」という言葉から入るプロジェクトにならない方がいいでしょう。面的に活性化したいからこそ、まずは強烈な点をつくるべきだと思います。どの地域やどのプロジェクトにも必ず一丁目一番地があるはずで、そのセンターピンの設定フォーカスさえ当たれば、面として拡がっていくと思います。

御立　セッション2の井坂さんのスピーチに出てきた、最初にプロダクト化して、それがうまくいけばエリア化、ルート化する話に近いですね。

鳥井　旅館業をやっていると、「チェックインからチェックアウトまで」にどんなサービスを提供するかを考えがちですが、お客様の立場で考えると、「ドアを出た瞬間から家に帰るまで」がドメインだと思うのです。そこまで拡げた時にどんな提案ができるかが大事だと思います。瀬戸内でいえば、羽田空港や関西国際空港に着いた瞬間からどう送迎するかから考えてみる。陸地から無人島に来るまでは「ガンツウ」に乗ってくるかもしれないし、「もうひとつの島」で来るかもしれない。お客様の体験をシームレスで考え、様々なソリューションで繋げていき、最終的には数百万単位の客単価を取れるような、日本にはないスーパーラグジュアリーな宿泊施設を瀬戸内ならつくれると思います。

御立　体験全てを扱って単価を上げていくということですね。

原　高野さんたちの「そこにあるものを使って、そこにないものをつくる」「強烈な点をつくることで面に広がっていく」「お客様が家を出てから家に帰るまでがドメイン」は観光的視点では得られない着想だと思いましたし、議論でも挙がった「オンとオフのデザイン」など、沢山のお土産をもらえたセッションでしたね。

以前、数学者の森田真生さんから「デザインとは数式のない数学みたいですね」と言われたことがあり、僕は結構納得してしまいました。人間が自身の能力を用いて環境をどのように変容させ、文明を築いてきたかという観点から捉えるデザイン観と、世界認知の道具あるいは対象としてどのような思索とともに世界への洞察を深めてきたかという数学観は同根だからです。森田さんが敬愛する数学者の岡潔さんも「数学とは情緒だ」と言って、数式のない数学を考えていたそうです。今日はそんな数式ではない数学を幾つか貰えたので、自分としてはデザインの可能性が拡がった気がしています。

御立　まさに「Food For Thought（思考の種）」でしたね。皆さんは今回のセッション4の議論についていかがでしたか？

松田哲　浅薄な発言で恐縮ですが、セッション4での議論を聞き、今から土地を買うのだったら、太陽光がいっぱい溢れる日当たりの良い場所を買おうと思いました（笑）。

小島　文化に自然やアートという分野も含むといった、広義に文化を捉えられる価値観も日本のおもしろさだと思っています。その上で、文化がどんな役割を担っていけるのかについて、もっと考えを深めていきたい思わされるセッションでした。

高橋　僕自身も岡山出身で、幼少期の瀬戸内海で良かった思い出を振り返ると、やはり島で釣りをしている時間でした。また少し前まで、実家に帰った時は車にシーカヤックを載せて、中学生時代の親友と一緒に港から海に出ていました。五分もすると無人島だらけなので、そこに上陸して夕方まで釣りをして、クーラーボックスに持ってきたビールを飲んで過ごした思い出もあります。そんな原体験があるので、オフグリッドによって無人島で暮らしたり一時滞在できるようになった未来を想像しながら、このセッションを聞いていました。

御立　私たちは工業化の過程で全てを中央と繋いでいきグリッド化することが良い社会をつくるはずだと思い込んできました。「ふざけんな。ちゃうちゃう！」と対抗できる人は梅原さんぐらいしかいなかったのです（笑）。私たちも改めてどこを繋げばいいのかを考える必要があるでしょう。何でもかんでも繋がればいいわけではなく、ひょっとしたらコミュニティだけ繋げばいいのかもしれません。オフグリッドなどのテクノロジーによって繋ぎ方の選択肢を増やし、オフとオンを切り替えられることも意識しながら、これからの社会をデザインしていかなければいけないでしょうね。

プレゼンテーション

チームA　「海島」という装置　小島レイリ＋橋本麻里＋福武英明＋青井 茂＋白井良邦＋原 研哉＋高橋俊宏

チームB　「もうひとつの島」をもうひとつ、ふたつ　西山浩平＋神原勝成＋御立尚資＋松田哲也＋青木 優

チームC　自然環境が二酸化炭素を排出する矛盾　須田英太郎＋伊藤東凌＋梅原 真＋大原あかね＋桑村祐子＋石川康晴

発表一チームA

「海島」という装置

小島レイリ＋橋本麻里＋福武英明＋青井 茂＋白井良邦＋原 研哉＋高橋俊宏

プロフィールはpp.382-396参照

白井　一九六八年に『WHOLE EARTH CATALOG（以下、ＷＥＣ）』という雑誌がアメリカで出版されました。今、なぜこの雑誌をここで挙げたかと言えば、セッション３で宮田さんが提示した僕らが目指していく社会のヴィジョンと関係しています。つまり、ソサエティ5.0。現在、世界は環境問題をはじめ、戦争や貧困、疫病など、多くの面で行き詰まっていると言えるでしょう。

スチュアート・ブランドという一人の編集者が手がけたこのカタログはカウンターカルチャー、いわゆる体制に抗う形で新しい社会をつくっていこうとするヒッピーカルチャー[*1]に後押しされて編集されたものでした。ページをめくると、「access to tools」と題してこのカタログの使い方が載っていて、様々な道具が並んでいます。その中にはアウトドア用品もあれば、楽器やモバイルできる家もあり、政府や学校に頼らずにコミュニティや教育を自分たちで考えてつくっていこうとする際に必要な、道具や知恵が紹介されていました。実際にアメリカのどこにいても、ハガキで申し込めばカタログに載っている道具を購入できたそうです。

今では生活用品や嗜好品、何から何までもアマゾンでポチッ

1——一九六〇年代後半のアメリカに登場した、若年層を中心とした既成の社会体制や価値観に対するカウンターカルチャー。禅や仏教など、それまでの欧米の思想にはない概念を東洋から導き出すことで、より平和で自由に満ちた社会の実現を唱えた。イデオロギーに基づく社会変革より個人の意識変革を求めたこの文化運動は、同時期にアメリカが抱えていた人種問題やベトナム戦争反対を訴える社会運動とも呼応し、世界中に影響を与えた。また主流文化からドロップアウトした彼らの中から、アップルをはじめとした西海岸のコンピュータ文化が生まれている。

とクリックすれば欲しいものが届く時代になりましたが、その仕組みを一九六〇年代からやっていたのが『WEC』でした。時代を席巻したスティーブ・ジョブズやラリー・ペイジをはじめとする現在のGAFAをつくり上げた人々は『WEC』から影響を受け、このような仕組みをアメリカだけに留まらずに世界中に拡張できないかと考え始めたのです。

創刊号の表紙には地球が映っています。私たちは地球が丸いことを頭で理解しているし、その映像を見たことがありますが、当時の人々が宇宙に浮かぶ地球の姿を初めて見たのがこの写真だったのです。それまでもNASAは様々な宇宙計画で地球の写真を撮っていましたが、軍事機密に当たるため一般公開されていませんでした。一部の科学者と政治家たちだけが目にすることできた地球の写真を、ブランドが情報公開の裁判を起こしたことで、ようやく一般の人の目にも触れることができるようになったのです。

ではなぜ、彼はこの写真を自分の雑誌の表紙に使ったのでしょうか。核戦争一歩手前までいった一九六二年のキューバ危機に始まり、一九六〇年代後半はアメリカとソビエト連邦による冷戦も激化し、ベトナム戦争は泥沼化、パリでは五月革命、日本では東大紛争などの市民運動や学生運動が起こりました。それは、現代とも似た社会的に不安だらけの混沌とした時代でした。そんな中、皆で一体になるためにはどうしたらいいのかをブランドは考えたのです。

セッション3の共創社会に関する議論の中で、「わたし」ではなく「わたしたち」であるという話が出ましたよね。この「わたしたち＝WE」という感覚をつくっていくために、宇宙に浮かぶ地球の姿を皆で共有することで、「わたしたちは宇宙船地球号［＊2］の乗組員である」と、彼は雑誌の表紙で示したのです。

2——長い歴史の中で地球が蓄えてきた資源の有限性や、その資源の適切な使用について語るため、地球を一つの宇宙船に例えた、建築家であり思想家でもあるバックミンスター・フラーが提唱する文明観。分化された学問や国家では地球が直面する問題は解決できないと論じ、統合された一つの環境として地球を捉えて、教育や世界のシステムを再考することの重要性を説いた。

「しまんと分校」の話も出ましたが、地球の中だけに限らず、宇宙からの視点で見たら地球も銀河系の地球分校かもしれません。その中で私たちは暮らしています。

スタンフォード大学の卒業式でのスティーブ・ジョブズのスピーチで有名になった言葉「ステイ・ハングリー、ステイ・フーリッシュ」。この言葉は一九七四年に出た『WEC』最終号の裏表紙に出ているものでもあります。ジョブズはスタンフォード大学を卒業する優秀な若者たちに向けて、学生時代に見た『WEC』のようなものを、インターネットを介して将来実現させたいという夢を持って今まで頑張ってきたと語りました。そして、卒業生たちにも大きな夢を叶えるために常にこの精神を持ち合わせていてほしいという意味も込めて、「ステイ・ハングリー、ステイ・フーリッシュ」を送ったのです。烏滸がましくも、「蔵宿 いろは」の松田哲也さんと両備の松田敏之さんのお二人にも、この言葉を常に心に刻んでおいていただきたいと思っています（笑）。

ブランドは現在、カリフォルニア州にある海沿いの街のヨットハウスで奥さんと一緒に暮らし、ロング・ナウ・ファウンデーションという財団をつくって活動しています。その活動では「Long Term Thinking」といった発想があり、この財団が使うカレンダーは一万年で表示されていて、二〇二二年も〇二〇二二と表記されている。つまり、物事をすごく引いて一万年スパンの視点で考えようということです。彼は環境運動家で原子力発電肯定派でもあり、一万年という視点で人類を考えた時、原発を今すぐやめてしまうのではなく、ずっとトライアルを繰り返していけば克服できるのではないか、そこに鍵があるのではないかと考えています。原発の是非は置いておいて、彼は一万年という長いスパンで物事を捉えている。

現在の社会、特に経済の世界では三カ年で物事を考えているように、産業革命以降の二〇〇〜二五〇年もの間、私たちは「より早く、より安く」を追求してきました。しかし、彼は「よりゆっくり、より良く」といった長大なスパンで、個人の責任や暮らしを創造的に考えることを提唱しています。

このように大きな視点で物事を見てみると、今まで見えていなかったことが見えてくる。一九六〇年代はブランドを含め、カウンターカルチャーの人たちが独自のコミュニティをつくって暮らしていましたが、最終的には行き詰まってしまいます。その理由の一つはおそらく、エネルギーを自分たちで確保できず、大きな資本に頼らないと社会と接続しながら暮らしていけなかったからでしょう。もし、五〇年前にオフグリットの考え方や技術があったなら、彼らのコミュニティは今もそのまま維持できたのではないでしょうか。

ブランドが地球の写真を使った背景には、宇宙船地球号の考え方を広めた建築家であり思想家でもあるバックミンスター・フラーの存在があります。彼は、地球あるいは自然こそが非常に効率的にエネルギーを得られるシステムなのだから地球に学べと説きました。私たちが今考えなくてはいけないことは、まさにフラーやブランドのような大きな視点で物事を捉え、足元から行動することではないでしょうか。

このような考えを踏まえながら、チームAの発表に移りたいと思います。

海　　島

海島
UMISHIMA

【図1：海島】

原　今回の瀬戸内デザイン会議も、充実したゲストスピーチや議論が沢山あったので、そこで出たアイデアを整理していきながら、チームAの提案を発表したいと思います。

まず、ARTHの高野由之さんのスピーチの中で印象に残ったフレーズが「そこにあるものを使って、そこにないものをつくる」です。では、この瀬戸内に何があるか。海があります。内海の多島海です。この海と島を使って、今までにない新しいものをつくってみる。そこで単純ではありますが、「海島（うみしま）」というものを考えました［図1］。船のようでもあり、でも船でも島でもない「もうひとつの島」を藤本壮介さんが提案してくれましたが、これを「海島」と呼ぼうではないかというネーミングが僕たちの提案です。世界的に「直島」も馴染みがあるから海外の人も発音できるでしょうし、読みやすいロゴをつくってもよいでしょう。

オーナーを募って二億円×七〇人で一四〇億円を集めるといった西山さんのアイデア（二一七頁参照）なら、松田さんたち両備

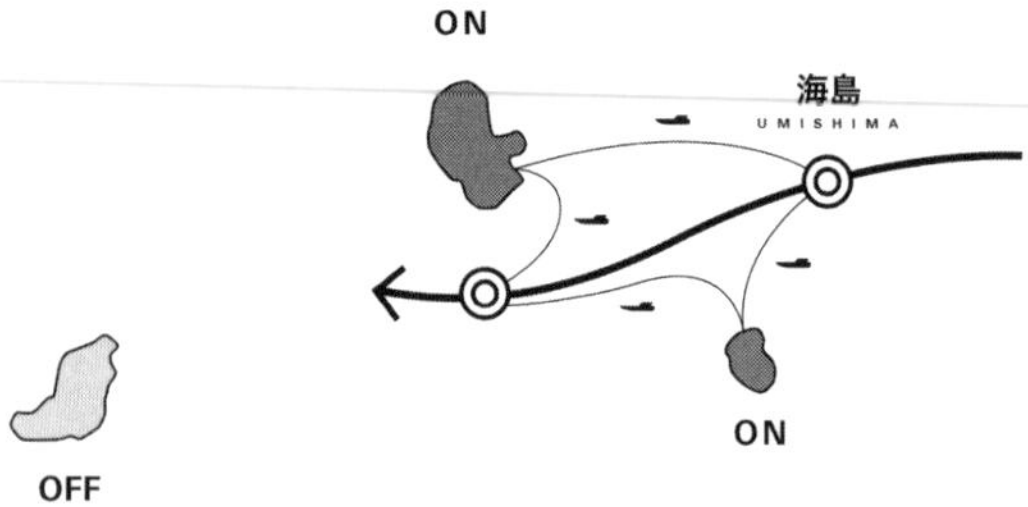

海島の運行によって無人島へのアクセスが容易に

【図2：「海島」によって無人島がオフからオンになっていく】

の計画とは別の構想として考えることもできるでしょう。後ほど青井さんから二億円×七〇人でなく、もっと細かい資金調達でもいいのではないかといった話もしていただきますが、このような分散と統合による資金調達は今の時代ならではだと思います。

瀬戸内海には無人島が沢山ありますが、それらの無人島は単に人が住んでいないだけでなく、航路そのものがありません。しかしオフグリッドであれば、無人島でも水とエネルギーを確保できることがわかったので、あとはアクセスしていく航路をどう考えるかです。

例えば、瀬戸内海をゆっくり航行している「海島」からテンダーボートが出ていき、無人島の小さな桟橋に着くと、その無人島がオンになっていく。つまり、多島海にあるオフの無人島を、「海島」によってオンにしていく仕組みです［図2］。「海島」が無人島に寄港するとなると各島に港をつくる必要があり、大変なコストがかかるため、無人島との行き来はテンダーボードでいいでしょう。高野さんからのアイデアにもありましたが、島

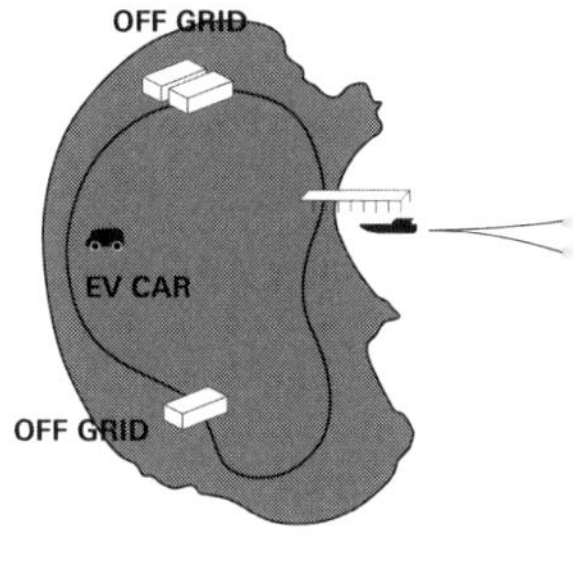

【図3：オンとなった島のイメージ】

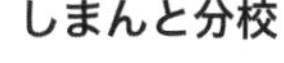

【図4：学校を分校の集合として考える】

内ではEVなどで移動し、車と居住空間によって電気をシェアできるようにします［図3］。

また、「海島」だけでなく新しい学校の在り方も考えました。学校とはそもそも一つの本校でなく分校の集合体であるという、Co-dividualな学校です。分散と統合の考え方が少し変わってきたこともあり、今後も様々な学校がつくられると思います。ソサエティ5.0の話にもありましたが、そんな新しい考え方に沿った教育の形として、スイミーのような分校の集合体としての学校も考えられるのではないでしょうか［図4］。梅原真さんが嫌がったらやめてもいいのですが、「しまんと分校」があるなら、海島の中で年四回ぐらい催される「せとうち分校」もあってもいいでしょう。

そして、高橋さんの『ディスカバー・ジャパン』というメディアで、プロセスジャーナリズムとして「海島」の計画を取り上げてもらう。「海島」の資金調達の経過や、あるいは着工して動き始めている状況を継続的に取材してもらい、メディア内で発信していく。「海島」のプロジェクトは瀬戸内の新しいムーブメントとして世界に発信できるのではないかと考えています。

青井　「ガンツウ」で催されたプレ会議で、私は「酒蔵の未来と車の未来」というセッションに参加しました。酒蔵と車の未来なんて似て非なるものだと思っていたけれど、知の巨人たちと議論する中で両業界が抱える課題は結構似ているのだなと思い直した記憶があります。その後、二〇二一年の十月頃、富山県酒造組合から「酒蔵の未来が危ないから助けてほしい」という話が来て、十九の酒蔵と一緒に富山駅前にバー「バール・デ・美富味（みとみ）」をつくりました。

その準備中に関係者の方々の前で、プレ会議で得た皆さんの知見をまるで私の意見のようにしゃーしゃーとぬかしながら、酒蔵の未来を語らせてもらいました（笑）。振り返れば、プレ会議だけでなく一回目も二回目も、この会議に参加すると学びが多かった背景には、自分も当事者意識で物事を考えて議論していたからだと思っています。

私が何を言いたいかというと、この瀬戸内デザイン会議の題材となるプロジェクトは松田哲也さんや松田敏之さんのものではあるのですが、当事者として私たちも一緒に同じ方向を見て歩けたらいいということです。

二億円×七〇人という投資の話もありましたが、このメンバーには経済人もいれば、そうではない方々もいます。二億円というロットは大きいですが、別の形で金額を割ったり、クラウドファンディングして集めてもいいかもしれません。一緒に歩むための投資額は置いておくとしても、バジェットをつくったり、小さなプロジェクトであれば少額から投資して物事を進めていく方が持続可能性があると思います。皆で同じ方向を見て未来を語れたら素晴らしいものが必ずできると思うので、投資の話だけでなく、各自がどんな役割でどう共創していくかは今後議論していくべきだと思いました。

高橋　昔であれば、プロジェクトが完成したら「こんなものができました」と情報発信することが一般的でしたが、メディアも徐々に変わってきています。近年では、プロジェクトがどんな過程で進んでいるのか、どんな考え方で進んでいるのかを開けっぴろげに情報発信することも珍しくありません。その背景には、クラウドファンディングで資金を募ったり、SNSという手軽な情報発信ツールが身近にあるからでしょう。

僕ら『ディスカバー・ジャパン』は媒体として雑誌とウェブがありますが、完成したものを紹介することもあれば、コンセプト立案の時点から情報発信することもよくあります。なぜならプロセスを紹介することで、プロジェクト完成時には認知度が上がっているし、既にファンをつくれてしまうからです。

そんなプロセスジャーナリズムは、時に地域への配慮としても有効です。地域の場合、プロジェクトを進める上で地元の人たちの共感を得ることが非常に難しい場合もあります。それでもメディアで「こんなプロジェクトが始まりました」と丁寧に情報を出していくことで、知らず知らずのうちにその地域の人たちの共感を得られたり、「そんな感じで進行していくのね」といった認識を揃えることができるのです。つまり、プロセスジャーナリズムでプロジェクトを紹介すると、当事者への内向けと地域への外向け、両方で良い流れを生むことができます。

今、日本各地でおもしろい活動をしている人たちが出てきています。僕らも創刊して十五年経ちますが、当時は地域に目を向けることが全くできませんでした。現在は、情報をきちんと伝えさえすれば、美しい場所やモノ、文化などの地域の魅力に、読者も気づいてくれるという想いで発信しています。

一方、この瀬戸内デザイン会議もとてもユニークですよね。参加している皆さんは各界を代表する錚々たる面々で、僕は愛を込めて皆さんを豪族と呼んでいます（笑）。地域に根ざした方々がこのような会議をやっていること自体、他の地域にはないことです。瀬戸内デザイン会議の活動を発信していき、瀬戸内が今おもしろいと一般的に認識されれば、自ずとこの地域の価値を高めていくことになるでしょう。瀬戸内がお手本となり、他の地域も地域資源の活かし方をはじめ、デザインやクリエイティブの必要性も学べるので、単に一人勝ちするわけではなく、日本全体の価値を底上げすることに繋がると思います。

チームA

小島　今回のチームAの発表は新しい提案というより、この三日間を通して出たアイデアを編集したものです。チームAには今回の会議ではリモート参加の橋本麻里さんと早退された福武英明さんがいますので、お二人が話していた内容や各セッションのゲストスピーカーの方々の話を振り返りながら、最後にまとめていきたいと思います。

まず、橋本さんによる瀬戸内の歴史に関するオリエンテーションで、瀬戸内海は閉鎖海域でも世界有数の豊かさがあるという話がありました。また、国内の物流が活発に行われてきた歴史もありながら貿易外交の要でもあり、軍事の要でもあったという話もありました。特に今回の一連のセッションでの話題と繋がると思ったのは、一人の大名ではなく六五〇人の船方衆が領地支配していたことです。つまり、WE（わたしたち）である集団によってこの瀬戸内は栄えてきた。Long Term Thinkingの観点でも、既にそのコミュニティはoff the gridであり、Co-dividualであり、Co-Innovationであったと思いました。

福武英明さんはセッション1で瀬戸内国際芸術祭によって新

たな航路が幾つもでき、人の流れが生まれたと言及されていました。つまり、船には地域を起こす可能性がすごくあると。更に福武さんから、そもそも大きな船をつくる必要もなく小さな船が集まって、分散的に航路をつくることで流れや繋がりを生めないだろうかというアイデアも出ました。この分散という考え方もスイミーみたいな「せとうち分校」の文脈に繋がると思います。

藤本さんのスピーチでは、建築をつくる際に「本質的で且つ新しい何かをつくれないか」を常に考えているというお話がありました。原さんもいつも「本質を見極め、可視化する」と話されます。皆さん、割と似たようなことを違う切り口や目線で話されている印象を今回のセッションで抱きました。

高野さんが「そこにあるものを使って、そこにないものをつくる」、岡雄大さんが「世界中どこを探しても瀬戸内のような場所はない」とお話されていました。瀬戸内には暗黙知のようになっているお金で買えない歴史や精神性は当たり前のように存在しています。そして造船業で栄えた瀬戸内には船があります。島文化も当たり前にある瀬戸内。歴史や精神性、船、島、海といった地域の資源が実は溢れるようにあり、それらは他の地域にはないものばかりということです。つまり、瀬戸内のオンザグリッドと思っていることは、他ではオフザグリッド、あるいはオフグリッドなのでしょう。そんな瀬戸内の本質にもう一度立ち返ろうという想いをこの「海島」に込めています。

「I」ではなく「WE」という本来の瀬戸内の在り方に戻ってみる。私たちは分割できないたった一人の個としてバラバラでも生きていけるからこそ、「WE」に戻るためには集約するための装置や仕掛けが必要になります。その多様で多元的な繋がりをより活発に動かす媒介となるものが「海島」と考えています。

『WEC』も「地球にあるものを使って、今までにないもの」を提示した、インスピレーションであり装置でもありました。瀬戸内国際芸術祭も人の流れを生んだ装置だと言えるでしょう。「ガンツウ」も装置でした。伊藤東陵さんの話に「仏教や禅とは、人とモノと自然を敬うものである」とありましたが、ここでは人とモノ、技術、自然を敬いつつ、それらを味方につけて

「海島」がグリッドレス、あるいはCo-dividualを後押ししていく装置となれば、瀬戸内全体の様々な構想をまとめられるのではないでしょうか。

発表―チームB

「もうひとつの島」をもうひとつ、ふたつ

西山浩平＋神原勝成＋御立尚資＋松田哲也＋青木 優

プロフィールはpp.382-396参照

西山　松田敏之さんから、両備の小嶋光信会長と水戸岡鋭治さんの構想に「ひょっこりひょうたん島」をつくることがあったと伺いました。その発案を松田さんは投資計画としてまとめ、宿泊できる一万トン未満の客船にCAPEX一五〇億円、十六年償却、IRR[*1]一〇%を目指すといったものです。償却が終わったその客船は二〇年後に売却し、その際の価格は七〇〇〇万円と想定します。転売は難しく、二〇年でどれだけ稼げるかが勝負となる。理想として客単価は一〇万円／人／泊、客室数は六〇〜七〇室、稼働率七〇%、利益率五〇%という計算です。

懸念事項としては、観光船の事業化はリスクが高いこと。投資額を減らせないか、もしくは事業成功の確度を上げられないか。できることならCAPEXを減らす方向も検討したい。外部から投資家を集めたい。お客様が投資家になってくれればお金を落としてくれるし、CAPEXも補填できる。現在、オーナー候補となる人たちを調べて、どんな仕様にすれば投資してもらえる案件にできるかを調査・検討しているとのことでした。

以上が与件の整理です。チームAが「もうひとつの島」に「海島」という名前を付けてくれたので、チームBはその「もうひとつの島」を実現させる具体的なプランを考えてきました。

遡ると中世の時代からバージ［*2］の上に建物をつくるこ

1——Internal Rate of Returnの略称で、内部収益率のこと。投資資金をどれくらいの期間で回収できるかを考慮し、投資の効率性を測る指標。短い期間で利益を得られるほどIRRは高くなる。

2——艀（はしけ）。河川、運河、湾内、港内などで重い貨物を移動させる際に用いられる平底の積荷用の舟艇。

【図1：Il Teatro del Mondo】

とは行われていました。イタリアの建築家アルド・ロッシが一九七九年の「ヴェネチア・ビエンナーレ」で、Il Teatro del Mondo（世界劇場）を再現し、九・五メートル四方の正方形プランで高さ十七メートルある二五〇席の劇場をつくって海に浮かべています［図1］。勿論、この建築は波が立たないベネチアという場所を前提としていて、条件として瀬戸内と似ています。

同様に波がないというコンテクストで言えば、オランダには運河が沢山あり、ハウスボート居住者は不動産の固定資産税を免除されるため、浮体の上に住んでいる人も多い。これらの浮体は基本的に移動せず、水上にただ浮いているだけです。

このような浮体が現在どうなっているのかを調べてみました。エネルギー自給率も考えて洋上でも電力を工面していかないといけないだろうと、NEDO［＊3］も投資し、どうやって巨大な建造物を海に浮かべておけるか、そして長期間稼働させられるかといった話が出て、急速に浮体が進化してきています。例えば、電力不足が問題になっている昨今、北海道から首都圏へ電気を送るために日本海側に海底送電線を整備することが経済産業省と電力会社の間で検討されているように、今盛んに電気を調達する場面で洋上の浮体は技術開発の対象となっています。

今はまだそんなにありませんが、あと十年もすると洋上に巨大な風力発電が実現してくるため、浮体そのものに対する評価は勿論、投資対象としての評価も高まってくるだろうし、同時に技術的な知見も急速に蓄えられていくでしょう。

一方、軍事利用ではありますが、洋上を安定しながら移動するミサイルの発射台のような巨大なバージ型浮体もあります。タグボートで後ろから押して且つ前から引っ張ることで、巨大ではあるけれど移動可能です。道路がなくても移動できる、製造してから運搬する、大きなものを安定させる、人を長期間住まわせるなど、様々な面での工学が成立しているし、実証もされている。国内だけでなく海外にも事例があるため、技術としての参照例も豊富です。

次にデザインの観点から考察を加えてみます。調べていく

3——新エネルギー・産業技術総合開発機構。日本のエネルギー・環境分野と産業技術の一端を担う国立研究開発法人。

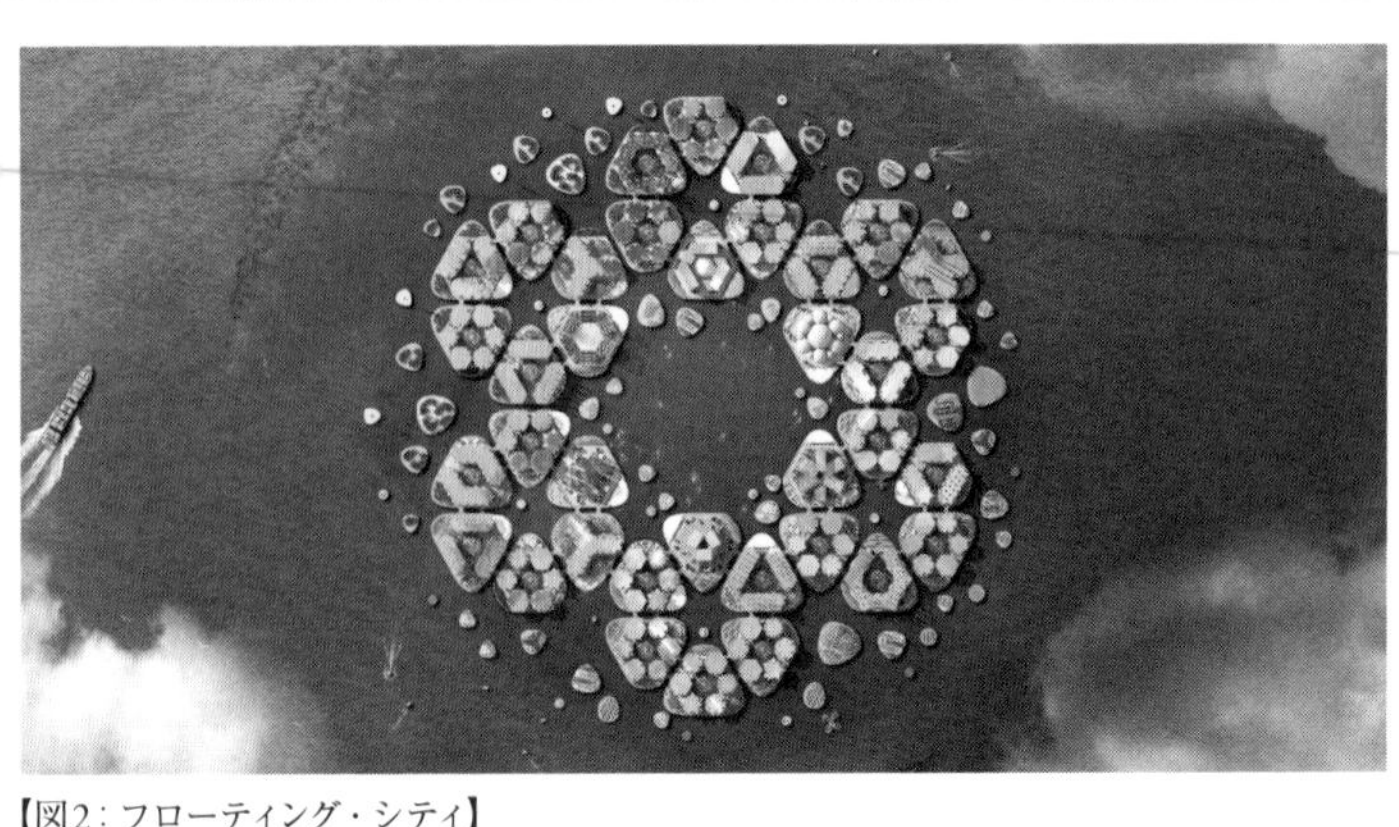
【図2：フローティング・シティ】

と、バージ型浮体は定住対象として検討される場合もありますが、コテージ的な解釈で所有されている人が多いそうです。船やヨットを着岸できるようになっていて、バージの上に住居がある。海上なので三六〇度ずっと地平線みたいなロケーションもありえるでしょう。
トヨタと一緒に静岡のウーブン・シティ計画に参画している建築家のビャルケ・インゲルスは、地球温暖化による海面上昇の対策として、「フローティング・シティ」[図2]という構想を提案しています。二〇一九年にその構想を発表し、二〇二二年には韓国の釜山での実現に向けて計画案を発表しました。この構想は、小さな建造物を集めて群をなす、新たなコミュニティ形成の可能性を感じさせるものです。
藤本壮介さんによる提案のコンセプトは、瀬戸内海の景観を損なわない「もうひとつの島」のような存在になることでした。外から見ると島のように見える人工物をつくることは可能だと思います。船を丸くすると倒れてしまって難しいという話もありましたが、常石造船の知見を基にバージの上に丸い人工物をくっつければ解決できるのではないでしょうか。バージの寿命は二〇年間のため、ずっと浮かばせておけられるし、修繕ドックで造船可能です。「もうひとつの島」をつくる技術が、御立さんも仰っていた「枯れた技術」として存在することがわかってきました。

この「もうひとつの島」の海面下には何もありません。地面が盛り上がって海面にせり出した島と違い、下も海です。今は技術として難しいけれど、考え方によっては瀬戸内の海面下すらも観光資源として有効活用できるかもしれません。近い将来、空中権だけでなく海面下権も設定されることになったら、おもしろいですね。

また、セッション4で御立さんから、オフグリッドはレジリエンス的なコンテクストでも水道、下水、電力の完全自立技術があれば避難所として使えるし、需要もあるだろうという話がありました。つまり、いざという時に使える二〇年間ずっと浮いた防災施設という解釈もありえると思います。

前回のチームBの提案の一つに「蔵宿 いろは」の経営をど

うするかという話がありました。つまり、「ガンツウ」で収容しきれないインバウンド観光客をどうやって陸上でおもてなしするか。「ガンツウ」と接続できるラグジュアリー層向けの宿を瀬戸内に一〇箇所つくれたら、連携できておもしろいことができるといったコンテクストです。あの時に「一〇」といった数字が出ていたので、そのまま継承して今回は一〇の島をつくることを考えました。

瀬戸内には無人島も含めて七〇〇くらいの島嶼があります。国内で見ると、有人の島嶼が四一六に対して六四三二の無人島がある。現在の日本の人口が約一億二五〇〇万人に対して六〇〇〇万世帯あり八〇〇〇万の住居があるとすると、小さな人工島を一つと言わず一〇〇個ぐらいつくって海に浮かべても、バチは当たらないのではないかと考えました（笑）。

バージそのものは常石造船でつくれるそうなので、六〇平米規模の上物も含めて一島あたり五〇〇〇万円ぐらいでつくれれば、一般建売住宅と比べても遜色ない話になります。担保価値はないため、銀行がローンを組んでくれないかもしれません。

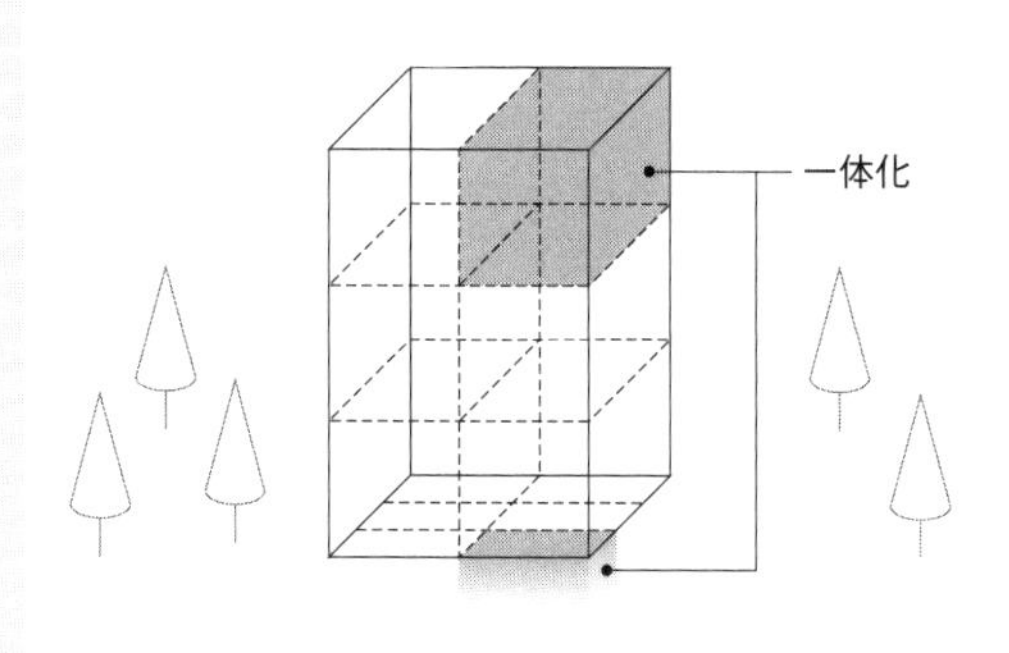

【図3：敷地権】

しかし、元々の一五〇億円、一万トン規模という計画がここで一気に一億円未満になるため、CAPEXヘビーがCAPEXライトになり、二〇年間浮かび続けるのでOPEXにもお金をかけることができるようになる。

「ガンツウ」と接続するというインバンド向けの観光客船という小嶋会長の要望も満たしているし、ファイナンスは井坂さんから瀬戸内防災目的みたいな国土交通省の国土強靭化基本計画［＊4］から引っ張ってくることも可能かもしれません。

御立さんからファイナンスを募るアドバイスとして、中核となる無人島を持ってきて敷地権［図3・＊5］の考え方を導入するというアイデアをいただきました。つまり、分譲マンションにおける土地部分に相当する対象として中核となる無人島、家に

4――災害や社会情勢の変化、あるいはインフラの耐震化や老朽対策などを踏まえて、国民生活の実現を図るための防災・減災、産業強化に資する施策。

5――分譲マンションなどの区分所有建物において、建物と一体化した土地に対する権利。

相当する対象が人工の「もうひとつの島」として、区分所有をパッケージ化して投資家を募るわけです。両備にはリードインベスターとして入ってもらいますが、オーナー兼投資家も敷地権として無人島も区分所有できるようにすることで、彼らもこの計画を応援しやすくなる。

そうなると、中核となる無人島が必要になりますよね。どうしましょうか。そこで「はい、二つ持っている！」と神原さんが手を挙げてくれたので、「一つ譲ってください」とお願いしたら、「いいよ」と（笑）。今後の瀬戸内のために、神原さんの会社が所有する無人島の譲渡を検討くださるとのことです。

先ほどチームAの発表で一ロット二億円だと大きすぎるという話が出ましたが、一ロット二〇〇〜一〇〇〇万円ぐらいで資本金を募って夢を分かち合い、瀬戸内を盛り上げていくプロジェクトにしていければと思っています。

更に朗報です。第二回瀬戸内デザイン会議の会場をご用意いただいた宇野港土地株式会社の宮原一郎社長にもこの話を投げかけたところ、宮原社長も「くじら島」［図4］を所有されていて、

【図4：宇野港土地株式会社が運営するくじら島】

この計画との連携に協力してくださると仰っていただきました。「くじら島」は実は既に収益化された一日一組限定の貸切無人島施設として運営されています。井戸の水もあるし、宿泊施設や様々なアクティビティも揃っています。この「くじら島」が「もうひとつの島」の近くにあれば自ずと航路ができ、連携できるでしょう。御立さん曰く、儲かったお金は全て再投資し、無人島を沢山買っていく方針が良いとのことです。ここを契機に拡げていき、両備が進めている「杜の街づくりプロジェクト」[*6]のような計画にまで展開できるとおもしろいと思います。

ではこの島をつくった後、どうやって盛り上げていくのか。そこに青木優さんが登場します。海外の方々が瀬戸内の試み

6――両備ホールディングスが手がけるミジュアリーをコンセプトとした街開発プロジェクト。第一弾として、岡山市内の約三・八万平米の敷地を三期に分け、総事業費約八〇〇億円をかけてオフィス、住居、商業からなる複合型施設「杜の街グレース」を開発する。ミジュアリーとは小嶋光信氏の造語であり、精神的にも文化的にも心豊かなラグジュアリーなライフスタイルを求めているミドルクラス以上の顧客層のこと。

を宣伝してくれたら世界に広がるため、宣伝したら報酬を貰えるような仕組みをつくる。まず島ごとに「せとうちNFT」を発行します。ユーザーが予約客を連れてくると、その売上の数パーセントを支払うといった出来高制のプロモーションメカニズムを設定し、世界中の人が積極的に「もうひとつの島」に協力してくれる状況をつくる。そこに面倒くさい管理システムは不要で、ブロックチェーンの技術で誰がいつ何をして、その人のどんな成果に対していくら払うといったアルゴリズムを設定することで、スムースに報酬の支払いができ、彼らも通貨に関係なく換金できる。オペレーションやプロモーションに関しても「あるものを使って、ないものをつくる」ことを考えました。

一〇の島をつくる際、藤本さんが既に二つのアイデアを提案してくれていますが、三つ目や四つ目、一〇の島の先も含めてどうするか。まず、富裕層のみならず多くの方々から、「プロモーションしやすい」「実際に行ってみたい」「こんな役割も必要ではないか」など様々な価値や指標を集計します。その上で新たにデザイナーから提案を受け付け、その提案もＮＦＴ化してお金を投資できるような仕組みにする。すると、継続的にその時々で必要な役割が企画として挙がってくるのではないでしょうか。

最後にまとめとなります。「あるものを使って、ないものをつくる」というフレーズに、「すぐ始める」を加えて、計画のフェーズを分けてみました。

フェーズ1は、神原さんの会社が所有する無人島を譲り受けて、無人島を所有する株式会社をつくります。その会社の設立資金は両備とこの会場にいる有志によって用意します。元々は両備の事業ですが、外部も参加できように間口を開けて我々も小さなロットで参加できるようにしていただき、ジェネラルパートナーとして投資組合を設立します。そこに対して数十億から数百億円のファンドを募る。それが「もうひとつの島」をつくっていくたびに出ていく建設コストの資金母体となり、宿泊できるバージ型浮体を事業化します。その浮体の建設は常石造船にお願いし、元々のコンテクストである「ガンツウ」と補完関係になる役割を担います。最初のバージのデザインは藤本さんにお願いする。以上がフェーズ1でこれらを「すぐ始めます」。

フェーズ2では、フェーズ1の実証結果でわかったことを踏まえて、継続的に計画を進められるように修正していきます。それをずっとやり続ける。今後のデザイナーによる提案は西山のCUUSOOで受け付けし、プロモーションを行うインフルエンサー獲得は青木さんのMATCHAが担当する。NFTに関してはこれから規制が整備されるそうなので、安全という確認ができてから予約収入の一部を世界中のインフルエンサーに買ってもらって配分するメカニズムをつくります。

この「もうひとつの島」は地図上には出てきません。島ではなく浮体ですから。しかし、ソーシャルメディア上ではコンテクスチャルに場所ができるため、二〇年かけて皆でつくって皆で共有する構想です。フェーズ3はなく、とにかく「すぐ始める」。チームBの発表は以上となります。

神原　第二回瀬戸内デザイン会議の前に原さんと石川さん、松田敏之さんと話していて、瀬戸内海で安価でぐるぐると巡れる遊覧船について議論したいねと何回か打ち合わせていたのですが、実際に会議が始まるといきなり藤本さんからアイデアが出てきて、「そうか、船ではなくていいんだ」と感動しました。人間がいかに思い込みが激しいか、何故気づかなかったのかと改めて痛感しました。

洋上で船を修善するためのフローティングドックというものがあります。普段は海に浮いていて船が来ると沈み、船を乗せて修繕する。韓国や東南アジアには既に二〇万トンクラス、長さ二五〇～三〇〇メートルのフローティングドックがある。藤本さんの提案を聞いて、これはできるなと思いました。

造船業界は割と忙しく、おそらく二〇二五年ぐらいまでは日本の造船所は余裕がないと思います。しかし、新造船をつくるドックでは難しくても、この島なら修善ドックでつくれる。特に瀬戸内海には常石造船だけでなく、多くの造船所がありまず。それらの修繕ドックで手分けしてつくれば、割と早くつくれてしまうと思うのです。しかも、ゆっくり移動させるだけであれば、その島にエンジンを付けなくてもいいので安価になる。先ほどの話に出たミサイル発射台のようにタグボートで引っ張って移動させればいいのです。

投資家も一気に一〇億円や三〇億円を投資するのではなく、一つずつできた島から繋げていけばいいでしょう。巨大な島をつくって全ての機能を詰め込むのではなく、大浴場のバージ、レストランのバージ、ヘリポートのバージなど、必要に応じて投資家を募ってつくっていけばいい。すると、知らない間に二〇か三〇のバージをできあがり、それを集約すると藤本さんの構想が意外と簡単にできてしまう。別に一箇所に集約するだけでなく、例えば、大浴場のバージだけ引っ張っていき、厳島の沖に置いてもいいでしょう。海の中にある「もうひとつの海」というアイデアでさえも、おそらく技術的にできてしまう。

そういうことで、この会議で皆さんから出していただいた知恵やアイデアによって驚くような構想に拡がりました。この会議が終わってから具体的なチーム編成をすれば、本当に実行に移せると思っています。

御立　チームBの計画のミソは複数の島をつくることです。橋本麻里さんのオリエンテーションにもあったように、山陽本線と新幹線が通って以降、瀬戸内は陸上を移動する場所になってしまいましたが、複数の島をつくれば航路ができ、それらがテンダーボートで繋がることでこの地域の雇用が増えます。つまり、瀬戸内海に海の民が戻ってくる。とはいえ、太宰府から紀伊水道まで瀬戸内海全域に島を浮かばせていくと渋滞した高速道路みたいになってしまうので気をつけないといけません。この地域は本来、海の上で働いてご飯を食べている人が沢山いた場所で、そんな風景に戻すことが私の個人的な夢でもあります。

更に、わざわざ大掛かりなエンジンを新たにつくるのではなく、島を時々動かす時に既存のタグボートを使えばいいのでやりやすいし、環境的負荷も減らすことができますからね。

それにしても、感心したことは、西山さんの隠れた不動産事業の才能です。島を持っている人（神原）を一晩の間に口説いて、譲渡の約束まで取り付けたんだから（笑）。

そこで皆さんにお願いがあります。チームAが提案するプロセスジャーナリズムは素晴らしいと思うし、僕も有効だとは理解しているのですが、バブル期の地上げを再来させないためにも、しばらくは「無人島を買う」という話を口外しないように。この計画が外に漏れると、変な思惑を持った人が島の値段を吊り上げるために暗躍するし、売らない運動や反対運動が海では必ず起こります。

　バージの建造などはどんどん進めればいいと思うので、一〇くらいの島の手筈を整えてから、プロセスジャーナリズムで情報発信するといいと思います。「藤本壮介が考えたアイデアを両備と常石が組んで実現させるらしい」「コンセプトづくりに原研哉が絡んでいるようだ」など、情報が漏れるとお金の匂いを嗅ぎつけた変な人が必ずやってきます。絶対にバブルの地上げにしてはいけません。いいですか、絶対にですよ。来週あたり新聞にこの話題が出たら、ここにいる誰かを疑わなくてはいけません（笑）。

松田哲　すごいですよね、大真面目ですからね（笑）。逆に言えば、絶対に言うなと念押しされるぐらい実現可能性が高いということでしょう。藤本さんの構想に応答するように神原さんからバージという素晴らしいアイデアが出てきました。オフグリッドで島に人が住める可能性が出てくれれば、島の価値が今からどんどん値上がりします。それらの島々を繋げていく役割がそのバージになる。住居だけではなく、プールやレストランのバージもあれば、森や海だけしかない自然環境のバージもあり、あるいはエネルギーの自給に特化した太陽光発電だけのバージがあってもいいでしょう。大きさも自由なのでユニットも組みやすく、様々な可能性を秘めていると思います。

今の世の中は引き算が良しとされているような、削ぎ落としていく美しさが賛美されがちです。一方で、足し算や掛け算のおもしろさもあると、この会議を通して気づかされました。「蔵宿いろは」も私だけのアイデアでは陳腐なものになってしまうし、私だけの資金ではできる範囲も限られてきます。しかし、瀬戸内デザイン会議を通して皆さんからご意見いただき、皆さんの実践を参照し、資金調達や投資を含めて事業規模が大きくなってくると、「蔵宿　いろは」という小さな箱だけでなく、バージのように足し算や掛け算で組み合わせていく複合的な考え方でなければ成立しません。しかし、その方が可能性がどんどん拡がっていき、おもしろいことができると気づかされました。

なお、余談になるのですが、一昨日、毎日新聞経済部から取材依頼が来ました。瀬戸内デザイン会議で、旅館の再生を巡って多くのデザイナーや観光関係者からアドバイスをもらったにもかかわらず、「蔵宿　いろは」のウェブサイトを見る限り、どうも何も変わっていないようだから進捗を是非聞かせていただけないかと……（笑）。その取材は受けようと思っていますけれど、今回の無人島を買うといった計画については一切話しませんのでご安心ください。

御立　神原さんが毎日新聞にリークしたらしいよ（笑）。

神原　「蔵宿　いろは」は最終的にお好み焼き屋になるそうなので、これも「すぐ始めれば」できてしまうだろうから、本の中でお詫びの記事を書かなくてはいけませんね（笑）。

西山　今回は島をどうつくるかといったハードの話が多かったのですが、つくった後も大事だと思っています。OPEXをどうするか、人が来なかったらどうするか、応援してくださる方をどのように獲得するか、投資家の方々をどのように保持するか。青木さんから、どのように「もうひとつの島」のファンを生み出し、コミュニティ化するかについて伺えればと思います。

青木　ゲストである宮田裕章さんの投げ掛けによって拡がったと思うのですが、今回は今までの会議と違い、Co-InnovationやCo-dividualなどの「Co-」というキーワードが頻出した回でした。共につくる上で大事なことは、共有できるヴィジョンがあることです。現状で言えば、チームAから「海島」という言葉が生まれ、そこにできた余白を使って対話し、そして当事者になれることが重要だと考えています。

その上で瀬戸内を世界に誇れる観光のデスティネーションに

していくためには、ここにいるメンバーだけではなく、世界中の旅行者や、日本に関心がある人たちを巻き込めるかどうかでしょう。やはり僕たち日本人だけが情報発信するよりも、アメリカで認知されるためにはアメリカ人を仲間にして情報を広げていく流れをつくるべきです。

人を巻き込んでいく方法にはNFTを利用します。「せとうちNFT」をつくり、ユーザーにはまずアンバサダーのような一員になってもらい、瀬戸内の魅力を発信すればするほど、NFTの価値が上がるような仕組みにする。次に、新たなデザインや島の機能の提案にも関与してもらう。ゆくゆくはこの島自体を所有したい人をそのコミュニティ上から募っていく話もありえるかもしれません。

あるいは、瀬戸内にはその土地に関係していないと入れないディープな場所もあるため、「せとうちNFT」をそんな場所のパスとして機能させれば、よりディープに瀬戸内を楽しむことができるといったユーザーのメリットにもなると思いました。

これらの仕組みを実現していく上で、今回の会議に宮田さんが参加されていることがベストタイミングだと思っています。テクノロジーやウェブ3.0まわりのアドバイザーとして宮田さんに参加いただき、受け入れや分析を須田英太郎さん、NFT関係の構築を僕が担当して、バージ建設に併せてソフトウェアやネットワークを広げることも同時進行できればと考えています。

西山　小嶋会長のお題から色々と展開させてみましたが、この提案は総括で再びまな板の上で調理されると思いますので、襟を正して待ちたいと思います。

発表―チームC

自然環境が二酸化炭素を排出する矛盾

須田英太郎＋伊藤東凌＋梅原真＋大原あかね＋桑村祐子＋石川康晴

プロフィールはpp.382-396参照

須田　チームAからは『WHOLE EARTH CATALOG』の話を踏まえた島の理念の共有がありました。その後、チームBからは数字に基づく投資計画と実現へ向けた具体案が発表されました。

島が良い施設であることは大前提として、その施設にあるコンテンツと、それによって物語やブランドをつくり、その価値を高めていくことも大切です。私たちチームCは、この島にどんなコンテンツを載せていくべきかを中心に提案していきたいと思います。

【図1：カルチャーホールとして様々な催し物を誘致する】

まず私たちで検討した島の名前は「GREENBOX（以下、グリーンボックス）」です。この箱に様々なコンテンツを格納することを考えました。

石川　我々はホテルや宿といった概念を捨てて、カルチャーホールをつくってみたらどうだろうと考えました。例えば、アートフェアを呼んできてアートの展示や販売をしたり、コミュニティとして富裕層に強いLVMHやフェラーリなどの顧客向け展示会、あるいは『Forbes JAPAN』のアワード発表会など、そんな催し物ができるホールを島につくってみる［図1］。LVMH主催、Forbes JAPAN主催、特別協賛メルセデス・ベンツなど、がっぽりお金をもらえて両備がますます黒字になるでしょう（笑）。

大原　アートや展示会などの催し物は島の地下部分で行い、地上には野外劇場をつくってみる。例えば、富山県の利賀芸術公園で演劇祭が行われていますが、「晴れの国おかやま」をはじめ、あちこちに神様がいる瀬戸内にも演劇祭があってもいいはずです。イ・ムジチ合奏団、ロイヤル・シェイクスピア・カンパニーなど、世界中の劇団がこの島の劇場に来て、多島海の中でパフォーマンスする価値をどんどん売り出していくとおもしろいと思います。

須田　宮田裕章さんからも提案がありましたが、もし「グリーンボックス」の稼働が「2025年 日本国際博覧会（大阪・関西万博）」の時期に間に合うのであれば、一つのパビリオンとして万博の分校的な位置づけになってもいいでしょう。

万博の会場は大阪ですが、大阪だけに閉じていたらその意義が半減するため、大阪万博の「せとうち分校」のような形で「グリーンボックス」も連携してみてはどうでしょうか。

更に言えば、首脳会談やG7サミットなど、国際的な会議場として機能することも考えられると思います。そのような施設を新しくつくった際に、インパクトある形でどのようにお客さんに伝えていけるのか。その意味ではまず、こけら落としが重要になってくると思います。

桑村　直島と「ガンツウ」、その次の存在として「グリーンボックス」がどのように瀬戸内を担っていけるかを考えていた石川さんが、やはりアートと食事は外せないんじゃないかと仰っていました。

蒸し返すようで恐縮ですが、松田哲也さんの「蔵宿 いろは」のように、少し目を離すと機関車の上にお好み焼きを載せてテーブルまで運ばれてくるようなことが……勿論あってもいいと思いますけれど、「グリーンボックス」に関しては最初は違う方向性で始めましょうということで、食に関する役割を私は仰せつかりました（笑）。

瀬戸内は食材の宝庫です。京都の食材のほとんどは瀬戸内海産のもので、この宝庫のおかげで、技術だけが京都式というお店も少なくありません。風土に倣うという意味でも、今一度、瀬戸内の人々が島で何を食べているのかを私たち料理人は勉強し直すべきでしょう。料理人ではない人たちからの切り口で、

【図2：鮨 すぎもと】

食のラボやスタジオのような場をつくることは、地域の風土を考え直すきっかけになると思います。そもそも何を美味しいと思うかを制限してはいけないと思っているので、新たな発見ができるとおもしろいですよね。

例えば、現代美術作家の杉本博司さんやオラファー・エリアソンさんは自分たちで料理をつくって周りに振る舞うことが好きな方々なので、分校として料理人が教えてアーティストが料理をつくったり、逆にアーティストが提案した料理を料理人が形にするような場所があってもいいでしょう。食にもっとゆらぎや刺激が欲しいですし、そんな刺激し合う関係をつくれる場所をこの地域につくりたいです。

ということで、「グリーンボックス」のこけら落としでは、第一回瀬戸内デザイン会議にも参加いただいた杉本さんにお寿司を握っていただければと思っています。以前、和久傳の白衣があまりにも板についていたので、是非その腕前をご披露いただきたいと思います［図2］。

【図3：瀬戸内海だからこそできる、特別な場所での瞑想】

伊藤　身近なアクティビティについてどんなコンテンツがありうるかを考えました。

昨今、心身の健康に関心が高い人が増えてきているせいか、カリフォルニアやインドのヨガの先生を呼んでリトリートの合宿を組み、その会場として京都のお寺や神社を貸し切って行われることもあります。ただ、陸にいるとどうしても普段の自分と切り離せないけれど、例えば、瀬戸内海に浮かぶ島の上でファスティング（断食）しながら過ごしてみてもいいでしょう。

観無量寿経の中に日想観や水想観、地想観など、十六の浄土を想う、十六観と呼ばれる瞑想方法があります。現代ではお寺の中でもあまりやられていない瞑想方法ですが、「グリーンボックス」の航路に合わせて、ある場所では太陽を見て、またある場所では水辺を見て、別の場所では大地を見て想いを馳せてみる。瀬戸内海の航海中だからこそピタッとハマる最適なロケーションがあると思うので、特別な瞑想ができるアクティビティになると思います［図3］。

そんなプログラムを貸切でやってもいいし、もう少し本格的に修行したい人向けに、瀬戸内中のお坊さんを「グリーンボックス」に集めて座禅の会を催してもいいかもしれませんね。

須田　「グリーンボックス」には宿泊施設はつくらない想定です。先ほどの二チームの発表にもあった通り、オフグリッドの無人島につくられた宿泊施設や有人島に既にある宿に泊まるなど、宿泊機能はそれぞれの島々に分散してもいいでしょう。

それ以外にも、様々な面で周りの島と連携していけるといいと思います。瀬戸内の地産品を使った料理を食べるだけでなく、小豆島の素麺工場や醤油蔵など、その食材がどのようにつくられているのかを見学したり、農業体験してもいいでしょう。地域での滞在はその地域への貢献にも繋がります。このような島々や沿岸地域との連携は、世界中からハイエンドのお客様を受け入れていくCo-Innovationな取り組みと言えるでしょう。ちなみに伊藤さんによれば、「パーク ハイアット 京都」に泊まると早朝の誰もいない清水寺で特別な参拝ができるそうです。

そういった島々のアクティビティを、人手不足の中でも地域の方々が管理できるようにするためには、「Horai」のようなデジタルツールの活用が欠かせません。チームAの発表で「海島」から各島へ行く際にテンダーボートを出すというアイデアがありましたが、その時も運行の最適化や予約管理の自動化に「Horai」は利用できると思いました。

最後に梅原さんから全体の総括をお願いします。

梅原　正直に言えば、今回の発表に向けてミーティングをしていても、どうも身が入りませんでした。少し遠目に見て、ノリが悪かったんですね。その理由は、島となった船が移動する時に二酸化炭素を出しとるだろうと僕の頭に引っかかっていたからです。藤本壮介さんのアイデアを基に三チームで構想することになりましたが、なぜ、森や環境やと言うてるのに、移動する際に二酸化炭素を出しとるんだろうと、どうもそこが気になってスイッチが入らなかったのです。

チームCの提案では、島の中で展示会や演劇、音楽をやり、食もあれば、会議場もある。めちゃめちゃ多様やないですか。しかし、僕は身が入らず、「名前を考えてください」と言われて部屋に帰って考えていました。少しおちょくって「ひょっこりミュージアム」でいいんちゃうかと。両備の小嶋会長たちの元々の構想が「ひょっこりひょうたん島」だったのなら、「ひょっこり」は置いておいた方がいいだろうと。「ミュージアム」は突然出てきたのですが、もうこれでええわと思っていました。

ネーミングは他にも幾つかアイデアが出てきました。一つは「LAND ?:」です。島のような船をつくるとどれが船やら島やらわからん風景が広がると思うので、それで英語で「LAND ?:」です。土や地面、島という意味のランドに「?:」マークを付けています。「島? あれ島なの?」と。ロゴにクエスチョンマークを使う奴なんて世界中にいないでしょう……今、原研哉さんが僕の方を見て「絶対に〈海島〉の方が良い」という顔をしていますね（笑）。

また、「ひょっこりひょうたん島」の主題歌では、「波を ちゃぷちゃぷちゃぷちゃぷ かきわけて～」というメロディに合わせて「スーイスーイスーイ」という合いの手が入ります。だから

GREENBOX

【図4：グリーンボックス】

「ちゃぷちゃぷ」「スイスイ」はどうかと……すみません（笑）。

昨日はそのまま寝て、朝起きてからチームCの皆のところに行くと、今回のプレゼンが完成しかけていました。この提案はそれこそダイバーシティだらけになっていて、少し気持ち悪かったです。これは何とかせなあかんということで、あえてどうでもいい名前として「グリーンボックス」にしました［図4］。例えば、ニュースで「アメリカのバイデン大統領と岸田総理大臣がグリーンボックスで首脳会談を行いました」とか、海外のアーティストが瀬戸内海で「俺、グリーンボックスで個展を開催するんだよね」となると、「グリーンボックス」というどうでもいい名前の価値がどんどん上がってくる。この名前は世界中でどこでも通用しますからね。

そして、森という自然環境が二酸化炭素を排出して動くという矛盾を感じさせないように、「フォレスト」や「ウッド」を使わず、単なる緑の箱が動いているという名前にしてしまう。あまり賛同を得ていないようですが、ネーミングは「グリーンボックス」ということで私の仕事を終わらせていただきます。

各チームの発表を聞いていると、「分校」というキーワードが何回も出てきました。一番感動したのが、チームAの白井さんが言ってくれた「地球は宇宙の分校」。ついついメモしてしまいました。この瀬戸内デザイン会議で分校という概念が少しずつ皆さんへボディブローのように効いている手応えを感じながら、私は高知に帰りたいと思います。

総括

世界でまだ定義されていない「新しい何か」へ

原 研哉＋神原勝成＋石川康晴＋松田敏之＋御立尚資＋藤本壮介＋宮田裕章＋大原あかね

総括

世界でまだ定義されていない「新しい何か」へ

原 研哉＋神原勝成＋石川康晴＋松田敏之＋御立尚資
藤本壮介＋宮田裕章＋大原あかね

プロフィールはpp.382-396参照

瀬戸内ルネサンス

原　第二回瀬戸内デザイン会議の総括になります。しかし、既に三チームの発表が総括的な内容でもあり、これを更に総括しても野暮なので、皆さんそれぞれに僕たちが何で瀬戸内でこんなことをやっているのかという根本を伺ってみたいと思いました。チームCの発表で梅原真さんが、「森や自然や言うてんのに、島を移動させる時に二酸化炭素を出しまくりやないか」と指摘されました。梅原さんは何か引っかかっている気がするんです。

勿論、全体としては良いアイデアが沢山出てきているものの、なぜ島を海に浮かべて動かすのか、なぜ静かにしている無人島を起こしていくのか。きっとオフのままでいいじゃないかという考え方もあるはずです。地域を活性化するためのアイデアが多様に出てきたからこそ、イケイケドンドンで進行せずに振り返りつつ進んでいくべきでしょう。改めて瀬戸内デザイン会議が何のためにあるのかを皆さんに伺いながら総括していきたいと思います。

まず、御立さんからお願いします。

御立　パンデミックで世界中が暗い気分になりました。そんな中、新しい経済が出てきて、新しい種類のお金持ちが出てきています。しかし、大国が戦争し始めて世の中がまた変わりました……、実はこれは現代の話ではありません。ルネサンス期の話です。

ルネサンス期にはペストが蔓延して皆が困窮しました。時代としてはマルコ・ポーロが中国に行った直後で、航海技術が世に広がってお金のつくり方が変わり始め、メディチ家などそれまでとは全く違ったお金持ちが出てきました。更にルネサンスの最も大きなきっかけが、東ローマ帝国（＝ビザンチン帝国）がオスマン帝国によってトルコあたりまで攻め込まれ、滅亡してしまったことでしょう。その際に、東ローマ帝国は近親増悪で仲が悪かった西ローマ（=イタリア）の人たちに助けを求め、元々ギリシャやイスラムにあった知恵がどんどんイタリアに入り、ルネサンスが起きたのです。今なぜこの話をしているのかと言うと、今回は「瀬戸内ルネサンス」だと思ったからです。

皆さんご存知の「ダビデ」をミケランジェロがつくり始めたのが一五〇一年。悲しみの聖母「ピエタ」をつくり始めたのは一四九八年。どちらもものすごくリアルな彫刻ですよね。バチカン美術館で「ピエタ」の前で食事する贅沢な機会をいただいたことがあるのですが、傍で見ても大理石が本物の布に見えてしまう超絶技巧に驚きました。ただ、この話をしたら関西財界のとある方が「御立さんはわかっていないな。これはキリストさんが十字架から下ろされて聖母マリアの膝に寝ている姿やけど、お母さんの方が若いなんて、どこがリアルなんや」と仰っていて、関西の経済人には勝てないなとも思いました（笑）。

そんなルネサンスから少し遡った時代の彫刻技術はどんなものだったか。フランス中部にあるゴシック三大聖堂の一つ、シャルトル大聖堂（一二二〇年再建）の彫刻を見てみると、ルネサンス期の彫刻とはまったく違った平面的なもので、歴然とした差がある。つまり、ルネサンスでとんでもない進化があったわけです。

今度は一五〇六年に出土し、その発掘に立ち会ったミケランジェロに多大な影響を与えた「ラオコーン像」を見てみましょう。この彫像はルネサンス期に引けを取らない技巧と言えますが、実は紀元前二世紀につくられたものなのです。つまり、西ローマ人たちは本来持っていた先祖の技術をどこかのタイミングで失っていたということになる。

東ローマ帝国の滅亡を機に、彼らが研究していた古代ギリシャ・ローマ文化の書物や知識がイタリアにやってきて、「自分たちの先祖はこんなすごいものをつくっていたのか」とイタリアの彫刻家や建築家たちは多くを学ぶようになります。ミケランジェロもギリシャ文献を介して彫刻の工具のつくり方から小さい石膏を四メートルの大きさに拡大する技術までも復刻し、「ピエタ」をつくっていたと言われています。

瀬戸内で我々がやろうとしていることも、実はこのルネサンスと同じだということです。ルネサンスとは簡単に言えば、過去の良いものを現在に合わせて再構築することです。瀬戸内で言えば海の道や海の民でしょうか。橋本麻里さんのオリエンテーションにもあったように、昔の瀬戸内は道として人も情報もお金も全てが行き交う豊かな地域で、ここで働いて暮らしている人たちが沢山いたのです。

島も森の恵みだと見なされていたので、私は「グリーンボックス」という名称を気に入ってしまいました。島はグリーンでないと駄目なんです。愛媛県新居浜市にある別子銅山では、銅精錬に伴って森林の伐採と煙害で荒廃させてしまった山を元通りにするために住友家が植林事業を行い、森を取り戻しました。

実は瀬戸内にある島の中には、工業化の過程で森林を伐採したり産業廃棄物を置いてしまい、森が戻っていない島が山ほどあります。個人的には無人島を綺麗にするだけでなく、藤本壮介さんが提案する海に浮かぶ森をつくり、更に土や岩だけになってしまった島を森に戻すところまでやってみたい。今回の構想は、島を使って瀬戸内に海の道と海の民、森の恵みを復活させる意義があると考えています。

プレ会議の時、瀬戸内には観光と文化の資源が山ほどあるし、実は歴史もあることを学びましたよね。今回盛んに出た「Co-」という人を繋ぐコンセプトは、私にとっては豊かな瀬戸内をもう一度つくるルネサンスだと理解しています。

原　橋本麻里さんがオリエンテーションで仰っていた大事なことを、御立さんの話で再確認できて良かったです。「その土地にある記憶を蘇らせる」ことを理念とする建築家もいるように、文化は勿論、火山島や内海が生まれた経緯も含め、その土地の歴史を意識しながら見ていく必要があると強く感じています。

本筋は学校

神原　おもしろいアイデアや意見が出て方向性が定まったと思いつつも、梅原さんからの「二酸化炭素をめちゃめちゃ出しとるやないか」という指摘には真剣に向き合わないといけません。よくよく考えてみたら「環境破壊しとんちゃうか?」と地元の人々が思ったり、メディアがそういった取り上げ方をするリスクは十分ありうる。その意味でもチームAが提案した『ディスカバー・ジャパン』によるプロセスジャーナリズムは有効だと思います。

チームBの発表で紹介された私の会社が所有する無人島は、バブルの時代に大阪の不動産屋が開発しかけた島で、ヘリポートまでありました。そういったバブル時代と似たような開発を瀬戸内デザイン会議がやり始めるのではないかと誤解されてしまうと本末転倒です。だから、瀬戸内海の自然を破壊するのではないという大義名分を整理し、我々が瀬戸内でプロジェクトを進める意義をきちんと説明する必要があるでしょう。建築やアートという面でおもしろいことをやるからいいでしょうという理屈は通用しません。そのあたりをどのように丁寧に周知していくべきかを議論して、皆で共通認識をつくる場が要るでしょうね。

原　瀬戸内での開発は、開発する余地が残っているからではなく、そこに素晴らしい種があるからです。その素晴らしいものの根幹がどこにあるのかをまず押さえた上で、実現に向けて構想を進めないといけないと改めて実感しました。

神原　もう一つ思ったことはソフト面です。チームCの発表にもあった、コンサートやイベントを催す会場として考えたり、食事や料理そのものもソフトとして考えることは良いアイデアですよね。共創という意味であれば、例えば若手のアーティストや建築家といった今後の将来を担ってくれる人を起用してチャンスの場を与えることも大事だと思いました。

また、子供たちにも可能性があるでしょう。岡山県出身で輪島塗の職人である赤木明登さんと岡山県曹源寺の原田正道さんの対談が収録された『禅と工藝』を読むと、現代人はもう資本主義社会に侵されていて美しいものを見る力を持っていないと話されました。例えば、ここに花があったとして「どうですか？」と聞くと「美しい」「綺麗です」と言わず、現代人は「この花はいくらで売れるんだろう？」という発想になってしまってると。原田老師は「美感」という言葉を使っていましたが、今の現代人は人間が何千年もかけて培ってきた美しさを認知する感性が衰えてきているため、子供たちもそういったことに感激しない。本当にこれでいいのかと問われていました。

私たちも瀬戸内に生まれて自然豊かな環境で育ってきたけれど、実際に美しいものにどれだけ感激して日々を過ごしてきたのかと言えば、意外と感激していない。だからこそ、我々が今度やるプロジェクトの中で子供たちに改めて瀬戸内海の自然に触れてもらうようなプログラム、あるいは合宿施設をつくり、伊藤東凌さんが仰っていた自然とどんな関わり方を持つかというテーマを投げかけることも共創だと思っています。

いずれにしても今回の島構想は実行に移したいし、そこで我々が持っているノウハウやアイデア、ネットワークを駆使して一流のものをつくりたいですが、子供たちをはじめ、新しい時代を担う若い人々に向けた場づくりも今後考えていかなければいけないと思います。

御立　学校の話は本筋かと思います。何を教えてどんな人をつくるかが今回の会議全体に通底しているテーマでもあります。オフグリッドも含めて、既にある枯れた技術を駆使して、一企業だけでなく少し違った組織体でプロジェクトにして新しいお金の仕組みをつくり、皆が幸せになり、分校をつくって次世代に繋げていく。

ルネサンス期にもメディチ家が最初にやったことは「アカデミア・プラトニカ」という学校の創設です。ビザンチン・イスラム世界で醸成されたギリシャの知性が入ってきた時、まず皆で勉強する場所をつくった。その結果、ルネサンスという新しい価値が生まれたわけです。次世代に繋げるということであれば、学校をつくることは本筋だと思います。

石川　まだ国内でもグローバルでも気づかれていない瀬戸内の価値の一つに食があります。瀬戸内でやる以上、これは切っても切れないと思う。では岡山にグローバルに通用する料理をつくれる職人がどこまでいるのかと言えば、今のところあまり見当たりません。やはり和久傳のような京都の料亭で育ててもらったIターンやUターンしてくる人たちに、ファウンダーになりながらこの会議で機会を与え、グローバルなレベルにまで育てていけるかだと思います。すなわちアートと食は勿論、船などの移動インフラにおいても食が必要です。「○○と食」はずっと繋がっていくので、食をつくれる人たちを国内だけでなく、海外からもこの地域に来てもらう流れを今回の島構想でつくっていくべきだと考えています。

フェリー、ホテル、もしくはホール、もしくはオフグリッドの無人島開発も含め、絶対に食は切っても切れないでしょう。瀬戸内でまだ開発されてない寿司屋や割烹といった単純なことではなく、瀬戸内デザイン会議から何をつくり出せるのか。言葉としておかしいですけれど、「せとうち食」みたいなものをどうつくれるのかを考えていきたいです。次回以降の会議で、テーマに食を少し交ぜてみてもいいと思っています。

今回は船をテーマにして、両備が開発していく瀬戸内の新たな価値という方向性で議論が進んでいきました。瀬戸内を正確に言うと内海あたりではありますが、もっと大きく捉えてきたいとも思っています。次回の会場である倉敷も瀬戸内アートリージョンという考え方の中に入ってもらうべきだと思うし、僕たちがワイナリーを営んでいる岡山県新見市も山の中ではありますが、瀬戸内という概念の中に入れていただきたいです。むしろ岡山や広島、愛媛、香川だけでなく、山口や島根、徳島まで広げてもいいでしょう。もしかしたら数年後には出雲大社で瀬戸内デザイン会議を開催している可能性もあるかもしれません。

原　そうですね。決して瀬戸内海だけに限定しているわけではなく、瀬戸内海を四国、中国、九州、近畿を繋ぐインターローカルメディアという、一つの地域を超えた存在として考え、この会議の名称も「瀬戸内デザイン会議」としました。つまり、ローカルの話ではなくインターローカルという概念で海を捉えているため、瀬戸内デザイン会議は北海道でも香港でやってもいいわけです。

石川　そんな発想で、どんどん仲間をつくっていきながら瀬戸内という概念を拡張していき、観光客が瀬戸内に何度訪れても飽きない場所にしていきたいと思っています。

「オマエ やれんのか?」「やります!」

宮田　素晴らしい発表で私自身も大変勉強になりました。チームCによる「グリーンボックス」の提案は、奇しくもチームBのユニット化というアイデアによって実現できると思いました。更に言えば、無人島と繋がることも可能でしょう。エンターテイメントのユニットを無人島と接続することで、チームAの提案にもあったようにオフだった無人島をオンにできる。

そこにデジタルが介在し、今そこにどんな人たちが滞在しているのか、家族で来ているのか、小さな子供がいるのか、あるいは学びに来た人々なのか、そういった情報を把握することで、ユニットがまた違うフォーメーションを取って瀬戸内海を巡り、様々な形で島をオンにしていく。勿論、時には静かにしていてもいいでしょう。

それぞれのチームがコンセプトデザイン、具体的なハードウェア設計、ソフトウェア設計と見事に分かれ、その三チームのアイデアが共鳴してこの瀬戸内の可能性を跳ね上げていくような、瀬戸内の資源と繋がりながら共創できる構想になったと思いました。松田さんは大変になると思いますが(笑)。

大阪万博のパビリオンとの連携という話も出てきましたが、私も十分可能だと思います。このプロジェクトは地球の未来と繋がり、共に新しい文化をつくっていくもので、まさに万博のコンセプトとも重なります。私も皆さんと共に何かできると感じていますので、継続的にご一緒させていただければと思っています。

原　今回、松田さんは多くのアイデアを受ける立場になってしまいましたが、青井さんが提案しているように松田さんを一人にするつもりはありません。そうは言いながらも、松田さんがどのように受け止められたのか、率直な感想でかまいませんのでお聞かせください。

松田敏　皆さん、三日間ありがとうございました。こんな貴重な機会を私たちのためにつくっていただき、大変ありがたく思います。前回の松田哲也さんを見ていたせいか、最初は怖くてガタガタ震えまくっていました。昨夜、皆さんと飲んだ帰りに哲也さんに呼び止められて、一時間半ぐらい「オマエやれんのか？　本当にやるのか？」と覚悟を問われましたが（笑）、実際にこの三日間で経営者としての感覚を変えられたと本当に感じています。

事業を起こしているとつい「これもやった方がいいんじゃないか？」と足し算のようにアレもコレも加えてしまい、本質を忘れてグジャグジャなものになってしまうことがあります。皆さんは、本質をきちんと押さえてどんどん引き算して核心の部分を抽出し、普遍的な価値をつくりにいくプロセスで頭を動かされていると感じました。逆に言えば、本質さえしっかり押さえておけば、足し算しても問題ないのでしょう。

当初、「瀬戸内は島や海という素晴らしい環境があるのに船という移動手段が駄目だから人が集まらない」という原さんのご指摘から、弊社の中古船二隻を宿泊型に変えられないかと検討していました。しかし、船の技術や法規の問題で中古船を改修することは難しいとわかり、新造船で考えることになったのです。クルーズ船という父親の夢を叶えることは息子の役割であり、やらなくてはいけないという強い想いを抱きながら、どうやってそのクルーズ船を経済的に回せるかは勿論、その船を介して瀬戸内という地域のために何ができるかを考えていました。

皆さんには、客室数は七〇室、一万トン、予算は一五〇億円ぐらい、客単価一〇万円といった与件をオリエンテーションでお伝えしたと思うのですが、それらを全て無視した提案を出していただきました（笑）。しかし、その提案は枠を超えた刺激溢れるもので、やはり皆さんは常人ではないと感激した次第です。私の頭の中は今パンパンで、先ほど珍しくご飯が喉を通りませんでした（笑）。

チームAの発表で「ステイ・ハングリー、ステイ・フーリッシュ」という言葉が出てきましたが、お腹も減らないわ、原さんが苦手な「チャギントン」の電車をつくるような愚か者だわで、自分は何も当てはまっていないと思いながら聞いていました（笑）。しかし、「あるものを使って、ないものをつくる」というコンセプトから「海島」という素晴らしい名称もいただき、提案の全てをやってみたいと思いました。

チームBからは、動力がない浮体にして移動する時はタグボートで引っ張るという考え方を提案いただきました。特にギャラリーやバンケットなど、普段使わない機能は必要な時に引っ張ってきて接続するという発想はおもしろいと思います。バージ上に様々なモノが載せられるため、ラグジュアリー船なんかつくる必要がないのではないかとすら思っていて、父親に言ったら「ふざけんな」と怒られそうですが、真剣に話してみたいと思った次第です。

チームCはコンテンツについて考えてくれました。たしかにLVMHの展示会やForbes Awardのイベントをやろうとしても、岡山や広島には会場となる場所があまりありません。あったとしても、その場所には瀬戸内らしさがなかったりする。瀬戸内らしさがある場所をつくれば、もっと感性豊かな催し物が集まってきてくれると思いました。例えば、大原美術館に行くたびに「こんなところにこんな素晴らしいものがあったのか」と感性を磨かせてもらえて発見もある。それはやはり大原美術館が研ぎ澄まされた空間だからだと思うのです。

瀬戸内にもそういった場所をつくらないと今までの瀬戸内と変わらないので、世界中の人々が集まってくる宝にするのであれば、瀬戸内らしさの追求が一つの軸になるでしょう。その上で、「あるものを使って、ないものをつくる」という発想になると思います。桑村祐子さんには瀬戸内でしか食べられない「せとうち食」を追求していただき、お店をやっていただいてもいいかもしれません。

とにかく私たちは前向きにやります！　ただやりますけれども、私たちだけではできないので、この中でやる気のある方々、一緒にやろうと言っていただける方々でプロジェクトチームをつくっていただきたいです。お金を出してくださる方は勿論、それ以上に知見や技術、考え方を提供してくださる方と共に進めていき、瀬戸内デザイン会議でつくった世界をこの三年以内に実現できればと思っています。

最後にチームCで梅原さんが「LAND ?」というネーミングアイデアについてお話しされていましたが、チームAの「海島」に?マークを付けて「海島?」もいいんじゃないかなと思いま……また怒られそうですね（笑）。

両備としては皆さんの力を借りて、この島構想を実現したいと考えていますので何卒よろしくお願いします。

原　この構想のきっかけをつくってくれた藤本さんはいかがでしたか?

藤本　この三日間、すごい勢いで様々な知恵や知見、ヴィジョンが飛び交い、それがどんどん絡み合って、物事が動き出すダイナミズムを肌で感じました。僕自身も最初にスケッチを描いた時は「まだ船だな」と思っていたのですが、神原さんから「動力は要らないんじゃないか」と言われた時、これは船ではないし、島でも建築でもない新しい何かになりつつあると感じました。そして原さんが「海島」と名前を付けてくれて、そこから更に様々なアイデアに発展していきました。船から抜け出したことによって発想がぐぐっと広がり、とてもエキサイティングでした。

最後に松田さんが「やります！」と言ってくださり、僕も実現させるためにしっかりお手伝いしていきたいです。瀬戸内デザイン会議から生まれた「浮いている何か」は、まだ世界で定義されていない「新しい何か」だからこそ、おもしろい価値になることでしょう。

原　皆さんから出た提案は必ずしも二酸化炭素を排出するわけでなく、海に浮かぶ島が動力を持たないという意味ではエコロジカルであり、その上で使われる電気も水もオフグリッドで生産できるのあれば、必ずしも環境負荷が増えることにはなりません。

また、日本人の自然観、自然を畏怖するといった態度こそが他国とは違った独自性であり、瀬戸内海の自然に感覚をそば立たせていく感覚がないと日本のラグジュアリーもつくれません。前回の会議でも議論に上がった「澄ましていく」ことが重要で、賑々しいものを呼び込むというよりも、どうやって澄ましていくかをフローティングハブをつくりながら考えていく必要があるでしょう。

松田さんが最後に「やります！」と言ってくださったことが大きな成果です。つくることを最終目的にしてはいけないと思いながらも、物事を実現させるためには持続する志が必要不可欠になる。松田さんの希望もあって島構想は皆さんの力を借り、瀬戸内デザイン会議の全メンバーが携われるような関係をつくっていきたいと考えていますので、皆さん、どうぞよろしくお願いします。

最後に、第三回瀬戸内デザイン会議は二〇二三年一月に倉敷の大原美術館で開催します。大原さんから次回予告をお願いします。

大原　第三回瀬戸内デザイン会議をどういったテーマにするかは、これから原さんたちと相談していきたいと考えていますが、私自身が今一番感じている倉敷の課題は、かつては過去という歴史と未来という最先端が同居している街であった倉敷が、「今」しか感じられないような街になってきていることです。そんな街に歴史の縦軸と生活する豊かさを取り戻せるかについて、皆さんのお知恵をいただきたいと考えています。

おそらく具体的なハードを新たにつくるようなことではないと思うのですが、御立さんが仰っていたアカデミアのような場所、知恵が集まるような機能を街にもたらせたらいいなという下心を抱きながら、皆さんをお迎えしたいと考えています。どうぞよろしくお願いいたします。

原　以上で第二回瀬戸内デザイン会議を閉幕します。皆さん、ありがとうございました。

いろは

報告

「蔵宿 いろは」改修計画：序　松田哲也

フィードバック

続・お節介　松田哲也＋原 研哉＋神原勝成＋石川康晴＋御立尚資＋梅原 真＋桑村祐子＋高橋俊宏＋青井 茂＋伊藤東凌＋岡 雄大＋宮田裕章

「蔵宿 いろは」改修計画：序

松田哲也
株式会社広島マツダ
代表取締役会長兼ＣＥＯ

第一回瀬戸内デザイン会議では、「蔵宿 いろは」にお越しいただき、ありがとうございました。その後どうなったかについて経過報告します。

私は広島マツダという車のディーラーの会社を本業として経営しながら、レンタカーや不動産、旅館、飲食などの企画経営も行い、グループ会社が三〇社近くあります。広島という地方都市を拠点にしているため、やはり東京への一極集中と地方がどんどん衰退していく現実を肌で実感しています。人口は減っていくし、中山間地域の経済も中々発展していかない。だからといって私たちディーラーのテリトリーは東京や大阪といった大市場に拡げられず広島県だけなので、違う分野もやっていかなければなりません。

最近では「お好み焼 みっちゃん総本店」の経営権も取得しました。広島の人なら聞いたことがあると思いますが、そばの上で生地を焼くいわゆる広島焼きをつくった元祖のお店です。他にも、沖縄で高級輸入車レンタカー屋や、ハワイで古いお寿司屋を引き継いで経営しています。そして、厳島にある「蔵宿 いろは」もその一つです。

改めて歴史を説明すると、江戸時代一八六七年に旅館「ひがしや」として開業し、改装を重ねて現在の「蔵宿 いろは」が完成したのが二〇〇九年、私たちがオーナーになったのが二〇二一年九月になります。

前回の会議でチームAの「聖なる旅と、ヒロシの間」、チームBの「一〇〇年後に評価される島」、チームCの「裏付けあり。〈ふろとすし ひがしや〉」といった様々なアイデアを提案していただきました。書籍になり、スタッフ全員で読み合わせして咀嚼し、もう何回読んだかわかりません。『この旅館をどう立て直すか』という私たちからすると非常にショッキングな書籍名も付けていただきましたが(笑)、幸いなことにあれから社員も誰一人辞めることもなく、今も前向きにやっています。

前回の会議を経て、厳島とは瀬戸内海の中でも群を抜いて島のパワーがあることを再確認しました。厳島神社、大鳥居、千畳閣、弥山(みせん)などがあり、コロナ禍前であれば何もしなくても年に四六〇万人もの人々が訪れる、ただでさえ恵まれている環境です。そんな厳島に来られる観光客の多くは、明日もわからない不安定な世の中で少しでも精神性を高めて心を浄化する時間を過ごそうと非日常を求めています。

そこで、ソフト面でもハード面でも「清まる、澄む、浄化、禊といった世界の体験」をコンセプトとして、お客様が俗から聖に戻る時間を過ごすことができるような旅館となるべく、再生プロジェクトをスタートしました。

再生に向けて設定した、私たちがやるべきことは七つです。

（一）全てのチームの意見を真摯に受け止める。

（二）「蔵宿 いろは」の改修設計をしてくれた建築家の竹原義二さんにヒアリングし、具体的な再生計画を進める。

（三）宮島全体のツーリズムを考え、昼ではなく夜中や夜明けの静寂に因んだ、厳島の非日常を体験するアクティビティを取り込む。

（四）一方で楽しい世界も必要であるため、島民と観光客が交流できる夜の場所をつくる。

（五）旅館内の部屋と食事、風呂の改修。そこにシャドウワークを含めたおもてなしも取り込む。
（六）土地に求められないものをつくっても仕方がないため、地域に溶け込むことに努める。
（七）同業者との競合を起こすような価格帯やサービスを避け、全く異なる客層をターゲットに定め、そこで存在意義を見出す。

まず、私たちは竹原さんに会って、今までの経緯や会議で話された内容を包み隠さずお話しさせていただきました。すると、竹原さんは大変喜んでくれました。建築のオーナーが変わってリノノベーションする時、最初の設計者が呼ばれないケースが多々ある中で、心を込めて設計した「蔵宿 いろは」の改修に携われることは嬉しいと。実際に、竣工から十年以上経った施設も見ていただき、早々に設計チームを組んで取り掛かっていただきました。

まず、一階にあった広島名物の熊野筆の店舗をなくし、エントランス兼ギャラリー［図1］にします。視線が奥まで抜けて海が見えるような開放的な空間にし、光や陰影を生み出す透かし積みのレンガ壁を設けたり、写真の展示や映像の演出なども考えています。

また、厳島は離島で且つ船も夜の二二時までしか運航していないため、ス

【図1：エントランス兼ギャラリー】

タッフの雇用が非常に難しく、仲居さんも泊まりがけでないと勤務しづらい現状です。そこでフロントの代わりに、エントランスギャラリーの奥に自動チェックイン機を置くことにしました。見積もりではこの改修は三億五〇〇〇万円かかり、その内の六〇〇〇万円を補助金で賄います。その申請の際に自動チェックイン機を入れることを記載しましたので、この機械は何と言われようと導入する予定です（笑）。フロントは二階に改めてつくり、そこできちんとした人的サービスをしようと思っています。

　エントランス横のスペースは現在検討中ですが、「お好み焼 みっちゃ

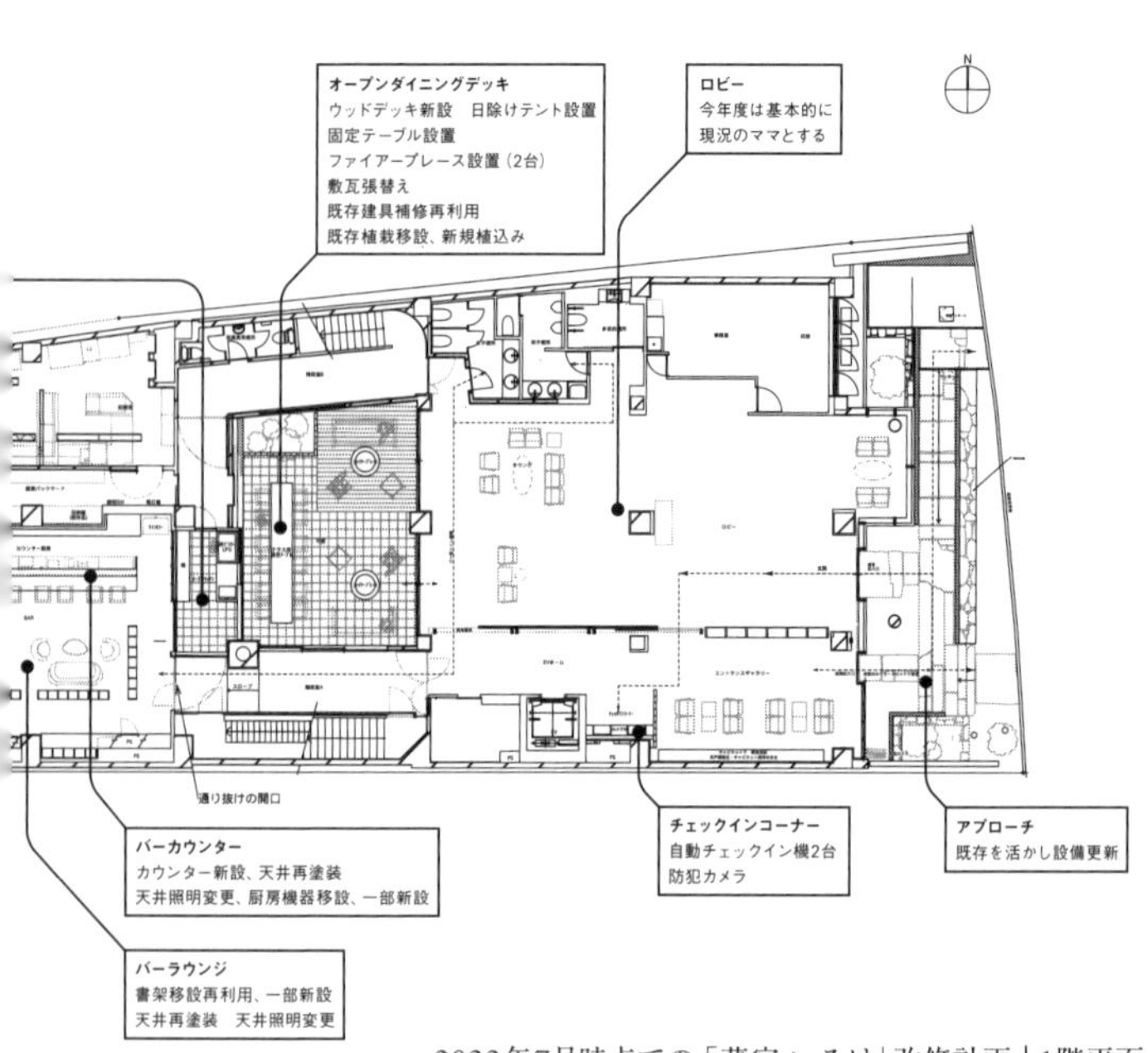

2022年7月時点での「蔵宿 いろは」改修計画｜1階平面

ん総本店」を開店しようかとも考えています。コロナ禍でも厳島の商店街は賑わっていますが、その商店街に広島名物の美味しいお好み焼き屋はありません。「みっちゃん総本店」は元祖広島焼きの店ですし、厳島に訪れた観光客の多くが食べに来てくれるのではないでしょうか。

中庭［図2］には椅子や囲炉裏を置き、アウトドアダイニングができる場所にします。レストランは基本的に現状のまま残しますが、中央付近を改修して食事する場所とバーをきちんと分けます。バー［図3］には一枚板のカウンターや香川県の庵治石（あじいし）を使った壁面などをつくる予定で、半個室も用意しようと考えています。

【図2：中庭】

【図3：バー】

今回の改修における最大のポイントは、部屋数を十八から十三に減らしたことです。現状でも最も価格が高い部屋から埋まっていきます。一方、最も安い部屋は全く埋まらず、稼働率は三％程度です。グレードの高い部屋から埋まっていく世の中の流れは抗えないと思うので、低価格帯の客室二室を一部屋にまとめたグレードアップ改修によってスイートルームをつくりました。

海側のスイートルーム［図4］には、部屋の真ん中に大きな風呂があり、海を眺めながら浴すことができます。「ふろとすし ひがしや」という名前は採用できませんでしたが、風呂を前面に押し出すような客室はつ

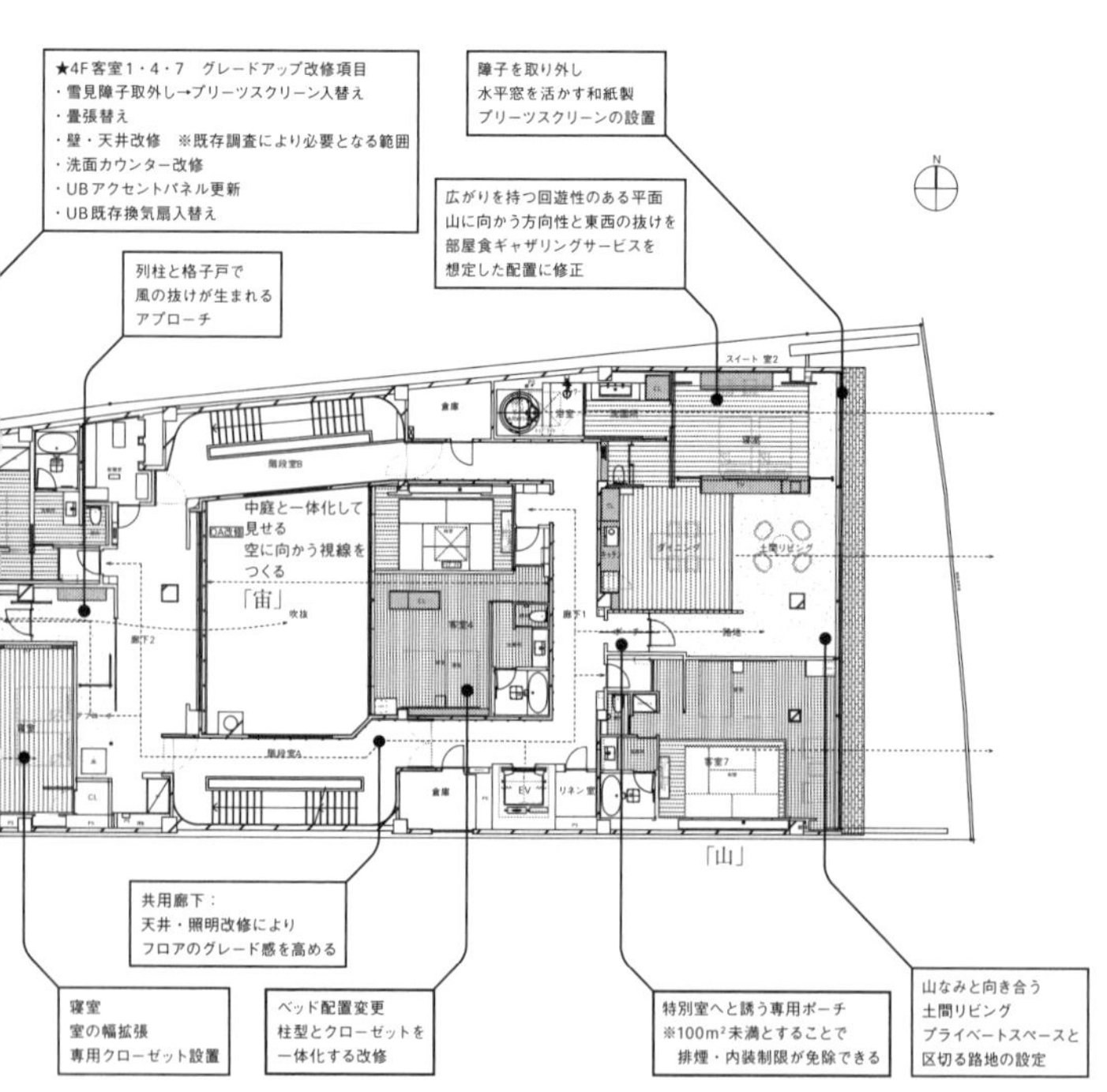

2022年7月時点での「蔵宿 いろは」改修計画｜4階平面

くれました。山側のスイートルーム［図5］は弥山の景色を眺めて過ごせるような部屋にして、洞窟のようなお風呂を設えています。

新しいスイートルームはコネクティングルームになっています。例えば、子供や親戚を含めた家族で泊まる時にエキストラベッドを入れたりしますが、それを一切やめて、六〇平米ぐらいのスイートルームは二人だけの空間にします。他の家族はドアで繋がった隣の客室に泊まるような仕様にしました。竹原さんからもご提案いただき、家具や調度品といったインテリアも妥協せず、ラグジュアリー層をターゲットにした設えになっています。

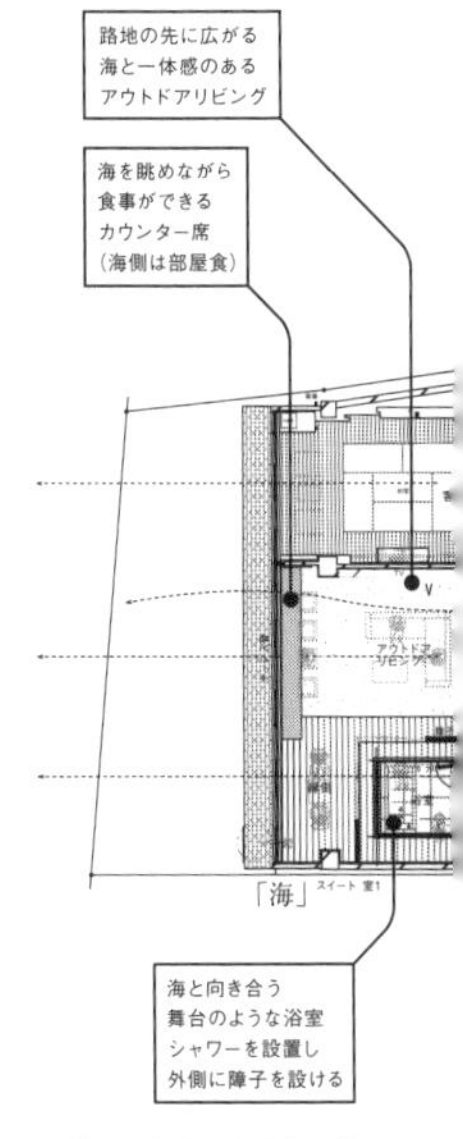

4階は既存室・共用部を含め
グレードアップ改修を予定する

【図4：海側のスイートルーム】

【図5：山側のスイートルーム】

他の客室も部屋の大きさは変わりませんが、全てグレードアップします。大浴場も改修したかったのですがお金が尽きてしまったので、若干の経年劣化部分を修復し、客室内の風呂を改修して充実させることにしました。

改修工事のため、二〇二二年八月末から年末まで臨時閉館する予定です。十二月にようやく厳島の大鳥居も修復工事が終わり、お披露目されるそうなので、そこに合わせて改修工事を一気に進めてしまおうと考えています。

以上になります。現状では、設定した再生に向けた実践（一）と（二）のみです。ハード面の改修のメドは立ちましたが、サービスなどのソフト面はまだ計画しきれていません。地元から共感を得られるような働きかけが全くできていないため、改修終了の年末に向けて厳島全体のツーリズムや地域から必要とされる「蔵宿 いろは」となるように準備していきたいと思います。

前回の三チームからのご提案を汲み取り、なんとかここまでやってきましたが、もう行き着くところまで行くしかないと覚悟しています、前にも言いましたが、失敗したら皆さんの責任ですから、何かあったら助けてください（笑）。皆さんとは一蓮托生だということは改めて約束していただき、引き続きご支援とアドバイスをお願いしたいと思っています。

注：この改修計画の内容は二〇二二年七月時点のものです。

フィードバック

続・お節介

松田哲也＋原 研哉＋神原勝成＋石川康晴＋
御立尚資＋梅原 真＋桑村祐子＋高橋俊宏＋
青井 茂＋伊藤東凌＋岡 雄大＋宮田裕章

プロフィールはpp.382-396参照

ネーミングの是非

原　第一回瀬戸内デザイン会議は、「蔵宿 いろは」という松田哲也さんのプロジェクトに僕らが横から口を出し、しかもそれを一冊の本にして出版するという余計なことをしたとも言えるわけですが、昨日の松田さんのプレゼンテーションを聞き、皆から出た提案を真摯に受け止めて対応していたことがわかり感銘を受けました。一方で幾つか気になる点もありました。せっかくなのでフィードバックという形で「蔵宿 いろは」について議論を続けたいと思います。

梅原　昨日のプレゼンを聞き、僕もよくやっとるなと感心しました。前評判というか、神原勝成さんから聞いていた話では「あいつ、何にもやっとらんぞ」というノリでしたので……。しっかりしたプレゼンテーションだったと思います。最初、「寿司と風呂だと言っているのに、何がお好み焼きなんや！」とも思いましたが、たしかにお好み焼きやったら参詣の休憩がてら誰でも来れるでしょうし、館内全てお好み焼き屋にしてもいいんじゃないかな。

ただ、僕が気になった点はエントランスに置かれる予定の自動チェックイン機です。あの機械はスタッフを介さずに宿泊客に自分でチェックインしてもらうためのものですが、あの機械が置かれているホテルでは大概、スタッフが横でフォローしている様子を見かけます。難しくて自分でできへんから、結局は人を呼んでしまう。そもそも厳島に合いますかね？　わざわざ遠くから厳島に来て、静粛に神様に手を合わせた後で旅館に着くと、出迎えるのがマシンかよ……という。正直、厳島にあるホテルの入り口には合わんなと思いました。

原　前回の会議で、「ふろとすし ひがしや」という旅館名の改称まで含めて提案してくれた梅原さんに質問ですが、「蔵宿 いろは」という名称をそのまま維持することについてはどう考えますか？

梅原　前回のテーマは「この旅館をどう立て直すか」でした。僕が会議前にその対象となる旅館のウェブサイトを見ると、騙され感満載という印象を抱いてしまいました。その騙され感は「蔵宿 いろは」という名称からも生じている。「蔵」という日本の伝統に「いろはにほへと」の「いろは」を続けるネーミングアプローチはとってつけた形容詞をただ二つ重ねているようなものので、どこか抜かないとあかんでしょうと思い、僕はそれを騙され感満載の宿と評したのです。

ウェブサイトを見てそんな印象を持ってしまったせいか、実際に訪れても、エレベーターも客室もなんか嫌で、建物もあまり好きになれませんでした。ところが会議二日目に、僕の隣に座っていた建築家の内藤廣さんが「竹原義二さんも大変だね」と言うわけです。「竹原さんって誰ですか？」と聞くと、有名な建築家で内藤さんの友達でもあるとのこと。そこから急に、「蔵宿 いろは」という名称も、エレベーターや客室もええやんけという印象にガラッと変わる（笑）。人間とはなんて座標軸が緩い生き物なんだろうと思いました。

原　僕は、「蔵宿　いろは」のネーミングが騙され感満載の印象を生んでいるという梅原さんの指摘は結構良いところを突いている気がしています。やはりインターネットで最初にパッと見た印象は重要で、最初のハードルを越えられないと人は訪れません。その意味で名前はとても大切です。

元々は平仮名で「ひがしや」という名前だった宿を、「蔵宿　いろは」という色めいた名前に変えてしまった。しかし、中に入ってもどこにも蔵はなく、ましてや蔵を改装したわけでもありません。だから、「蔵宿」とはいったい何のことだろうかと疑問を抱いてしまう。「M2」みたいな全く脈絡も根拠もない名前に急に変更することはありえないと思いますが、「ひがしや」というルーツに戻る方向は可能性としてありうると思うのです。

松田哲　ご指摘いただき、ありがとうございます。名称について皆さんからご意見があったことも重々承知しています。「蔵宿　いろは」という名称に含蓄がなくあまり良くないことも理解していて、ご提案いただいた「ふろとすし ひがしや」も勿論検討しました。しかし、、社長を含めて全社員そのまま引き継ぐことが我々のM&A[*1]の方針でした。オーナーは辞められましたけれど、それ以外の社員の方々は皆残ってもらっています。そんな中、経

1――企業の合併や事業買収を意味する、Mergers and Acquisitionsの略称。

営者が代わったからとはいえ、いきなり旅館の名前まで全く別のものに変えていいものかどうか。新しい外様が入ってきて、「蔵宿 いろは」がそれまで培ってきた歴史や伝統みたいなものをぶち壊してゼロベースにしたくないという想いが私の中にありました。

神原　松田さんの気持ちはよくわかります。しかし前回、これだけのメンバーが集まって真剣に議論し、その提案を「蔵宿 いろは」の社員の方々も真剣に聞いてくださっていたので、松田さんの想いや考え方も彼らにだいぶ伝わっているのではないでしょうか。やはりここは経営者としての覚悟というか、「これから皆で変わっていこう」というメッセージとして英断してもいいと思うのです。社員の方々にはきちんと説明した上で、内装や設えだけでなく姿勢やサービスまで、今までのやり方を変えるという覚悟の表れとして旅館の名称も変えてしまう。その松田さんの覚悟は「君たちも今まで通りではなく、一緒にもっと変わっていこう」という社員へのメッセージにもなるから、違和感なく受け入れられると思います。

むしろ、「M&Aで松田がいきなり入り込んできて、外様のくせに旅館まで変えやがった」なんて言う人がいたら、そんな人はとっとと引き払ってしまった方がいい（笑）。そういった考え方の人が会社に残っていると後々ややこしくなりますから、篩（ふるい）をかける良い機会にもなると思います。

桑村　名称に関しては、私も何が良いのかわかりませんけれど、「いろは」という名前はおそらく「いろはもみじ」といった厳島の鹿と紅葉に霊性を感じる部分から由来していると思うので、見方次第では「いろは」もありかと私は思います。

原　「ひがしや」への変更が難しいのであれば、「蔵宿」を取ってもいいかもしれませんね。「蔵宿」はどうしてもイメージとして別の方向を向いてしまうため、平仮名の「いろは」やアルファベッドの「IROHA」の方が言いやすいし単純明快で、様々なイメージを受け入れられる広さも持っていると思います。

宮田　「いろは」とは「色は匂へど 散りぬるを 我が世誰そ 常ならむ 有為の奥山 今日越えて 浅き夢見じ 酔ひもせず」といった、神の世界への繋がりを表した諸行無常の歌にも出てきて、聖地厳島の旅館の名前としては悪くないと思いました。たしかに「蔵宿」はよくわからないので、「いろは」という大事な部分だけ残して世界観をつくっていけばいいと思います。

旅館の人格

青井　松田さんにお聞きしたいのですが、例えば、「蔵宿 いろは」を経営するにあたって、ベンチマークにされているホテルや旅館はありますか？瀬戸内デザイン会議で出た様々な意見を取り入れたことはわかるのですが、松田哲也自身が目指している方向性や世界観、哲学をお聞きしたいです。

松田哲　厳島には江戸時代から続く「岩惣」という旅館があります。いわゆる日本らしさや歴史という側面では、「岩惣」には絶対に敵いません。我々が受け継いだ「蔵宿 いろは」は既に和洋の客室づくりだったため、ジャパニーズモダンをコンセプトに古さと新しさを取り入れ、客層の五〇％を占めている外国人観光客をメインターゲットとして考えていました。私の勝手なリサーチではありますが、外国の方にヒアリングすると、「一日目は和食を食べてもいいけど二日目は洋食を食べたい」「朝食は洋食でないと嫌」といった意見が多かったのです。厳島の宿はどこも和ですから、それらの宿とは差別化して和洋折衷を提供していこうと考えていました。

しかし、そのジャパニーズモダンの方向性を「ガンツウ」で催された瀬戸内デザイン会議のプレ会議での食事中に桑村祐子さん、橋本麻里さん、小島レイリさんに話したところ、けちょんけちょんにけなされてしまったのです（笑）。私が最初に描いていたコンセプトがグダグダの状態で、第一回の瀬戸内デザイン会議のテーマにしていただきました。そこで皆様に考えていただいたアイデアを反映していったという経緯があります。

正直に言うと、実はまだ自分の中で最初に描いていたジャパニーズモダンのコンセプトを捨てきれていません。どこをベンチマークとするかという青井さんの質問の答えとして、私が「蔵宿 いろは」の今後を見据えて訪れた場所は、温泉でも旅館でもなく、「星のや沖縄」です。このホテルにはギャザリングというサービスがあります。客室の中にキッチンがあり、夕飯は冷蔵庫に入っている御重のような箱を取り出し、ひと手間かかりますが自分で最後の調理を仕上げ、おしゃれな皿によそって部屋で食べる。そんなシステムがウケているそうです。厳島は小さな島で島内に住んでる人も少なく、働いている人の多くは海を渡って本土から通ってきます。本土と島を繋ぐ船は朝六時から夜十時までで、従業員もその時間には帰さなくてはいけません。そんなどうしてもサービススタッフが不足する時間帯が出てきてしまうため、お客様が楽しみながら自分たちでご飯をつくって食べるギャザリングというシステムを知りたく、実際に「星のや沖縄」へ体験しに行きました。

実は客室数を十八から十三に減らした経緯もギャザリングに関係していますが、メインの客室にはキッチンとダイニングがあり、大きな冷蔵庫も用意して、ギャザリングできるようにしています。スイートルームは二つの客室をコネクトして使えるようにしています。

桑村　先ほど松田さんが、「ガンツウ」で催されたプレ会議で私たちにけちょんけちょんにけなされたと仰っていましたが、京都人の私はあまり物事に対してイエス・ノーをはっきり言わないことが売りだったはずなのに、その席でも昨日の松田さんのプレゼンテーション後の懇親会でも、ついお酒が入って色々と言ってしまいました（笑）。

南北朝時代に全て焼けてしまった京都と違い、厳島神社には古くからの歴史や精神性が残っていて憧れでもあります。歴史や精神性はお金では買えないため、世界中から厳島に訪れた人々が何か特別なものを感じてほしいという想いで、プレ会議の時に橋本麻里さんたちと一緒に熱心にお伝えしたつもりでした。「蔵宿 いろは」は瀬戸内の玄関口として、もっと言えば日本の玄関口として重要な位置にある宿だと思いますので、採算性も大事ですけれども、その想いを汲み取っていただければと思います。

原　昼間になると桑村さんの口調がいきなりマイルドになりますね（笑）。岡さんは瀬戸田の街づくりに携わっている立場から見て、いかがですか？

岡　私は瀬戸田の「Azumi Setoda」、東京でも「K5」というホテルを企画運営していますが、その際にチームと自分に対して必ず「本体は何なのか、誰なのか」という問いを投げかけます。松田さんのプレゼンテーションを聞きながら思ったことは、「この旅館はいったい誰を表しているのか」です。誰の想いが宿っているのかを考えた際、オーナーである松田さんのような気もしたし、過去から脈々と受け継がれる宿そのものが擬人化されたものにも感じました。その明確な答えをプレゼンテーションの中で私は見つけられませんでした。どんな人格を持った場所なのか、あるいはどんな人格を持つ場所にすべきかについては、まだまだ議論しがいがあると思います。

宿のデザインよりも、スタッフが運営する時に「この宿はこういう場所だよね」と言いきれるコンセプトのようなもの、伝承していくような合言葉が大事だと思っています。八月に改修工事が着工とのことですが、そのコンセプトは着工してから運営開始までの間も議論できることです。コンセプトは最終的にロゴに落とし込んだり、ウェブなどのデジタルメディアの体験に乗せて発信していけるため、今からでも議論されていくと更におもしろくなると思います。

原　「蔵宿 いろは」は松田さんが運営されている旅館だから、今回の議論も言ってしまえば、お節介の極みです。昨日のプレゼンテーションの内容が松田さんたちによって考え抜かれた結果であり、松田さんが良いと思って実行しようとすることに対して、「あんた、こっちの方がいいわよ」と周辺の僕らが物申して、そのお節介によって松田さんがやりたいことが実行できなくなってしまうと本末転倒でしょう。

僕も時々、「デザインはその人を超えられない」と思う時があります。つまり、僕がどれだけかっこよくやろうとしても自分自身を超えられない。旅館も同様だと思うのです。松田哲也さんという人格の良い部分をできるだけ盛り込んでいくことが重要でしょう。瀬戸内デザイン会議を経て、他人の意見に耳を傾けて真剣に再考いただいたことがまず素晴らしいことで、僕らはそこで成長した松田さんに期待するしかない。今から僕らが改善案を言い募るよりも、松田さん自身に経験を重ねていただいて、「蔵宿 いろは」が松田哲也に近づいていく旅館になってくれるといいと思います。

「みっちゃん」との掛け算

原　これ以上はお節介を焼き過ぎない方がいいとは言いつつも、石川さんも何かご意見があれば（笑）。

石川　集団リンチみたいに見えつつも、急遽開催したこの議論は松田さんにとって良いフィードバックになるのではないでしょうか。ビジネスでは、崖っぷちに追い込まれた後に方向性をひっくり返して成功することが意外と多い。そんな崖っぷちをどう越えていけるかが経営者力だと思うのです。

例えば、松田さんが買収したお好み焼き屋「みっちゃん」も含めたグループ会社のリソースを駆使し、松田さんの持っているパーソナリティと「ガンツウ」とのリレーションによって、厳島という聖地をどう復活させたらいいのかを昨晩のプレゼンテーションからずっと考えていました。前回、風呂と寿司という提案をした立場にもかかわらず全く違うことを今から言いますが、思い切って一階フロアをお好み焼き横丁にしたらどうでしょうか。

高校生や団体ツアー客が沢山訪れるお好み焼き屋にしてしまい、その横丁を突っ切りながらエレベーターや階段で上がると、二階は杉本博司の写真が飾られた空間にカウンターがあるようなプレミアムな鉄板焼き屋になっている。世界から人が集まる鉄板焼き屋をつくってもらえたら、厳島に寄った「ガンツウ」から下船して食べに行く人もいるでしょう。松田さんのパーソナリティは勿論、グループ会社のシナジーも出るし、厳島の地域や「ガンツウ」との相乗効果も生まれた体験を提供できるとおもしろいと思います。

松田哲　石川さんの意見を聞いて驚いています。実は以前、竹原さんからも同じような提案をいただきました。現在の計画案ではエントランスに自動チェックイン機を置き、一階のフロントがあった広い空間は、私の考えがまとまりきっていないため用途として保留中です。また、現在の「蔵宿 いろは」は二階以上が客室ですが、海沿いの高価格帯の客室から埋まっていき、特に最も低価格の二階山側の客室は埋まらないことが多々あります。そこで、一階のフロントとその真上にある二階山側の客室をぶち抜いて階段を設け、一階には大衆的なお好み焼き屋、二階には客室を個室に改装した、宿泊客も食べられるようなお好み焼き屋にしたらどうかと、竹原さんから提案いただいたのです。しかし、それを実現しようとすると、改装費用として一億円以上かかってしまいます。

石川　でも、個人的にはそれが良い気がしています。お好み焼きを三時間も食べる人はいませんし、鉄板焼きのコース料理にしてもせいぜい二時間ぐらいだから、松田さんが再三懸念されている従業員の就業時間の課題も解決できると思うのです。

ちなみに「みっちゃん」の由来は何なんですか？

松田哲　井畝満夫さんの「みっちゃん」です。広島のお好み焼きをつくった方のお名前ですね。

石川　「蔵宿　いろは」と「みっちゃん」で掛け算して化学反応を起こし、厳島の新しい名所にしてもいいんじゃないかな。一階は横丁、二階山側はプレミアムな鉄板焼き屋、海側は宿、中庭は客が自分で焼ける鉄板焼き屋にしてもいい。いやあ、超高級なお好み焼きは食べてみたいですね。

松田哲 たしかに良いと思うのですが……。宿泊できる部屋を更に四室減らして、客単価の低いお好み焼きの個室を二階につくることがまだ自分の中で整理できなくて、感覚的にこれは成功しないだろうと……。

御立 私も今の話に近いことを考えていました。キャッシュをどう生むかの仕組みを考える際、事業者自身の志とハードのデザイン、ソフトのサービスに辻褄を合わせないといけません。申し訳ないけれど、松田さんが進めている現状の計画は、制約から組み立てているせいか、それが合っていない。
　しかし、今の石川さんの話や竹原さんからの提案なら、辻褄が合うのです。つまり、一階の大衆お好み焼き屋、二階の高級鉄板焼き屋、三階の旅館はそれぞれ客層も異なるし、別の場所と考えてみる。厳島の玄関口としての在り方、「ガンツウ」のお客も訪れるお店、これらは二階と三階だけでやります。従業員を夜十時までに終業させせないといけない制約も、石川さんが言う通り、この提案なら対応できる。

元々あるものを引き継ぎながら厳島の玄関口となり、「ガンツウ」を含めた瀬戸内のサービスや地域の事業とも繋がるためには、一定以上の客単価のお客さんが気持ちよく訪れる場所をつくる必要があるでしょう。神社の参道には伊勢の「おかげ横丁」のように、少し背筋が伸びる場所とハメを外す場所、緊張と弛緩の二通りありますが、このお好み焼き屋も同様です。二～三階は背筋が伸びる場所で、一階は石川さんが横丁と仰ったようにごちゃごちゃした大衆的な場所にする。もっと言えば、二階は客単価一万～一万五千円くらいの「MITSUO」という名前の鉄板焼き屋にしてしまう。他にないものをつくってここに来る理由をつくった方が、外から人が来ると思います。

客単価が最も高い二つのスイートルームを常に埋めて、残りの海側客室もハイシーズン中にある程度埋められるなら、一〇年のキャッシュフローでは数パーセントの稼働率の客室より、牡蠣やおつまみなどの気の利いた料理もある鉄板焼き屋の方が成り立つと思います。つまり、松田さんが抱いていた「更に四室減ってしまう」という懸念も解消できる。組み立てのキャッシュフローと辻褄を合わせることは、一階と上階を切り分けることによって答えが出るのではないでしょうか。

松田さんは随分と制約については考えられているので、あとは切り分けと統一感を意識してキャッシュフローを組み立て直してみれば、きっと辻褄が合うと思います。その辻褄さえ合えば、松田さんが参照した「星のや沖縄」とも異なる形で人手をかけないサービスも理解されるでしょう。

最後に一言だけ。従業員の想いは「蔵宿 いろは」という名前をそのまま残すことだけでは乗り越えられないと思います。彼らの想いを、聖地厳島にある旅館としてのプライドを持って世界に向けて厳島の玄関口となる場所をつくろうという目標にシフトさせてみてはいかがでしょうか。

原　素晴らしい整理ができてよかったですね。たしかに鉄板焼き屋は決して客単価の低い世界ではありません。例えば「パーク ハイアット 京都」のメインダイビングは鉄板焼き屋ですよね。八坂の塔がバシッと見えるロケーションに良質な鉄板焼き屋をつくっている。あのような店構えや雰囲気を参照すると良いかもしれません。

日本料理でカウンターと言えば寿司か鉄板焼きなので、一階はお好み焼き屋「みっちゃん」、山側二階をビシッと鉄板焼き屋「MITSUO」と店名をアルファベットにするアイデアはたしかに良さそうです。日本でお好み焼きを食べに行くなら厳島の「みっちゃん」、高級なものを食べる時は鉄板焼き屋「MITSUO」と皆が認識し始めれば、ストーリーとしても一貫してくるし、松田哲也というキャラクターにもぴったり合いますよね。

伊藤　自分は厳島と言ったら参拝なので、山を登る前に宿に着いて自分を整える、心を澄ませるような時間を持ちたいと思ってしまいます。そんなサービス、あるいはアクティビティが用意されていて、参拝から戻ってきたらまた整う。その際にその宿での食事が美味しければ、それだけで泊まる理由にもなるので、「みっちゃん」や「MITSUO」は良いアイデアだと思います。

高橋　メディアの立場から議論を聞いていると、方向性がまっすぐ通ってきたように思えました。僕らが厳島を取材する際、歴史と美人女将がいる「岩惣」、庭園と名作椅子がある「庭園の宿 石亭」をよく取り上げます。つまり、メディアとしては唯一無二の「これ」というものがあると取り上げやすい。先ほどの話で言えば、お好み焼きのオーベルジュなんて聞いたことがないので、それだけで厳島にわざわざ行く理由になるし、「お好み焼きを食べて泊まる」みたいなストーリーも今までにないから、とてもユニークだと思います。キッチンを備えた客室があるなら、インバウンド向けにお好み焼きを焼いて食べるワークショップをアクティビティとして用意してもいいかもしれませんね。

宮田　御立さんと同じで、全て今まで通りというより大切にしてきたものに寄り添った上で、名前や営業形態を決めていけばいいと思います。

鉄板焼きに関しては皆さんが仰る通りです。日本の観光インバウンドが世界最高と評価する日本の文化は食です。いわゆるファストな食だけでなく、ハイエンドな食の質をどうつくり出せるかだと思うので相当練った方がいい気がします。

また、厳島を訪れる人々の多くが昼間に来て夕方には帰ってしまう中で、泊まらないとできない特別な体験が必ずあるはずです。日の出や日の入り、あるいは山岳信仰がある地なので、一泊することで世界文化遺産での滞在時間をどう豊かに過ごせるかが本質だと思います。それが二回、三回訪れる人たちの体験の核になっていく。「蔵宿 いろは」に泊まることでどんな体験ができるのかが伝わるといいですね。おそらく今のハードウェアを大きく変える必要はなく、滞在プランの提案としてどこでどう過ごすかを練り上げられると良いと思いました。

原　僕らのお節介の結論としては結構良い方向にまとまってきましたね（笑）。あとは松田さん次第です。皆さん、どうもありがとうございました。

ファウンダー

原 研哉｜Kenya Hara

デザイナー
日本デザインセンター 代表

一九五八年生まれ。グラフィックデザイナー。日本デザインセンター代表取締役社長。武蔵野美術大学教授。世界各地を巡回し、広く影響を与えた「RE-DESIGN：日常の21世紀」展をはじめ、「JAPAN CAR」「HOUSE VISION」「Ex-formation」など既存の価値観を更新するキーワードを擁する展覧会や教育活動を展開。また、長野オリンピックの開・閉会式プログラムや、愛知万博のプロモーションでは、深く日本文化に根ざしたデザインを実践した。二〇〇二年より無印良品のアートディレクター。活動領域は極めて広いが、透明度を志向する仕事で、松屋銀座、森ビル、蔦屋書店、GINZA SIX、MIKIMOTO、ヤマト運輸などのVIを手がける。外務省「JAPAN HOUSE」では総合プロデューサーを務める。二〇一九年七月にウェブサイト「低空飛行」を立ち上げ、個人の視点から、高解像度な日本紹介を始め、観光分野に新たなアプローチを試みている。

神原勝成｜Katsushige Kambara

いまだ蟄居中（陶芸家 放牛窯 窯元 号は勝山）

一九六八年広島県福山市生まれ。一九九一年常石造船株式会社 取締役。一九九八年常石造船株式会社 代表取締役社長就任。二〇〇七年ツネイシホールディングス株式会社 代表取締役社長を経て、二〇一五年せとうちホールディングス株式会社設立。町おこしを中心とした事業展開をしつつ、祖父が開いた宗教法人神勝寺の伽藍の再整備、臨済宗中興の祖である白隠禅師の禅画のコレクションをはじめ、禅と庭のミュージアムなど建築分野まで色々と幅広く手がけすぎて只今、蟄居中。

石川康晴｜Yasuharu Ishikawa

イシカワホールディングス株式会社 代表取締役社長
公益財団法人石川文化振興財団 理事長

一九七〇年岡山県生まれ。岡山大学経済学部卒。京都大学大学院経営学修士（MBA）。二三歳でアパレル製造・販売会社、クロスカンパニー（現・株式会社ストライプインターナショナル）を創業。二〇一一年からコンセプチュアルアートを中心に現代アートのコレクションを開始し、二〇一四年には公益財団法人石川文化振興財団を設立。二〇二二年秋に開催された国際現代美術展「岡山芸術交流」では第一回、第二回に引き続き総合プロデューサーを務め、地元岡山の文化や経済振興にも取り組んでいる。

メンバー

※フェリー篇開催時点（二〇二二年七月）

青井 茂｜Shigeru Aoi

株式会社アトム 代表取締役社長

一九七七年東京都生まれ。慶應義塾大学経済学部卒業。卒業後カリフォルニア州O’neill社にて創業者ジャック・オニールが組成したSea Odyssey Programに従事。帰国後、デロイト・トーマツ・コンサルティングにて会計業務を基礎とした大企業の分社化や特殊法人の民営化プロジェクト等を担当。その後、産業再生機構にて企業の再生案件に従事、企業の経営陣と共にPDCAを実施。二〇一一年株式会社アトム代表取締役、二〇一九年代表取締役社長に就任。不動産ビジネス、投資ビジネスを足掛かりに、丸井の創業者で祖父の出身地である富山で地方覚醒を所望する事業を展開、ひとりひとりの想いや情熱を受け止めながら、百年後も残る文化とは何かを想像し、世界を舞台に様々な分野で足跡を残すために挑戦中。

青木 優｜Yu Aoki

株式会社MATCHA 代表取締役社長

一九八九年東京都生まれ。明治大学国際日本学部卒。株式会社MATCHA 代表取締役社長。内閣府クールジャパン・地域プロデューサー。学生時代に世界一周の旅をし、二〇一二年ドーハ国際ブックフェアーのプロデュース業務に従事する。デジタルエージェンシーaugment5 inc.に勤めた後、独立。二〇一四年二月より訪日外国人観光客向けWEBメディア「MATCHA」の運営を開始。「MATCHA」は現在一〇言語、世界一八〇ヶ国以上からアクセスがあり、様々な企業や県、自治体と連携し海外への情報発信を行っている。

伊藤東凌｜Toryo Ito

臨済宗建仁寺派両足院 副住職
株式会社InTrip 代表取締役僧侶

一九八〇年生まれ。建仁寺僧堂にて三年間の修行後、両足院に入寺。二〇〇八年副住職に就任後、ヨガ、アート、伝統文化を組み合わせ新しい仏教の表現を提案し続けている。二〇二〇年七月には瞑想アプリ「InTrip」を立ち上げ、同名の株式会社の代表取締役僧侶に就任する。二〇二〇年よりサンフランシスコ化粧品会社と香港ウェルネステック会社の「Well being Mentor」を務める。国内企業のエグゼクティブコーチングも複数担当する。ホテルの空間デザイン、アパレルブランド、モビリティなどの監修実績多数。最新の著書に『忘我思考　一生ものの「問う技術」』（日経BP、二〇二三年）がある。

梅原 真｜Makoto Umebara

デザイナー
梅原デザイン事務所 代表

高知市生まれ。高知というローカルに拠点を置き「一次産業×デザイン＝風景」という方程式で活動する。かつおを藁で焼く「一本釣り・藁焼きたたき」。柚子しかない村の「ぽん酢しょうゆ・ゆずの村」。荒れ果てた栗の山から「しまんと地栗」。「地域」のデザインでは、砂浜しかない町の巨大ミュージアム「砂浜美術館」。秋田県の「あきたびじょん」。島根県の離島・海士町の生き方「ないものはない」のプロデュースなど。現在、しまんと川流域の農業をブランディングする新しいプロジェクト「しまんと流域農業organic」進行中。「土地の力を引き出すデザイン」で2016毎日デザイン賞・特別賞。武蔵野美術大学客員教授。

大原あかね｜Akane Ohara

公益財団法人大原美術館 代表理事
株式会社三楽 取締役副会長

一九六七年九月生まれ。一橋大学経済学部卒業。青山学院大学大学院国際政治経済学研究科修了。二〇〇〇年大原美術館理事、一一年同専務理事として館の運営に携わる。一六年七月、五代目の理事長に就任。現在、財団代表として法人の経営にあたる傍ら、社会福祉法人若竹の園理事長、公益財団法人有隣会理事、公益財団法人倉敷民藝館理事、公益財団法人倉敷考古館代表理事、公益財団法人大原記念倉敷中央医療機構評議員、などを兼務。倉敷市在住。

大本公康｜Kimiyasu Omoto

株式会社Big Book Entertainment
代表取締役

一九六八年広島県福山市生まれ。一九九〇年ノリタケカンパニーリミテド入社。一九九七年ツネイシグループ入社。二〇〇〇年株式会社ジンダイニング専務取締役、二〇一五年株式会社ツネイシLR取締役、同年株式会社せとうちクルーズ副社長、二〇一八年株式会社TLB代表取締役を経て現在に至る。二〇二一年尾道観光大使となり地域に根ざした事業を展開している。

加計 悟｜Satoru Kake

倉敷芸術科学大学 副学長

一九七七年岡山県岡山市生まれ。鹿児島大学獣医学科卒業。千葉県の動物医療センター勤務後、倉敷芸術科学大学教員として勤務。動物系学科で教鞭を執り研究の他、大学の管理運営担当副学長、法人本部の事務局次長、学校法人広島加計学園・副理事長、学校法人英数学館・副理事長として学園グループの運営に携わる。教育と地域との連携を常に念頭に置いて事業に取り組む。専門は獣医薬理学。

神原秀明｜Hideaki Kambara

株式会社せとうちクルーズ 取締役会長

一九七〇年広島県福山市生まれ。一九九五年大浜リゾート開発株式会社 取締役。同年境ガ浜マリンアンドクルーズ株式会社 代表取締役に就任。二〇〇〇年以降、株式会社ジン・ダイニング 代表取締役社長を歴任するなど、常石グループのサービス事業セグメントを一手に手がけ成長させる。現在は、ツネイシリゾート株式会社 取締役会長。リゾートホテル ベラビスタスパ＆マリーナ尾道、Onomichi U2、ガンツウ、LOGなど地元地域に根ざした事業を展開中。

黒川周子 | Chikako Kurokawa

株式会社esa 代表取締役社長

一九九四〜二〇〇四年英国に留学。Social Anthropology学士。二〇〇四〜二〇〇六年米国にも住まう。二〇〇八年くろかわちかこ事務所を設立し、飲食コンサルティング、ケータリング等、食に関わる仕事に従事。東日本大震災を契機に、二〇一二年チームカーネーションズを設立。環境保全や教育に注力したチャリティー活動を行う。二〇二二年株式会社esaを設立、環境マネジメントに携わる。同年より、江戸東京きらりプロジェクト推進委員着任。江戸東京の伝統ある技や老舗の産品等を新たな視点で磨きをかけ、その価値と魅力を国内外に発信。技の継承の実現を目指す。

桑村祐子 | Yuko Kuwamura

株式会社高台寺和久傳 代表取締役社長

京都府、丹後半島の生まれ。ノートルダム女子大卒業後、大徳寺の塔頭で二年間住み込み修業。一九九〇年より家業の料亭「高台寺和久傳」女将修行を始める。二〇〇七年に「高台寺和久傳」の代表取締役に就任。明治三年創業の料理旅館がルーツの老舗ながら、革新的なおもてなしで料亭文化の新しい時代を切り開く「和久傳」を率いる。郷里の丹後をこよなく愛し、植樹による森の再生活動から成る「和久傳の森」、食品会社やレストランを運営する紫野和久傳の取締役を務める。

白井良邦 | Yoshikuni Shirai

編集者
株式会社アプリコ・インターナショナル 代表取締役
慶應義塾大学SFC特別招聘教授

一九九三年株式会社マガジンハウス入社。雑誌『POPEYE』『BRUTUS』編集部を経て、『CasaBRUTUS』には一九九八年の創刊準備から関わる。二〇〇七年〜二〇一六年CasaBRUTUS副編集長。建築や現代美術を中心に担当し、「丹下健三特集」「安藤忠雄特集」、書籍『杉本博司の空間感』、連載「櫻井翔のケンチクを学ぶ旅」などを手がける。二〇一七年より「せとうちクリエイティブ&トラベル」代表取締役を務め、客船guntû（ガンツウ）など、瀬戸内海での富裕層向け観光事業に携わる。二〇二〇年夏、編集コンサルティング会社である株式会社アプリコ・インターナショナル設立。出版の垣根を越え、様々な物事を〝編集〟する事業を行う。著書に『世界のビックリ建築を追え』（扶桑社）など。

小島レイリ | Reiri Kojima

芸術・文化コンサルタント

東京藝術大学博士課程修了（学術博士）。広報文化外交、営利・非営利両分野、そして学術的バックグラウンドを持つアート・文化プロフェッショナルとして、国内外の第一線で活躍。ジャンルを超えて様々なプロジェクトにコーディネーター、コンサルタント、プロデューサーとして関わる。アジア唯一のGoogle Arts & Culture Braintrust創立メンバー、米国カーネギーホール・ノータブルズジャパン創立運営委員などを歴任。外務省ジャパン・ハウス事業創立メンバーとして、企画総括及び巡回展設立・統括を担当後、教育スタートアップGakkoカントリーマネージャー、独立行政法人日本芸術文化振興会日本博事務局広報統括、羽田未来総合研究所アート&カルチャー事業部長を経て、現在、インディペンデント・コンサルタントとして、国内外の芸術・文化プロジェクトに従事している。

須田英太郎｜Eitaro Suda

scheme verge株式会社 Co-Founder／
Chief Business Development Officer

東京大学大学院総合文化研究科修了。内閣府戦略的イノベーション創造プログラム（SIP）自動運転における社会受容性調査に参加。香川県小豆島にて地域住民と自動運転について対話を進めるなかで出てきた「実際に事業をやって欲しい」という声をうけて、地元事業者やAI特化型のインキュベーター等からの出資をもとに二〇一八年にscheme verge株式会社を共同創業。都市工学とデータサイエンスを組み合わせてオペレーションに落とし込むノウハウを活かし、エリア活性化に関わるプロセスの再現性向上と、データによる改善判断の効率化・自動化に取り組む。共著に『モビリティと人の未来―自動運転は人を幸せにするか』（平凡社）がある。

高橋俊宏｜Toshihiro Takahashi

株式会社ディスカバー・ジャパン
代表取締役社長／Discover Japan統括編集長

岡山県生まれ。建築やインテリア、デザイン系のムックや書籍など幅広いジャンルの出版を手がけたのち、二〇〇八年に日本の魅力を再発見をテーマにした雑誌『Discover Japan』を創刊。編集長を務める。二〇一八年十一月に株式会社ディスカバー・ジャパンを設立し、代表取締役社長兼統括編集長を務める。雑誌メディアを軸に、イベントや場づくりのプロデュース、デジタル事業や海外展開など積極的に取り組んでいる。現在、環境省グッドライフアワード実行委員、九州観光まちづくりアワード審査員、長門市長門湯本温泉みらい振興評価委員、高山市観光経済アドバイザー、高山市メイド・バイ・飛騨高山ブランド認証委員会委員長、経済産業省や農林水産省関連のアドバイザーなども務める。NHKラジオ「マイあさ！」に隔月でゲスト出演、JFN「オーハッピーモーニング」に毎月ゲスト出演中などメディアを超えて、日本の魅力、地方の素晴らしさを発信中。

西山浩平｜Kohei Nishiyama

株式会社CUUSOO SYSTEM
代表取締役社長

東京大学在学中に桑沢デザイン研究所で工業デザインを学ぶ。同大卒業後、マッキンゼー・アンド・カンパニーを経て一九九七年に起業。翌年ELEPHANT DESIGN HOLDINGS設立。二〇一一年にユーザー参加型オンラインプラットフォーム事業を株式会社CUUSOO SYSTEMとして子会社化。現在は国内外のインターネット事業への投資、事業育成に携わっている。グッドデザイン賞審査員、世界経済フォーラムのThe Global Agenda Councilメンバー、内閣府「知的財産による競争力強化・国際標準化専門調査会」委員など幅広い分野で活躍。東京大学大学院工学系研究科先端学際工学専攻博士課程修了。

橋本麻里｜Mari Hashimoto

美術ライター／公益財団法人小田原文化財団
甘橘山美術館 開館準備室長

プランナー、ライター、エディター。公益財団法人小田原文化財団 甘橘山美術館開館準備室長、金沢工業大学客員教授。一九七二年生まれ。国際基督教大学卒業。日本美術を主な領域とする出版・展示の企画、執筆、コーディネーション、コンサルティング等に携わる。現在は〈オンラインゲーム 刀剣乱舞〉の設定・考証や、JAL日本美術カレンダー（二〇二一～二五年）の構成、ポルトム・インターナショナル北海道（ホテル）での美術作品選定・制作・設置のディレクション、展覧会「北斎尽くし」（二〇二一年七月～）の企画、株式会社ドワンゴによるインターネット番組「ニコニコ美術館」の企画・出演など、活動内容は多岐にわたる。編著書多数。

福武英明 | Hideaki Fukutake

株式会社ベネッセホールディングス 取締役
公益財団法人福武財団 理事長

ベネッセホールディングス取締役。また福武財団の理事長として、直島を中心に瀬戸内海の島々において現代アートや建築、デザインを通したコミュニティづくりや文化活動を展開中。二〇〇九年ニュージーランドにてefu Investmentの設立後、投資事業、企業買収を実施。二〇二〇年Still Ltdを創業し、様々な事業やイニシアティブを通して、世代を超えて残る新しい文化を興す活動に取り組む。

松田哲也 | Tetsuya Matsuda

株式会社広島マツダ 代表取締役会長兼CEO

一九六九年広島県広島市生まれ。関西大学法学部卒。株式会社 神戸マツダ勤務を経て、一九九五年に広島マツダ入社。二〇〇六年、六代目社長に就任。二〇一六年、広島の新たな観光名所「おりづるタワー」をオープンするなど、独特のビジネス手法で事業多角化も進め、現在二〇以上のグループ企業を抱える。また、二〇〇九年一般社団法人広島青年会議所（広島JC）理事長、二〇一三年に広島商工会議所青年部（広島YEG）会長を歴任するなど地域振興と社会貢献にも情熱を燃やす。

松田敏之｜Toshiyuki Matsuda

両備ホールディングス株式会社 代表取締役社長

一九七八年六月岡山県岡山市生まれ。二〇〇三年中央大学経済学部卒業、住友信託銀行（のちの三井住友信託銀行）入社。二〇〇八年両備システムズ入社、二〇一九年から両備ホールディングス代表取締役社長就任、両備システムズ代表取締役社長を含む二二社の代表取締役を務める。両備グループの経営に参画後、東京事務所の立ち上げに始まり、Ｍ＆Ａ、新事業、既存事業の改革に加え、不動産事業の強化、ミャンマーやベトナムなどアジアにコールド物流チェーン網を事業化するなど海外へも進出し、全体では両備グループを一〇年で四倍の八〇億円強の会社に押し上げた。瀬戸内・岡山の発展を常に考え事業に取り組み、現在は岡山駅近くに一万一〇〇〇坪の複合不動産開発となる杜のまちづくりＰＪを始動。夢は、岡山の地域魅力度ランキングを一〇位以内とすること。

御立尚資｜Takashi Mitachi

ボストン・コンサルティング・グループ 元日本代表
京都大学 経営管理大学院 特別教授
株式会社熟と燗 代表取締役会長

一九五七年兵庫県西宮市生まれ。京都大学文学部米文学科卒業。ハーバード大学にて経営学修士（MBA with High Distinction, Baker Scholar）を取得。日本航空株式会社を経て、一九九三年にボストン・コンサルティング・グループ（ＢＣＧ）に入社。二〇〇五年から二〇一五年まで日本代表、二〇〇六年から二〇一三年までＢＣＧグローバル経営会議メンバーを務める。現在は、京都大学大学院で教鞭をとりながら、熟成日本酒に特化したスタートアップ「熟と燗」会長、複数の上場企業の社外取締役を務める。大原美術館理事、東京芸術大学経営評議員など、アートに関わる仕事も。

フェリー篇ゲスト

井坂 晋｜Shin Isaka

株式会社瀬戸内ブランドコーポレーション
代表取締役

広島市生まれ。一九九四年四月株式会社広島銀行入行、しまなみ債権回収株式会社の出向、広島銀行融資二部、法人営業部と事業再生に従事。その後観光分野に取り組み、二〇一六年四月に瀬戸内ブランドコーポレーションを設立、二〇二〇年一一月に広島国際空港株式会社副社長、二〇二一年四月から株式会社瀬戸内ブランドコーポレーション代表取締役社長。

岡 雄大｜Yuta Oka

株式会社Staple 代表取締役
株式会社Azumi Japan 共同代表

岡山に生まれ、米コネチカットと東京で育つ。育つ過程で触れた世界の多様性や、旅をする中で触れた日本の地域ごとの文化的ルーツの複雑性に魅了され、旅をし続けることを仕事にしたいと考えるようになる。東京の大学卒業後は、スターウッドキャピタルグループの東京及びサンフランシスコオフィスで不動産やホテルブランドへの投資業務に従事。その後シンガポールで独立し、ホテルブランドへの投資戦略や経営企画に関するコンサルティングを行うが、二〇一九年からStapleを創業。広島県瀬戸田と東京都日本橋に拠点を置き、都市一極集中ではない社会や、「成長なき繁栄」を見据えた場やまちの企画・開発・運営を目指す。

高野由之｜Yoshiyuki Takano

株式会社ARTH 代表取締役社長

一九八四年生まれ。京都大学卒業。経営コンサルティング会社、政府系地方創生ファンド（REVIC）を経て株式会社Catalyst（現・株式会社ARTH）を創業。REVICでは、古民家活用ファンドのファンドマネージャーとして、古民家をはじめとする歴史的建築物を活用した案件を多数担当。株式会社ARTHでは、全国の歴史的建築物や老朽化ストックを自社投資&自社運営により再生を図り、より実践的な立場で歴史的建築物を活用した地方創生事業を推進している。二〇二二年には完全オフグリット型居住モジュール「WEAZER」を開発し、より広域での街づくりやモジュールの製造販売等に事業領域を拡大している。

藤本壮介｜Sou Fujimoto

建築家

一九七一年北海道生まれ。東京大学工学部建築学科卒業後、二〇〇〇年藤本壮介建築設計事務所を設立。二〇一四年フランス・モンペリエ国際設計競技最優秀賞（ラルブル・ブラン）に続き、二〇一五、二〇一七、二〇一八年にもヨーロッパ各国の国際設計競技にて最優秀賞を受賞。国内では、2025年 日本国際博覧会の会場デザインプロデューサーに就任。二〇二一年には飛騨市の「Co-Innovation University（仮称）」キャンパスの設計者に選定される。主な作品に「House of Hungarian Music」（二〇二一年）、「マルホンまきあーとテラス石巻市複合文化施設」（二〇二一年）、「白井屋ホテル」（二〇二〇年）、「L' Arbre Blanc」（二〇一九年）、「サーペンタイン・ギャラリー・パビリオン 2013」（二〇一三年）、House NA（二〇一一年）、「武蔵野美術大学 美術館・図書館」（二〇一〇年）、「House N」（二〇〇八年）等がある。

宮田裕章｜Hiroaki Miyata
慶應義塾大学医学部
医療政策・管理学教室 教授

一九七八年生まれ。二〇〇三年東京大学大学院医学系研究科健康科学・看護学専攻修士課程修了。同分野保健学博士（論文）。早稲田大学人間科学学術院助手、東京大学大学院医学系研究科医療品質評価学講座助教を経て、二〇〇九年四月東京大学大学院医学系研究科医療品質評価学講座准教授、二〇一四年四月同教授（二〇一五年五月より非常勤）、二〇一五年より慶應義塾大学医学部医療政策・管理学教室教授、二〇二〇年より大阪大学医学部招へい教授。2025年 日本国際博覧会テーマ事業プロデューサー、うめきた2期アドバイザー、厚生労働省データヘルス改革推進本部アドバイザリーボードメンバー、新潟県健康情報管理監、神奈川県 Value Co-Creation Officer、国際文化会館理事も兼任。専門はデータサイエンス、科学方法論、Value Co-Creation。

本文中の図版は下記提供
または提供元、出典元より引用し、
一部改変して作図

両備ホールディングス株式会社｜pp.031-032, p.037, 043
小豆島観光協会 推定観光客数｜p.035
船舶安全法に基づく航行区域等（中国運輸局）｜p.041
小豆島地域公共交通協議会 四国運輸局セミナー資料（平成二九年）｜p.053
scheme verge｜p.056
環境省「閉鎖性海域ネット」より「51 瀬戸内海」
（https://www.env.go.jp/water/heisa/heisa_net/waters/setonaikai.html）｜p.065上
環境省「閉鎖性海域ネット」より「瀬戸内海」後氷期と現在の比較（https://www.env.
go.jp/water/heisa/heisa_net/setouchiNet/seto/setonaikai/1-1.html）｜p.065下
小学館『日本大百科全書（ニッポニカ）』「五畿七道」｜p.069
宗教法人 超専寺 所蔵｜p.073
ミツカン 水の文化センター機関誌『水の文化』創刊号「舟運を通して都市の水の文化を探る」
内挿図「近世日本における舟運ネットワーク」（一九九九年）｜p.075
山内譲「瀬戸内水運の興亡」、小学館『海と列島文化9　瀬戸内の海人文化』｜p.077
瀬戸内国際芸術祭実行委員会｜p.102
株式会社Staple｜p.137, 139, pp.175-176
日本経済新聞（二〇一八年四月三日掲載）｜p.191
株式会社ARTH｜pp.242-243, 246-247
安宅和人「百年後の世界とヒューマンサバイバル」（PHP Voice 二〇二二年四月）
©残すに値する未来 & Kazuto Ataka 2022｜p.251

写真・CG提供

Jon Bratt｜p.011上
© Nobuo Joko/a.collectionRF/amanaimages｜p.011下
NLÉ｜p.012
Siglacom for Mantova 2016｜p.013上
Luke Thompson｜p.013下
Ken Freivokh Design｜p.014上
Stocktrek Images/Getty Images｜p.014下
日本デザインセンター 原デザイン研究所｜pp.016-017, 018下, 021下
Nacása&Partners Inc.｜p.018上, 019右, 021上2点
橋本健二｜p.019左, 023
IWAN BAAN｜p.083, 088
Katsumasa Tanaka｜p.084
SFA＋OXO＋MORPH｜p.086
Sou Fujimoto Architects｜pp.090-93
藤本壮介＋東畑建築事務所＋梓設計｜pp.094-95
Sou Fujimoto｜pp.097-98
© スターリン・エルメンドルフ（提供：日本建築設計学会）｜p.106
Sean Benham｜p.107右
© 沖縄国際海洋博覧会協会（所蔵：情報建築）｜p.107左
両備ホールディングス株式会社｜p.111
© VG BILD-KUNST, Bonn & JASPAR, Tokyo, 2023 G3150｜p.119
和久傳｜p.163
Imaginechina Limited / Alamy Stock Photo｜p.205
原研哉｜p.214
岡山大学資源植物科学研究所｜p.222
photograph courtesy of Menna El-Husseiny｜p.296
BIG – Bjarke Ingels Group｜p.298
EThamPhoto / The Image Bank Unreleased / getty images｜p.317

株式会社せとうちクルーズ｜p.321
株式会社広島マツダ｜p.355, 357左2点, 359左2点
無有建築工房｜pp.356-357図面, 358-359図面

瀬戸内デザイン会議事務局

松野 薫
日本デザインセンター 原デザイン研究所

鍋田宜史
日本デザインセンター プロデュース本部

長谷川香苗
日本デザインセンター 原デザイン研究所

海の上は可能性の坩堝
瀬戸内デザイン会議――2
2022 フェリー篇

二〇二三年八月七日　初版第一刷発行

編者　瀬戸内デザイン会議
発行者　佐藤央明
発行　株式会社日経BP
発売　株式会社日経BPマーケティング
〒一〇五-八三〇八
東京都港区虎ノ門四丁目三番一二号

ブックデザイン　原 研哉＋中村晋平
編集　関 拓弥
日経デザイン
印刷・製本　大日本株式会社

ISBN 978-4-296-20287-4　Printed in Japan